党的十一届三中全会
前后的北京历史丛书

教育科技文艺恢复与发展

中共北京市委党史研究室
北京市地方志编纂委员会办公室 组织编写

杨胜群　桂　生　主编
中共北京市委党史研究室
北京市地方志编纂委员会办公室 著

北京出版集团
北京人民出版社

图书在版编目（CIP）数据

教育科技文艺恢复与发展／中共北京市委党史研究室，北京市地方志编纂委员会办公室组织编写；杨胜群，桂生主编；中共北京市委党史研究室，北京市地方志编纂委员会办公室著. -- 北京：北京人民出版社，2024.7. --（党的十一届三中全会前后的北京历史丛书）.
ISBN 978-7-5300-0636-8
Ⅰ.D232
中国国家版本馆 CIP 数据核字第2024RA9034号

党的十一届三中全会前后的北京历史丛书
教育科技文艺恢复与发展
JIAOYU KEJI WENYI HUIFU YU FAZHAN

中共北京市委党史研究室
北京市地方志编纂委员会办公室　组织编写

杨胜群　桂生　主编

中共北京市委党史研究室
北京市地方志编纂委员会办公室　著

*

北京出版集团
北京人民出版社　出版
（北京北三环中路6号）
邮政编码：100120

网　　址：www.bph.com.cn
北京出版集团总发行
新华书店经销
北京华联印刷有限公司印刷

*

787毫米×1092毫米　16开本　21.75印张　297千字
2024年7月第1版　2024年7月第1次印刷
ISBN 978-7-5300-0636-8
定价：92.00元
如有印装质量问题，由本社负责调换
质量监督电话：010-58572393

"党的十一届三中全会前后的北京历史丛书"
编 委 会

主　　编　杨胜群　桂　生

执行主编　陈志楣　宋月红

成　　员　崔　震　张恒彬　韩久根

编委会办公室

主　任　陈志楣（兼）

副主任　王锦辉

成　员　董　斌　杨华锋　武凌君　刘　超
　　　　董志魁　乔　克

序　言

习近平总书记强调，改革开放是决定当代中国命运的关键一招，也是决定实现"两个一百年"奋斗目标、实现中华民族伟大复兴的关键一招。站在新时代的今天，回顾40多年前的那段改革开放兴起的历史，更能深刻体会到改革开放的伟大意义。

1978年12月，在邓小平等老一辈革命家的推动下，党的十一届三中全会冲破长期"左"的错误的严重束缚，批评"两个凡是"的错误方针，充分肯定必须完整、准确地掌握毛泽东思想的科学体系，果断结束"以阶级斗争为纲"，重新确立马克思主义的思想路线、政治路线、组织路线，作出把全党工作的着重点转移到社会主义现代化建设上来、实行改革开放的战略决策，实现了新中国成立以来党的历史上具有深远意义的伟大转折，开启了改革开放和社会主义现代化建设新时期。这在中华民族历史上，在中国共产党历史上，在中华人民共和国历史上，都是值得大书特书的一件大事。

今年恰逢邓小平同志诞辰120周年。我们组织编写了"党的十一届三中全会前后的北京历史丛书"，旨在通过翔实的历史资料和生动的叙述方式，全面展现党的十一届三中全会前后在党中央领导下，中共北京市委带领全市人民冲破思想禁锢、克服重重困难、推进改革开放的生动实践和斗争精神，深刻诠释十一届三中全会伟大转折的历史意义和时代价值。

北京是中华人民共和国的首都，在开创和发展中国特色社会主义进程中具有十分重要的历史地位。丛书聚焦于1976年"文化大革命"结束至1984年党的十二届三中全会召开期间北京的历史，由《解放思想　拨乱反正》

《城乡经济体制改革起步》《打开对外开放大门》《教育科技文艺恢复与发展》《首都建设新风貌》5部书构成。我们在编写中尽力做到：

导向正确。始终坚持以党的三个历史决议精神与习近平总书记关于党的历史和党史工作重要论述为遵循，树立正确党史观，坚持"两个不能否定"，准确把握党的十一届三中全会前后历史的主题主线、主流本质，正确评价党在前进道路上经历的失误和曲折，坚决反对和抵制历史虚无主义。

主题突出。通过对党的十一届三中全会前后历史的记叙和总结，深刻反映邓小平同志是中国社会主义改革开放和现代化建设的总设计师、中国特色社会主义道路的开创者、邓小平理论的主要创立者；深刻反映改革开放是我们党的一次伟大觉醒，是党和人民大踏步赶上时代的重要法宝，是坚持和发展中国特色社会主义的必由之路；深刻反映中国特色社会主义不是从天上掉下来的，是党和人民历尽千辛万苦、付出各种代价取得的根本成就。

科学准确。编写人员严格落实"查资料、查人、查地"的"三必查"工作要求，注重运用原始档案、文献，赴北京市档案馆查阅资料上百次，反复查阅《北京日报》《北京晚报》等报刊，联系有关单位，采访事件当事人，调研历史发生地，掌握了大量权威而翔实的资料。初稿完成后，多次修改打磨，邀请专家审改，最后经主编逐字逐句把关，以期为读者提供一套既有历史深度又有现实启示的优质读物。

地方特色鲜明。丛书侧重考察北京市委立足本地实际，领导全市人民在推进改革开放，坚持和发展中国特色社会主义伟大事业中出现的创造性实践、开拓性举措、突出性亮点以及在当地乃至全国具有重大影响的历史事件和重要活动，进而反映北京地域特点。

可读可鉴。坚持学术性与可读性相统一，既注重文字的准确性、严谨性，又力求写得生动流畅、通俗易懂。特别是把握整体与细节的关系，既关注决策的形成过程，又注意反映历史细节和先进典型，努力让读者做到知其然、知其所以然、知其所以必然。

历史和现实证明，越是伟大的事业，往往越是充满艰难险阻，越是需要开拓创新。中国特色社会主义是前无古人的伟大事业，前进道路上，还将进行许多具有新的历史特点的伟大斗争。让我们紧密团结在以习近平同志为核心的党中央周围，敢于担当、埋头苦干，以与时俱进、时不我待的精神不断夺取新胜利，在全面建成社会主义现代化强国、全面推进中华民族伟大复兴新征程上奋勇前进。

目录 CONTENTS

前 言 / 1

第一章　教育恢复与重建 / 1

一、重新倡导尊师重教 / 1

二、恢复整顿教育教学秩序 / 13

三、着力提高教育教学质量 / 25

第二章　教育的新发展 / 36

一、办好托幼事业和中小学教育 / 36

二、创办职业高中教育 / 47

三、创办大学分校 / 56

四、大力发展成人教育 / 71

五、加强学校思想政治工作 / 82

第三章　教育初步改革 / 94

一、建立高等教育自学考试制度 / 94

二、实行学位制度 / 104

三、社会力量办学的兴起 / 115

四、贯彻"三个面向"教育方针 / 127

第四章　科学春天的到来 / 142

一、贯彻全国科学大会精神 / 142
二、市科委和科协恢复工作 / 152
三、启动科技体制改革 / 167
四、工业企业技术改造与开发 / 180
五、促进科技成果转化 / 194
六、形成崇尚科学的社会风气 / 208

第五章　科技创新的萌芽 / 227

一、北京等离子体学会先进技术发展服务部的创办 / 227
二、中关村第一家民办科技开发经济实体的诞生 / 236
三、"两通两海"等民营科技公司涌现 / 243
四、新技术成果的涌现与应用 / 253

第六章　文艺复苏 / 263

一、首都戏剧舞台迅速复苏 / 263
二、新文学作品振奋人心 / 271
三、市民文化生活回归正常 / 278
四、艺术表演团体等文艺单位的恢复 / 286

第七章　文艺百花初放 / 294

一、北京市第四次文代会召开 / 294
二、文化艺术领域的改革探索 / 299
三、新"北京作家群"的出现 / 311
四、艺术创作蓬勃发展 / 319

后　记 / 333

前　　言

教育、科技和文艺是社会主义现代化事业的重要组成部分。新中国成立后，党和国家十分重视教育、科技和文艺发展，并制订长远发展规划，各项事业呈现欣欣向荣的景象。然而，"文化大革命"的十年内乱，使这些事业遭受严重破坏。

粉碎"四人帮"后，邓小平亲自领导科教领域的拨乱反正，率先发出"尊重知识，尊重人才"的号召，推动全国科学大会、全国教育工作会议等重要会议相继召开，扭转了多年来对知识分子"左"的政策，知识和知识分子重新受到重视。北京市认真贯彻落实党中央决策部署，充分发挥首都知识分子云集的优势，调动教科文战线广大干部群众的积极性，促进北京教育、科技、文艺工作得到迅速恢复和发展。

教育领域，为了适应社会主义现代化建设事业对大批人才的迫切需求，市委加强对教育事业的领导，使北京教育事业呈现焕然一新的景象。普及小学教育，改革中等教育结构，发展职业技术教育，办好电大、夜大、函授大学以及其他各种形式的成人教育，办学形式日益多样化。创办一大批大学分校，率先开展高等教育自学考试试点，集中力量办好一批重点中小学和重点大学，教师的社会政治地位明显提高，教育教学质量不断提升。党的十二大的召开，进一步明确了教育在社会主义现代化建设中的战略地位。邓小平为北京景山学校作出"教育要面向现代化，面向世界，面向未来"的题词，为教育事业的发展指明了方向。北京市提出以调整教育结构，改革与现代化建设不相适应的教育思想、教育内容和教育方法的改革思路，涌现北京景山学校全面综合整体改革试验、北京工业大学以岗位责任制为核心的内部管理体制改革等典型，在全国产生了较大的示范效应。

科技领域，北京市积极贯彻全国科学大会精神，召开全市科学技术大会，建立健全科技工作机构，较早启动科技体制改革试点，推动首都科技事业实现初步繁荣发展。从市属科研单位试行"科研责任制""技术合同制"，到改革科研院所拨款制度，再到鼓励试点单位试行院（所）长负责制，改革内部分配制度，科技体制改革着眼科技与生产相脱节的问题，打破"大锅饭"，有效激发科研单位和科技人员的动力，推动了一大批科技成果竞相涌现。这一过程中，中关村集聚科研优势，孕育创新萌芽，诞生了北京市也是全国第一家民办科技机构、第一家民办科技开发经济实体、第一批民营科技企业等，开始成为我国创新发展的一面旗帜。

文艺领域，北京市按照党中央提出的"百花齐放、百家争鸣"方针，推动文艺创作逐步活跃，文艺院团得以恢复和重建，市民文化生活重新步入正轨。从艺术表演院团改革开始，通过实行承包责任制，精简机构和编制，全市艺术部门和艺术团体布局更加合理。同时积极推进新闻出版业图书发行体制改革，率先打破作家"终身制"，形成了新"北京作家群"，北京文艺创作开始进入新的发展时期。

春风化雨润桃李，科技文艺绽芳华。首都教育、科技、文艺事业的蓬勃发展，成为北京改革创新的亮丽名片，为经济社会发展提供了重要支撑。

第一章
教育恢复与重建

教育是"文化大革命"中遭受破坏的重灾区,"四人帮"炮制了"两个估计",诬称新中国成立后17年的教育战线是"资产阶级专了无产阶级的政",是"黑线专政";知识分子的大多数"世界观基本上是资产阶级的",是"资产阶级知识分子"。粉碎"四人帮"以后,邓小平首先选择把推翻"两个估计"作为拨乱反正和解放思想的突破口,大力倡导尊重知识和人才,使广大知识分子解除了思想枷锁,焕发出极大热情。北京市委落实党中央要求,着手恢复教育教学秩序,重点抓青少年教育,坚持提高教学质量、提升教师队伍素质,努力调动各方面积极因素,取得了积极成效,为提高教学质量,推动教育事业改革发展打下坚实基础。

一、重新倡导尊师重教

尊师重教是中华民族的传统美德,也是共产党人的优良传统,但在"文化大革命"中遭到极大破坏。党中央重新树立尊师重教的风气,要求全社会重视和支持教育事业,恢复提高教师的政治和社会地位,改善教师待遇,调动和激发了广大教师的积极性。

营造尊师重教的浓厚氛围

1977年2月3日,北京寒冬正凛,首都体育馆却洋溢着欢乐的气氛,不时响起一阵阵掌声。原来，北京市教育局正在这里为中小学教师举办春节专场文艺演出。场内座无虚席，市区各级领导与3.6万名教育工作者齐聚一堂，一起观看音乐、曲艺、诗歌朗诵等文艺节目，当演员朗诵起《向人民教师致敬》的诗歌时，全场掌声雷动。北京市委、市革委会和各区县有关部门负责同志向教师们表达了热情问候。东城、朝阳等区县教育局也相继为中小学教师举行了文艺演出。党组织的关怀，使老师们感受到久违的尊重、认可，深受感动和鼓舞。虽然天气寒冷，但大家心里暖洋洋的。

二三月间，北京市委召开"文化大革命"后的第一次中小学教育工作会议。会议明确指出，全市13万名中小学教职工战斗在教育第一线，做了大量工作，付出了辛勤劳动，取得了一定成绩，受到党和人民群众尊重和欢迎。要求全市各级党组织要在政治上、思想上和生活上关心教师，组织开展思想政治学习，树立标兵，表彰先进，积极慎重地在教师中发展党员，抓好教师业务学习和进修等。[1] 这次会议调动了广大教师的积极性，推动教育战线出现一派新气象。

7月，党的十届三中全会召开，邓小平恢复了领导职务，并主动要求分管教育和科技工作。8月，他亲自主持召开科学和教育工作座谈会，在会上讲话明确新中国成立后17年的教育工作"主导方面是红线"；提出一定要把教育办好，"要特别注意调动教育工作者的积极性，要强调尊重教师"[2]。后来的几次谈话，他还鲜明指出："不抓科学、教育，四个现代化就没有希望"[3]，强调"一定要在党内造成一种空气：尊重知识、尊重人才"[4]，并在多

---

[1]《市委召开中小学教育工作会议　认真学习贯彻两个重要文件　深入揭批"四人帮"　发展教育革命大好形势》，《北京日报》1977年3月7日第1版、第4版。

[2]《关于科学和教育工作的几点意见》（1977年8月8日），《邓小平文选》第二卷，人民出版社1994年版，第49—50页。

[3]《教育战线的拨乱反正问题》（1977年9月19日），《邓小平文选》第二卷，人民出版社1994年版，第68页。

[4] 中共中央文献研究室编：《邓小平年谱（一九七五——一九九七）》（上），中央文献出版社2004年版，第160页。

个场合反复提到抓好教育的重要性。① 这一系列讲话，使教育战线成为当时全国各条战线拨乱反正的先声。

邓小平的讲话精神传达之后，尊师重教的社会氛围日渐浓厚。1977年11月，北京市西城区召开教育战线先进单位、先进集体、先进个人代表会议。学生们深情献词："敬爱的老师们，你们为培养无产阶级革命事业的接班人而辛勤劳动，党和人民最知情，我们学生感受得更深！……为了让我们学到社会主义的文化科学知识，掌握为人民服务的本领，你们认真备课、讲课，努力进行教学改革，费尽心血，熬红双眼，白了头发。"坐在台下的老师们胸戴大红花，眼含热泪，露出欣慰的笑容。

当时报刊上经常刊登赞颂人民教师的文章、评论、诗歌。《北京日报》曾以专版刊载一些中小学教师的动人事迹：一五〇中学数学老师于宗英，从教30年一心扑在教育事业上，为四个现代化早出人才、快出成果，带头自编数学复习参考资料，帮助学生掌握中学数学基本知识打好基础，被推选为北京市第七届人民代表大会代表；从旧社会"穷教员"成为新中国"人民教师"的香厂路小学教师章旭昭，坚持上好每一节课，坚持给每个后进学生补课，不让一个孩子掉队[②]；北京四中青年教师刘沪，坚持用毛泽东思想教育学生，对不良倾向敢管善管，帮助学生树立无产阶级世界观，抓住一切机会深入学生，把思想工作做到学生心坎上，师生间建立起深厚情谊[③]……

一三四中学的老师翁怀仁是归国华侨，又是共产党员。"文化大革命"后期，他利用上课、家访的机会，反复强调学好文化课的重要性，并坚持给学生补课。有的同事担心地说："你不怕被扣上'智育第一'的帽子吗？"他一开始也有过思想斗争，但想起自己当年一心要回国贡献力量的热忱，想起毛主席"忠诚党的教育事业"的教导，他自问：作为一个人民教师，能让我

---

① 中共中央文献研究室编：《邓小平年谱（一九七五——一九九七）》（上），中央文献出版社2004年版，第157—158、169页。

② 《园丁的光荣——访市七届人代会的四位教师代表》，《北京日报》1977年11月30日第3版、第4版。

③ 《誓为党的教育事业献青春》，《北京日报》1977年11月16日第3版。

们的后代成为新文盲吗？要培养德智体全面发展的革命接班人，抓好智育有什么不对？他顶住压力，给学生认真讲课、补课，还特别注意摸清学生思想动态，及时教育引导，把补课作为转变学生思想、密切师生关系的重要一环。几年下来，全班学生各方面都有了可喜进步。

1978年元旦、春节前后，教育部和北京市委联合举行新年联欢，慰问首都教育工作者，全市1.8万名教师和干部职工参加。北京市教育局连续3天，举行全市中学、小学、幼儿教育工作者慰问活动。各区县也开展了类似的节日慰问。

教育的春天终于到来了。1978年4月22日至5月16日，全国教育工作会议在北京隆重召开，邓小平、李先念等党和国家领导人出席。邓小平在开幕式上发表讲话，精辟阐述了毛泽东的教育思想和党的教育方针，对当时教育工作中迫切需要解决的关键问题从理论和路线上做了回答，指出教育事业必须和国民经济发展的要求相适应；大力呼吁"要提高人民教师的政治地位和社会地位。不但学生应该尊重教师，整个社会都应该尊重教师"；他还明确提出，应当大张旗鼓地表扬和奖励优秀的教育工作者，特别优秀的教师可以定为特级教师。[①]

党中央对教师工作的高度评价和深切关怀，令大家深感振奋。参加大会的北京市代表认真学习讨论邓小平在开幕式上的重要讲话。北京工业学院党委常委说："过去，'四人帮'污蔑教师是'臭老九''教唆犯''苍蝇'，挑动学生斗老师，对教师打击迫害，邓副主席拨乱反正，针锋相对，称誉教师是'崇高的革命的劳动者'。邓副主席的讲话将极大地调动广大教师的革命积极性。"北京铁路职工子弟第五小学党支部书记激动地流下了泪水，她说："我决心加倍努力，做好工作，为实现社会主义的四个现代化培养更多的人才而奋斗。"大家一致表示，讲话起到了明确方向、增强信心、鼓舞斗志的作

[①] 《在全国教育工作会议上的讲话》（1978年4月22日），《邓小平文选》第二卷，人民出版社1994年版，第109页。

用，要不辜负党和人民的期望，把教育事业办好。①

6月5日，北京市委在首都体育馆传达贯彻全国教育工作会议精神。市委第三书记、市革委会副主任贾庭三等负责同志和教育部副部长周林等出席，全市共3万多人参会，并于远郊各区、县设立了10个分会场。市委指出，党中央对教育工作的关怀和重视，要求我们高度认识教育工作的重要性，必须依靠全党、动员全党，共同努力办好教育事业，要把提高教育质量、提高科学文化教学水平作为当前教育工作的中心环节。

为进一步贯彻会议精神，市委组织各级各类学校干部和师生员工认真学习讨论，联系实际贯彻执行；筹备召开教育工作会议，结合北京市实际具体贯彻落实会议精神和各项任务；各级党委加强对教育工作的领导，切实把教育工作搞上去，为实现新时期总任务做出贡献。

恢复确立教师职称和荣誉奖励制度

恢复教师职称，使教师得到应有的学术认可和相应的荣誉奖励，是落实尊师重教、提高教师地位的一项重要工作。

1977年9月，以中国科学院率先宣布恢复技术职称为开端，科研人员恢复职称的问题开始陆续得到解决。9月19日，邓小平同教育部主要负责人谈话，明确提出"大专院校也应该恢复教授、讲师、助教等职称"②。1978年3月7日，国务院批转教育部《关于高等学校恢复和提升教师职务问题的请示报告》，指出："在国务院没有作出新规定前，执行1960年国务院颁发的'暂行规定'，原来确定和提升的教授、副教授、讲师、助教，一律有效，恢复职称。"由此，各高等院校相继恢复教师原有职称，并分期分批进行确定教师职称的工作。

清华大学在落实党的知识分子政策基础上，着手恢复通过评审提升教师

---

① 《邓副主席讲话全面准确阐述了毛主席教育路线》，《北京日报》1978年4月28日第2版。
② 中共中央文献研究室编：《邓小平思想年谱（一九七五——一九九七）》（上），中央文献出版社1998年版，第204页。

职称。1978年4月全国教育工作会议前后,全校第一批提升18名教师为教授,他们当中有11人为共产党员,15人先后担任过系和教研组的正副主任,都具有较为扎实的基础理论知识和较高的学术水平,熟练掌握两门或以上外语,长期从事教学、科研等工作且成绩卓著。①

清华大学机械系副教授潘际銮是新中国成立后在党的培养下成长起来的焊接技术专家。1948年他从清华大学毕业留校,不久被教育部选拔到哈尔滨工业大学读研究生,在那里参与创建了中国高等教育第一个焊接专业。1955年他回到清华,组建焊接教研组。那时焊接技术在国内刚刚起步,潘际銮积极投身科研,先后主持研究成功大型轧钢机机架的板极电渣焊、重型锤锻模自动堆焊,并应用于生产。20世纪60年代初,潘际銮承担了由清华大学设计建造的核反应堆焊接工程任务。他带领一支由教师、工人和学生组成的队伍,从零开始,研制氩弧焊装备和工艺、铝的焊接冶金问题、工艺装备设计制造等课题。为解决反应堆燃料棒和控制棒焊接问题,他们在没有任何资料参考的情况下,花了3年多时间成功自主研制出中国第一台电子束焊机。1977年,潘际銮被光荣推选为党的十一大代表。基于潘际銮对中国焊接技术发展做出的重大贡献,机械系全系同志一致同意提升他为教授。

1978年5月4日,北京大学在庆祝建校80周年之际,通过评审,提升和正式确定37名教师为教授、副教授。其中,30名由副教授提升为教授,3名正式确定为教授,还有4名成就和贡献突出的讲师、助教破格提升为教授、副教授。其中,地质系副教授王仁,1955年从海外回国,一直勤勤恳恳从事科研和教学,对发展具有中国特色的地质力学做出贡献,因此被提升为教授。中文系副教授朱德熙是研究现代汉语的,但他在古汉语、汉语史、古文字学方面也有相当造诣,先后发表学术著作和普及读物20多种,此次也被提升为教授。物理系讲师曹昌祺,长期从事电动力学教学,其编著的《经典电动力学》成为全国高等院校的教材。他还致力于基本粒子理论研究,发表了高水

---

① 《鼓励教师向又红又专方向奋勇前进 清华大学新提升十八名教授》,《北京日报》1978年4月23日第1版。

平论文，在运用理论物理解决生产实际问题方面取得突出成绩，由讲师被越级提升为教授。①

在此前后，北京邮电学院召开全院大会，宣布提升副教授10名、工程师2名。北京市各院校也相继展开恢复和提升职称工作。据统计，至1979年9月，全市各高校已审批通过教授204人、副教授1329人、讲师7131人。②

新中国成立以来，中小学教育一直没有建立教师职称评定制度，教师工资待遇等主要依据教龄以及是否担任班主任、教研组组长而有所差别。为解决中小学教师工资待遇低的问题，北京市从1956年到1966年曾评选出几批中小学特级教师，在工资方面适当给予提升，但没有形成制度。这种情况在1978年终于有了突破，北京景山学校教师马淑珍、郑俊选、方碧辉，成为全国第一批正式认定的特级教师。

北京景山学校学生祝贺马淑珍（左）、郑俊选（中）、方碧辉（右）被评选为特级教师

---

① 《北大提升和确定一批教授、副教授》，《北京日报》1978年5月17日第1版。
② 北京市地方志编纂委员会：《北京志·教育卷·高等教育志》，北京出版社2014年版，第408页。

北京景山学校是1960年创办的一所专门进行教育改革实验的学校，1978年被列入全国第一批重点中小学。全国教育工作会议之后，根据邓小平"采取适当的措施，鼓励人们终身从事教育事业""特别优秀的教师，可以定为特级教师"的指示精神，北京市将景山学校推选出的马淑珍、郑俊选、方碧辉3名小学低年级教师，提升为特级教师，并得到邓小平亲自批准。1978年5月4日，值景山学校庆祝建校18周年之际，教育部和北京市、区教育局相关负责人参加校庆大会，当场宣布了教育部批准3名教师提升为特级教师的决定。

这3位教师是北京市贯彻党的教育方针、发挥首创精神、积极投身教育教学改革试验的优秀代表。马淑珍从景山学校创办开始，一直致力于小学集中识字教学的研究与试验，她根据汉字结构规律和儿童年龄特点，聚焦一、二年级进行集中识字教学，并与发展儿童语言、培养思维能力结合起来，使受教小学生两年内掌握汉字约2500个。郑俊选是景山学校成立后第一个教改试验班的班主任，还是这个班的语文和数学教师。她带领教改实验班，在缩短小学学制和发挥学生课堂学习的主体作用等方面进行了有益尝试，小学六年教学任务只用了四年半就得以完成。方碧辉自编教材进行外语教学试验，重点抓语音训练，根据儿童特点，采用对话、诵诗、唱歌、表演、竞赛等丰富多彩的形式，培养学生兴趣和语言能力，摸索出一套行之有效的中小学英语教学方法。《人民教育》曾分两期连载了三位教师投身教育教学改革试验的事迹，赞誉她们为"手执金钥匙的人们"。

1978年底，教育部和国家计委发出《关于评选特级教师的暂行规定》，并通知各地试行。文件规定了特级教师评选对象、政治和业务条件、评选办法和审批手续等。提出对特级教师采取3种办法进行奖励：提高政治地位和社会地位，有的可推荐为各级人民代表或政协委员，退休后可聘作名誉校长、教育顾问等；提高工资待遇，小学特级教师每月补贴20元，中学特级教师每月补贴30元；发挥专长，可由高等师范院校、教师进修学校、教学研究机构和教育出版机关聘请做特约讲师、研究员和编审等。[①] 我国从此正式建立了特级教师制度，这给中小学教师以极大鼓励和振奋，全市中小学掀起了学习、宣传、表彰先进教师典型的热潮。

同年7月，教育部和北京市委、市革委会研究决定，授予北京市通县第一中学数学教师、班主任刘纯朴"模范班主任"的光荣称号。这是新中国成立以来第一次授予教师"模范班主任"称号，在全国具有标志性意义。

刘纯朴热爱教育、热爱学生，对孩子们有一种发自内心的感情，而且善于做思想政治工作。每当新学年学生录取工作刚结束，身为班主任的他就已经上门家访了，详细了解学生的家庭环境、兴趣爱好，入学之后"对症下药"，依据学生的不同特点"因材施教"。如看到有些学生走向歧途，他就会以高度的责任感，对学生循循善诱、因势利导，打开孩子的心扉。

有个学生沾染了很多坏习气，到处寻衅打架，顶撞辱骂老师，同学们怕他，父母对他都没有办法。刘纯朴却主动接近他、帮助他。在一次劳动中，他受伤被砸断了一根手指头，刘纯朴立即送他到医院包扎治疗。想到该生父母是双职工，无法很好地照顾他，刘纯朴便隔天去看望一次，学生养伤40天，他去看望了20多次，还用自行车带其去医院检查换药。去得多了，医院护士误以为他们是兄弟俩。该生在老师无微不至的关心下打开了心扉，刘纯朴开导他的思想，指出问题，明确改进方向，对点滴的进步及时给予肯定，帮助他树立信心。学生病愈返校后，在刘纯朴严格要求、真诚鼓励下，他终于热爱起集体，主动做好事，认真学习，不到半年就取得很大进步，各门功课全达到80分以上，被评为学雷锋积极分子，还提出入团申请。这样的事例还有很多。一个调皮学生，经常和老师"过不去"，经过刘纯朴细心发掘、耐心辅导，在八省市数学竞赛中获得二等奖；有个孩子大脑受伤留有后遗症，学习非常吃力，刘纯朴真诚与其谈心鼓励，调动激发其积极性，使其以顽强

---

① 《教育部、国家计委发出关于评选特级教师的暂行规定》，《人民日报》1978年12月31日第4版。

精神一步步赶了上来，从数学只有四五十分到平均成绩超过 80 分。①

刘纯朴当时参加教育工作只有 8 年，但其先后担任班主任的 5 个班都被评为先进班集体，工作成效卓著。《人民教育》编辑采写了他的事迹，将他的经验做法提炼为"动之以情，晓之以理"。原国家科委副主任童大林看到后，认为这对各级各类学校教育工作者乃至基层思想政治工作者都有普遍启发意义，值得学习推广。后经报给邓小平批示同意，决定授予他"模范班主任"的光荣称号。教育部和北京市号召广大教师向刘纯朴学习，以期更好贯彻执行党的教育方针，创造更多更好的经验，把教育质量搞上去，为提高整个中华民族的科学文化水平做出应有贡献。

根据中央有关指示精神，北京市随即在全市中小学、幼儿园教职工中，组织开展了评选特级教师和模范教师、模范班主任、模范教育工作者的工作。经过充分酝酿提名，经北京市、区两级革委会正式批准，提升 22 名中小学、幼儿园教师为特级教师，并分别授予 100 名中小学、幼儿园教职工模范教师、模范班主任、模范教育工作者光荣称号。1979 年 1 月 22 日，市革委会在市工人俱乐部隆重举行发奖大会，向获奖者分别颁发证书和奖金。

改善教师的工作和生活条件

邓小平曾指出，要调动科学和教育工作者的积极性，光空讲不行，还要给他们创造条件，切切实实地帮助他们解决一些具体问题。② 当时，限于国家的经济力量，一时还难以较大幅度地提高教职员工的物质生活待遇，但党中央和北京市委积极创造条件，尽可能改善教师的工作和生活条件。

"文化大革命"期间，教师工资基本冻结。仅 1971 年，对少数工龄较长、工资偏低的教职工调整了工资。粉碎"四人帮"后，北京市根据国务院规定，先后几次调整了教职工工资。1977 年，对相当于国家机关 18 级以下干部的教职

---

① 李树喜：《春雨之歌——记北京市通县一中班主任刘纯朴同志》，《人民日报》1978 年 7 月 8 日第 3 版。

② 《关于科学和教育工作的几点意见》（1977 年 8 月 8 日），《邓小平文选》第二卷，人民出版社 1994 年版，第 56 页。

工，按40%的升级面上调工资，人均月增资6.21元；1978年12月，对表现好、贡献大、工资低的教职工提升工资，升级面为2%；1979年，为40%的教职工调级。此外，1979年11月起，对普通中小学公办教师试行班主任津贴，标准是中学每班补贴5—7元，小学每班补贴4—6元，根据班级学生人数的多少进行区分。①

教职工的住房条件也得到一定改善。北京钢铁学院1978年新建成两栋宿舍楼120套房，加上部分原有住房的重新分配调整，解决或改善了224户教职工的住房问题，并明确优先解决教师住房。其中该学院一级教授魏寿昆，从教40多年，是中国冶金研究领域的带头人，一家三口长期挤在一间半的住房里，家里堆满了书籍，拥挤不堪，甚至走路都得侧身而过。学院为他调整到一套三间半的房子，他激动地说："现在落实党的知识分子政策，给我创造了较好的工作条件。"②

石景山区在国家的统一计划安排下，兴建了第一幢教师宿舍楼，建筑面积约4000平方米，加上新建和改建的一批平房住宅，为全区130多名教职员工改善了居住条件。新房的分配，尽量优先照顾住房困难大、工龄长、年老体弱者，以及归侨教师和其他有特殊困难的教职员工。顺义县李桥公社为教师翻盖10间住房，平各庄公社新建15间教师住房，县教育局召开会议并组织现场参观，推广他们的做法，促进其他公社抓紧做好相关工作。延庆县专门拨款，由县教育局负责，建起了40间教师家属宿舍，解决了部分教职工长期没有住房的困难。

一些区县教育部门和学校，积极采取措施，关心教师生活，帮助他们解除后顾之忧。崇文区教育局党委了解到，老师们为了弥补动乱中浪费的宝贵时光，早来晚走，辛勤工作，但有许多老师为了安排家庭生活花费了很多时

---

① 北京市地方志编纂委员会：《北京志·教育卷·基础教育志》，北京出版社2014年版，第445页；北京市地方志编纂委员会：《北京志·政务卷·人事志》，北京出版社2014年版，第404、424页。
② 《认真落实党的知识分子政策和干部政策 北京钢铁学院一批教师和职工兴高采烈搬进新居》，《北京日报》1978年8月29日第3版。

间精力，影响了积极性的发挥。崇文区教育局党委召集区内中小学负责人，要求把集体福利事业办好，在尽可能的范围内解除教师的后顾之忧。于是各学校积极行动，想方设法做好后勤工作。有些学校领导干部带头，和后勤人员、教职工一起动手，因陋就简修建浴室、制作躺椅，解决老师的洗澡和午休问题。许多中小学还千方百计办好食堂，让老师们吃好饭，并为双职工解决子女吃饭问题。一七六中学食堂主食、副食丰富，花样很多，有时还代卖挂面、豆制品、面包、饼干和果酱等，受到教师们欢迎。双教职工及家庭做饭有困难的，可以把饭带走，还有几位教师的子女直接在学校食堂入了伙。

一些远郊区县帮助教师解决子女入托入园、夫妻两地分居、交通生活不便等实际困难。通县办教工托儿所、幼儿园，怀柔县为那些愿意把市内家属接到本县的教师解决住房和家属工作调动等问题。针对山区交通和生活不便、教师生活困难问题，密云县教育局研究成立教师生活服务组，先从解决吃菜难问题入手，协调县蔬菜公司、菜站等单位，为深山区10余所中小学送菜3万多斤和其他生活用品。门头沟区为深山区学校运送冬季贮存菜的同时，还为60多所学校的师生放映电影，丰富他们的课外生活。

延庆县地处山区，交通不便，山区学校的干部教师到县城开会、办事或回家路过县城，经常发愁找不到住处。延庆县教育局党委对这个问题很重视，经过与有关单位商量，利用原教师进修学校搬迁后的旧校址，开办教工招待所，提供住宿落脚的便利。这里可以容纳100多人住宿，不仅能召开小型会议，而且节约了教育经费，教职工们高兴地称招待所是"教工之家"。几年来，教育局坚持帮助深远山区和交通不便的学校运输冬季贮存菜、煤和基建材料等。大雪封山的季节，还租借车辆在节假日接送教职工回家。[①]

一系列切实举措，使广大干部教师感受到党中央、北京市委对教育事业和教师队伍的关怀与重视，其工作积极性得到很大提高，为尽快恢复教育教学秩序和提高质量打下良好基础。

[①] 《一些远郊区、县教育部门和学校积极采取措施 关心教师生活 解决教师困难》，《北京日报》1979年1月6日第2版。

二、恢复整顿教育教学秩序

经历十年内乱之后，北京的学校几乎处于无政府状态，组织机构陷于瘫痪，教育教学工作举步维艰，亟待恢复整顿走上正轨。

加强党对教育工作的领导

"文化大革命"期间，为遏制内乱局面，中央曾派由工人、解放军指战员组成的"宣传队"进驻几所重点大学，稳定秩序，领导学校工作。1977年9月19日，邓小平在同方毅等人的谈话中，讲到教育战线的拨乱反正问题时说："工宣队问题要解决，他们留在学校也不安心。军队支左的，无例外地都要撤出来。"[①] 11月6日，中共中央正式决定撤出工宣队、军宣队，学校由党支部领导。

工宣队和军宣队撤离后，北京市教育局颁发中学行政机构设置及职责分工的暂行规定，中学设教导处、总务处、办公室，恢复教研组、年级组和班主任制度。市教育局还增设了中学教育处和教育行政处，以加强对中小学的领导和管理。城区原来下放给各街道革委会领导的小学，此时也划归其所在区委领导，由区教育部门直接管理，各区组织做好领导关系的交接。丰台区将全区34所城市小学按学区建立了4个总支部，设书记1人，学区校长1人，政工、团队、教育教学、后勤工作人员6—8人。总支在区丰台教育局党委领导下负责小学党、政、财、教育等方面工作。至1978年9月教育部颁布全日制中学、小学暂行工作条例试行草案，全市中小学正式恢复实行党支部领导下的校长负责制。同时，经中共中央批准，中小学撤销"红卫兵""红小兵"组织，恢复了共青团和少先队组织。

北京市委于1977年12月26日至1978年1月4日，组织召开大学教育工

[①] 中共中央文献研究室编：《邓小平年谱（一九七五—一九九七）》（上），中央文献出版社2004年版，第204页。

作座谈会。讨论大学组织机构问题时，与会人员一致主张，在中央对大学领导体制未作统一规定之前，可以先对学校组织机构进行适当调整，以加强党的领导，提高工作效能。具体是：党委机关可设党委办公室、组织部、宣传部、统战部、保卫部等；行政方面可设办公室、教务处、科研处、总务处、人事处等。北京市委原则上同意上述意见，对各校不强求一律，可根据具体情况适当调整，并将有关方案报市委科学教育部。[①] 1978 年 10 月，根据教育部印发的通知，北京市各高校均实行党委领导下的校长分工负责制，系一级实行系主任负责制。此后，为更好贯彻执行党对高等教育的方针政策，加强对高等教育的领导管理，推动北京市高等教育事业的整顿、提高和发展，北京市委、市革委会根据工作需要，于 10 月成立高等教育委员会，12 月恢复高等教育局。

同年 11 月，北京市委常委会召开扩大会议，北京市委教育工作部负责人在会上做了题为"解放思想，加快步伐，为提高中小学教育质量而奋斗"的发言。会议强调，要切实加强党对教育的领导，要求各区、县委把教育工作列为重要议程抓起来，正确解决好领导体制中的"条块"结合问题。此前，市委为加强对教育工作的领导，于 7 月 1 日将科学教育部改为教育工作部。会议要求，在市委领导下，教育工作部集中力量抓好学校党的工作，各区县也相应设立教育工作部来抓好本区县中小学党的工作，切实加强中小学党支部思想建设和组织建设。市教育局和区、县教育局则集中主要精力抓好教育行政和教学业务工作，实行"条块"结合，密切配合，共同把工作做好。

在建立健全领导体制的同时，北京市还进一步整顿学校领导班子，配齐配强干部队伍。北京市各中小学的干部队伍，在"文化大革命"中遭到严重破坏。一些有经验的干部，年事已高，不适宜再担任领导工作；一些有能力的干部，受到打击迫害，被调离领导岗位或调出教育部门；在"文化大革命"期间调上来的干部，有许多文化水平较低，领导不了学校教育教学工作；

---

① 《中共北京市委科学教育部关于印发北京市大学教育工作座谈会材料的通知》，陈大白主编：《北京高等教育文献资料选编（1977—1992）》，首都师范大学出版社 2008 年版，第 57 页。

还有一些干部犯了错误,不适合再担任领导职务。随着教育的整顿恢复和发展,要提高教育质量,加强干部队伍建设必然提到重要议事日程上来。

1978年1月,北京市委在中小学教育工作会议上提出,要选派政治觉悟高、懂得教育工作、热心教育事业、工作干劲大、能联系群众的干部,担任各区、县主管教育的书记、教育工作部（文教工作部）部长和教育局局长;规模较大的中小学要配备好负责全面工作、教学工作、后勤工作的领导干部,要注意吸收那些富有教学经验的教师参加学校教学领导工作。北京市委责成市委组织部和科学教育部抓紧这两级领导班子的调整和充实。

各区、县认真落实市委要求,在调整选配好区、县主管教育的领导干部基础上,着手配备中小学领导班子。落实党的干部政策,把有领导教育教学经验、在"文化大革命"中使用不当的干部,调整安排到领导岗位上来;已调出学校、综合条件较好的中小学领导干部,调回学校担任领导工作;选择一批优秀的在职干部、教师,提拔到领导岗位上来;不适合再担任领导工作的,调任其他工作。[①] 1978年第一季度,先配备好重点中小学的领导班子;上半年,配备好较大中学的一、二、三把手和规模较大的小学副主任以上干部;至1978年年底,全部中小学领导班子基本配齐。

通县县委高度重视,召开专门会议研究部署,从着重抓好学校主要领导干部的配备入手,逐个学校落实。配备干部过程中,县委注意做好干部思想工作。由县委主管教育的副书记带头,领导小组先后找了近200名干部谈心,并尽量把有教育教学经验的干部调配到教育战线,共提拔了30多名政治觉悟高、能力强、有一定教学实践经验的中青年干部充实中小学领导班子。

马驹桥公社革委会副主任崔广亮,在文教战线工作了20多年,熟悉教育工作,有丰富的经验。通县县委副书记和他交换意见,提出把他调回教育战线,崔广亮感觉到这是党对他的信任,愉快地响应号召,回到一所中学担任

---

① 李晨主编:《北京中小学教育若干问题的回顾》,北京教育出版社2001年版,第292—293页。

党支部书记兼校长的职务。郭洪勋在"文化大革命"前是学区（小学管理机构）副校长，一度被下放到小学工作，这次安排担任了学区总校长；过去当过中学党支部书记和公社文教组组长的王德弟，被安排到中学任副校长……由于工作做得细致，调动了干部积极性，还有不少干部克服个人生活困难，勇挑重担。在本公社中学工作的杨耿，被组织决定调到其他公社一所中学担任党支部书记，他克服家庭及身体等方面困难，服从分配，奔赴新的工作岗位。截至1978年5月，全县52所中学基本配齐一、二、三把手，24个学区配齐了一、二把手。[①] 通县的做法得到北京市委的肯定和推广。

教师队伍的管理也得到恢复和加强。1978年2月，国务院批转教育部《关于加强中小学教师队伍管理工作的意见》，规定今后中小学教师队伍将在党委领导下，由教育行政部门负责管理和调配；各级行政部门不应占用教育事业编制，各部门各单位不得任意借调或抽调教师做非教学工作。[②]

北京市委第一时间向各区、县委转发了该意见，要求认真落实，切实加强教师队伍的建设和管理工作；提出中小学公办教师的管理、调配工作在党委统一领导下，由区、县教育局负责，借调到其他战线工作的中小学教师和干部，要在当年"五一"前全部回到教育战线，今后成批抽调教师做教学之外的其他工作须报市委批准；师范院校毕业生要全部分配到教育战线。根据这个意见，市委将一年前抽调参加普及大寨县工作队的170名高校教师和干部，全部陆续调回学校。9月，市委向中央报告该情况，并请示中央同意后，向全市下发通知，今后不再抽调大中小学干部教师参加普及大寨县工作队，也不再选派大中小学干部教师参加"五七"干校劳动。

高等教育的恢复

"文化大革命"期间，北京地区高等教育事业遭到极其严重的破坏。1966年6月，学校正常教学活动被迫停止。1969年起，大批高校被外迁撤

[①]《通县县委认真配备中小学干部》，《北京日报》1978年5月19日第1版。
[②]《努力建设一支又红又专的无产阶级教师队伍》，《人民日报》1978年2月6日第2版。

并。1970年起，高校招收工农兵学员，这种招生办法一直延续到1976年。由于停办、外迁、合并，原有校舍被大量占用，高校教师、干部队伍受到冲击，教学、科研被迫中断。

粉碎"四人帮"后，教育怎么搞，大学怎么办，成为全社会关注的焦点之一。1977年底，在邓小平决策推动下，"文化大革命"中一度中断的高等学校统一招生考试制度终于得到恢复，全国570万人参加了当年的高考。12月10日至12日，北京市举行粉碎"四人帮"后的第一次高考，参考人数达15.89万，刷新了新中国成立28年来的纪录。紧接着半年后，1978年高考于当年夏季举行，全市9.4万名考生参加。此后北京高等学校招生工作逐渐步入正轨。

北京高等教育的布局也得到恢复和重构。在"文化大革命"中被撤销、停办的高等学校，如中国人民大学、中国医科大学、北京气象专科学校等大都相继恢复办学；已外迁的院校，如北京农业大学、北方交通大学、北京农业机械化学院、北京林学院以及北京石油学院、北京地质学院等陆续迁回北京办学或办研究生院。同时，新建一批院校，创办了一批大学分校。

中国人民大学是中国共产党创办的第一所新型正规大学，于1970年10月被迫停办，1971年被撤销，其教工、家属被分批下放或分配到北京其他高校或单位工作。1977年邓小平复出后明确提出："人民大学是要办的，主要培养财贸、经济管理干部和马列主义理论工作者。"[①] 中国人民大学部分教师和干部得知后十分振奋，联名给邓小平写信，建议由曾任中国人民大学党委书记、副校长的郭影秋组织筹备委员会，拟订恢复办学的具体方案，邓小平将信批转教育部办理。1978年4月，中共中央责成曾任中国人民大学党委书记、校长的成仿吾，与郭影秋一同负责中国人民大学复校的筹备工作。

据中国人民大学1977级校友回忆，筹备复校过程中，中国人民大学就参加了1977年12月恢复高考的第一次招生，以北京师范大学的名义，在北京

---

① 《教育战线的拨乱反正问题》（1977年9月19日），《邓小平文选》第二卷，人民出版社1994年版，第69页。

招收哲学、政治经济学、中共党史 3 个专业（中国人民大学被撤销后，上述 3 个系并入师范大学），录取 140 人，1978 年 4 月入学。由于学校尚未正式复校，师生在临时教室上课学习。

在党中央、国务院和邓小平的亲切关怀下，教育部、北京市委以及相关高校给予大力支持，1978 年 7 月 7 日，国务院正式批准中国人民大学在北京原址恢复，为全国综合性社会科学大学，由教育部和北京市双重领导，以教育部为主。[①] 根据国务院文件精神，该校 1966 年 6 月 1 日以后分配、调离的原有教职工，原则上一律调回，有特殊情况的协商解决。其中按建制调出的系、所、室等单位，也都按建制调回。1978 年 7 月 29 日，中共中央、国务院任命成仿吾为中国人民大学校长兼党委书记。同年 8 月，中国人民大学参加全国统一招生，共招收 14 个专业的硕士研究生 108 名、15 个系 21 个专业的本科生和进修生 1077 名。[②] 这些学生于 9 月正式报到入学。

20世纪80年代中国人民大学校门

北京农业大学成立于 1949 年，是我国一所多学科全国性重点农业大学，1969 年起，先后被外迁至河北涿县和陕西延安清泉沟，1973 年回迁涿县并改

[①] 中共中央文献研究室编：《邓小平年谱（一九七五——一九九七）》（上），中央文献出版社 2004 年版，第 207 页。

[②] 周兴旺：《使命——中国人民大学的世纪传奇》，人民出版社 2004 年版，第 38 页。

名华北农业大学。由于几经迁校,遭受破坏严重,涿县建校基建条件跟不上,学校面临重重困难。这时,转机出现了。1977年8月,邓小平复出后主持召开科学和教育工作座谈会,华北农大核心小组成员、原北京农业大学副校长沈其益在受邀之列。他抓住这个难得机遇,在会上做了题为《办好农业大学,为农业大干快上服务》的书面发言和口头汇报,并与其他华北农大核心小组领导成员联名给中央写信,陈述学校在"文化大革命"和搬迁中的遭遇,提出办学设想与建议。8月9日,邓小平读到联名信,致函华国锋、李先念、纪登奎称:"在座谈时,他们谈得很激动,建议国务院派专人调查和处理。"[1]国务院调查组进行了两个多月调查,充分了解并向中央报告了学校的办学困难。后经校方、农林部等多方面积极争取,聂荣臻、邓小平等领导人先后给予关怀批示,1978年11月29日,国务院正式下达通知,批准华北农大搬回北京市海淀区马连洼原址办学,恢复北京农业大学名称,由农林部和北京市双重领导,以农林部为主;要求农大落实中央领导批示"办好一所重点农业大学,是促进农业现代化的一个重要措施",把该校办成农业教育中心和科研中心,多出人才、快出成果,为实现新时期总任务做出积极贡献。[2] 1979年1月1日起,农大党政办事机构开始在马连洼原址办公。

1978年2月17日,国务院批转教育部《关于恢复和办好全国重点高等学校的报告》,确定全国第一批重点高校88所,其中恢复原有的60所,新增28所。北京地区恢复的重点高校有:北京大学、清华大学、北京航空学院、北京工业学院、北京钢铁学院、北京化工学院、北方交通大学、北京邮电学院、北京师范大学、北京医学院、北京中医学院、北京外国语学院、北京对外贸易学院、中央音乐学院、北京体育学院等15所;新增1所重点高校中央民族学院。此后,重新迁回或恢复的北京农业大学、北京农业机械化学院[3]、中国

---

[1] 中共中央文献研究室编:《邓小平年谱(一九七五——一九九七)》(上),中央文献出版社2004年版,第180页。

[2] 北京农业大学校史资料征集小组编著,王步峥主编:《北京农业大学校史(1949—1987)》,北京农业大学出版社1995年版,第471—472页。

[3] 1985年10月,北京农业机械化学院更为名北京农业工程大学。1995年9月,北京农业大学和北京农业工程大学合并组建中国农业大学。

人民大学、北京政法学院、国际关系学院、中国首都医科大学也恢复确定为全国重点大学。到1979年，北京的高等学校有48所，其中全国重点院校23所，占全国重点院校总数的24%。[①]

与此同时，研究生教育也开始恢复。1977年10月，按照国务院有关全国研究生招生工作的统一部署，北京市高等学校和部分科研机构开始筹备招收研究生。根据国家规定，1977年、1978年两年的招生工作合并于1978年进行，招收的研究生统称为1978级研究生。1978年5月15日至17日，北京市研究生招生初试举行，全市设60多个考场，考生共计4100多名，除了应届大学毕业生、在校大学生，还有知识青年、在职人员等。各个大学普遍从为实现四个现代化培养专家型人才的高度，来认识研究生招收工作，着力抓好方向，着力把研究生培养成为德才兼备、又红又专、既专且博的专门人才。

中国科技大学率先成立研究生院[②]，各地考生报考非常踊跃。科学家们都很受鼓舞。陈景润、杨乐、张广厚等年轻的数学家都是第一次带研究生，和老一辈数学家们一起热烈讨论研究生的招收和培养工作。杨乐满怀豪情地说，一定不辜负党中央的殷切期望，努力在科研工作和培养人才两个方面都做出新的成绩来。北京工业大学党委加强对培养研究生的领导，明确部门职责和分工，组织各系和有关研究室、教研室提出招收研究生计划。1978年确定于10个专业15个方向招收研究生，重点放在计算数学、激光技术和环境保护等应用科学和新兴技术方面。[③] 据统计，1978年，北京地区20多所学校近500个专业，招收研究生1900多名，占全国招生总数的20%左右。[④]

教学工作随即全面恢复，科研和学术活动相继蓬勃开展。清华大学水利工程系教职工、干部经过反复讨论，调整系领导机构，在系党委领导下建立

[①] 北京市地方志编纂委员会：《北京志·教育卷·高等教育志》，北京出版社2014年版，第4页。

[②] 1977年10月初，中共中央、国务院批准中国科技大学在北京成立研究生院。1978年3月，中国科大研究生院正式成立，这是全国最早创办的研究生院。

[③] 《多快好省地为国家培养研究生》，《北京日报》1978年4月5日第2版。

[④] 北京市高等教育局编：《北京高等学校概况》，北京工业大学出版社1992年版，第2页。

了系主任负责制,恢复和建立水工、水动、农水、泥沙、水文水利及水电站、水力学、土力学7个教研组。师生们高兴地说:"现在大事有人抓,具体的事有人管,工作有计划,行动有目标。我们水利系有起色了。"许多学校重新组织了科研队伍,选定研究课题。北京大学理科、文科、外语各系有100多个教研室,多数都不同程度地恢复了教研活动,开始积极整顿机构,配备干部。

不少学校经常举行学术报告会、交流会、专业研讨会等,学术活动日渐活跃起来,与此前的沉闷空气形成鲜明对比。1978年初,北京大学、北京师范大学、北京师范学院三校联合举行了现代文学讨论会,夏衍、周立波、严文井、沙汀、冯乃超等作家和教授出席。会上,贯彻"百花齐放,百家争鸣"方针,对中国现代文学史上一些长期以来有争论的问题进行探讨,大家各抒己见,严肃论证,学术气氛浓厚,为搞好现代文学史教学与教材编写提供了有益参考。①

1978年5月,北京大学在欢庆建校80周年之际,重新举办停止了10多年的五四科学讨论会,全校各系纷纷召开学术成果讨论会、报告会。地球物理系成果最为丰硕,全系共提交论文70篇,其中天文学教研室17个人就提交了19篇,气象专业的老教授谢义炳、李宪之分别提交了两三篇论文。地质系地热科研组,是全国科学大会上受到表彰的科研先进集体,他们在全国各地进行地热考察研究,足迹几乎遍布整个西藏,同兄弟单位合作研究地热发电取得可喜成果,在总结实践经验的基础上进行理论研究,形成了7篇论文。此前刚刚由副教授提升为教授的王仁,用数学模拟方法研究地震发生的规律,在讨论会上提交了《华北地区地震迁移规律的研究》一文,对地震预报的探索具有一定参考价值。

这次讨论会还体现了拨乱反正、思想解放、百家争鸣的新气象。北京大学地理系教授侯仁之,1972年响应周恩来总理关于加强基础理论研究的号召,写了一篇关于加强历史地理学研究的论文,在"七一"党的生日这天郑

---

① 《抓纲治校 初见成效 首都教育战线一派新气象》,《北京日报》1978年1月9日第1版。

重提交给系党总支，但在当时"四人帮"控制下的北京大学，文章提交后就石沉大海了。这次他在全系大会上宣读了这篇论文，并为北京大学即将成立历史地理研究室感到十分振奋。

整顿中小学校风校纪

北京市中小学教育由于受到内乱冲击，学校秩序长期处于混乱状态。校舍遭受破坏严重，许多学校门窗玻璃、桌椅、教学仪器、体育器材、图书等被砸、被毁、被烧；很多学生沾染了不良风气，经常不到校，或进校不带书包，打架斗殴，甚至与社会上的不法分子勾结进行违法犯罪活动。

"文化大革命"结束后，北京市从揭批"四人帮"入手，揭发批判其把对学生进行必要、合理的管理教育说成是"修正主义的管、卡、压"等各种谬论，从思想上进行了一些拨乱反正，全市中小学的混乱情况开始逐步好转。

为了进一步稳定学校秩序，北京市教育局及时修订、恢复必要的规章制度和一些优良传统。制定了《关于中小学学生转学、借读的暂行规定》和《北京市中小学学生管理教育工作的几项暂行规定》，要求把学生管理教育工作列入学校党支部、革委会议事日程，规定了管理教育的原则，对学生的基本要求、考勤、操行评定、考试制度、成绩评定、升留级制度以及奖惩办法等做出了规定。[1]

许多学校纷纷采取针对性举措，整顿校风校纪，加强对学生遵守纪律、服从教导、勤奋学习的教育。朝阳区的一二〇中学有一部分学生时常旷课、打架斗殴，学校加强遵纪守法教育，组织全体学生学习1978年新宪法。对于一些问题较严重、处于犯罪边缘的学生，学校联合辖区八里庄派出所，办"遵纪守法教育学习班"，讲形势、讲政策、讲青少年犯罪的案例，还逐个与他们谈心谈话，做思想工作，坦诚深入地交流继续发展下去的危害。经过教育，这些学生有了不同程度的进步和悔改，有的学生还交出携带的凶器，表

---

[1] 北京教育志编纂委员会办公室、北京市档案馆编研处编：《北京市教育档案文粹》（上册），华艺出版社2008年版，第269—271页。

示要痛改前非。个别有犯罪行为且屡教不改的学生，公安部门依法对其做出处理。有一次，八里庄地区处理刑事犯罪分子大会刚结束，该校就有 3 名学生为发泄他们对大会的仇视和不满，公然寻衅滋事，殴打同学。学校将情况反映给朝阳区公安分局，当天下午分局将 3 人依法拘留。学校结合这个事例，向广大师生进行了法制教育，进一步警醒了过去有犯罪行为的学生。

我们党的教育事业历来有培育共产主义理想和品德的优良传统。1977 年 8 月，邓小平在科学和教育工作座谈会上指出，由于"四人帮"的破坏，把青少年带坏了，现在要把风气扭转过来。[①] 第二年的全国教育工作会议上，他再次强调"学校要大力加强革命秩序和革命纪律，造就具有社会主义觉悟的一代新人，促进整个社会风气的革命化"[②]。北京市认真贯彻党中央指示要求，在恢复整顿校规校纪的基础上，把树立革命风尚作为中小学教育工作的一项重要任务来抓。

1978 年 5 月，东城区 10 所学校和教育局团委联名发出《关于在中小学学生中树立革命风尚的倡议》，倡导加强学生管理教育，开展革命理想和革命传统教育，树立革命风气、打击歪风邪气，各校整顿校容校风，发挥共青团和学生组织的作用等。东城区教育局开展了中学校容校风检查评比活动。一些学校的广播站、班级光荣簿和黑板报上，生动记录了很多学生的良好品行。北京第九一中学，收到外单位表扬该校 3 名学生拾金不昧的信，信中赞扬他们是毛泽东思想哺育的好学生。街道居民也夸奖学生学雷锋、为人民群众做好事的越来越多了。大家感受最深的，是爱学习的风气更浓了。北官厅学校一些学生，自发组成课外学习小组，每晚一起补习功课。过去考试、做作业经常抄袭的个别学生，现在能独立完成试题和作业，还主动做课外题，自学高年级课程，成了"学习迷"。[③]

---

① 邓小平：《关于科学和教育工作的几点意见》（1977 年 8 月 8 日），中共中央文献研究室编：《邓小平同志论教育》，人民教育出版社 1990 年版，第 34—35 页。
② 邓小平：《在全国教育工作会议上的讲话》（1978 年 4 月 22 日），《人民日报》1978 年 4 月 26 日第 1 版。
③ 《北京市东城区开展中学校容校风检查评比活动》，《人民日报》1978 年 5 月 31 日第 1 版；《学校要有一个好校风》，《北京日报》1978 年 5 月 31 日第 2 版。

教育科技文艺恢复与发展

北京市委对该倡议表示支持，专门下发通知，要求全市中小学认真学习讨论倡议内容，开展多种形式的活动，大力提倡勤奋学习、遵守纪律、热爱劳动、助人为乐、艰苦奋斗、英勇对敌的革命风尚。各区各学校热烈响应倡议，根据市委要求抓好落实。

东城区教育局走访调研区内十几所小学后，制定了《小学生课堂常规》《小学生一日生活制度》两项规章制度，并推动全区各小学试行。景山学校抓校风、学风整顿，倡导学好文化课，每周进行一次评比，从纪律、考勤、卫生、体育锻炼4个方面进行重点检查，促成良好校风；东城区什锦花园小学请区人民法院的同志宣讲新宪法，对学生进行遵纪守法教育；丁香小学（今北京市汇文第一小学）开展争做"雷锋班""邱少云班"活动，用典型带动一般。

西城区教育局团委制定了响应倡议的五条措施，如：组织各校制定符合学校实际的具体计划和措施；召开现场会，树立典型，总结推广经验；表彰一批学雷锋、争"三好"、树新风的先进集体和个人等等。东城区第一〇九中学党支部召开扩大会和全体教师会，组织学习讨论，通过广播、黑板报广泛宣传，提出要敢于教育、敢于管理，通过印发材料或开家长会，带动学生家长响应倡议，配合学校培养学生的好习惯好品德。学校召开表彰大会，表扬品学兼优的学生，给他们戴大红花、发奖状，并给予适当物质奖励，营造树革命正气、打击歪风邪气的良好局面。宣武区广外一小结合青少年特点，开展各项课外活动，筹建文艺队、足球队、田径队、民乐队、美术组等课外小组，扩大学生视野，培养良好品质。[①]

经过调整整顿，首都教育战线工作初见成效，广大干部师生心情舒畅、精神焕发，教育教学秩序得到恢复，呈现秩序井然、生机勃勃的新气象。

---

① 《树立革命风尚 培养一代新人 热烈响应景山学校等十所中小学和东城区教育局团委的倡议》，《北京日报》1978年6月3日第2版。

三、着力提高教育教学质量

十年内乱期间，教育质量大幅下降。邓小平在全国教育工作会议上指出，为了培养社会主义建设需要的合格人才，"教育事业必须同国民经济发展的要求相适应"，并把提高教育质量、提高科学文化教学水平作为第一位的问题提出来。[1] 北京市落实党中央要求，抓课堂教学和校外教育并重，加强教师队伍建设，努力调动各方面积极因素，提高教育教学质量。

聚焦课堂教学

随着教育教学秩序初步恢复，学校工作走上正轨，但教学质量存在的问题逐步暴露出来。据1976年年末进行的一项调查，北京某中学高一506名学生，在6门学科的基础知识考查中，有433名不及格，占比86%，30分以下的占44%。[2]

1977年11月，北京市革委会在市第七届人民代表大会第一次会议的报告中指出，由于"四人帮"的严重干扰破坏，教育质量普遍下降，要下大力气抓好整顿，三年内见到成效，把教育质量提高起来。各大中小学校先后召开教师、干部座谈会，明确把教学作为学校的中心任务。石景山区教育局深入学校调查研究，组织干部、教师，就教学在学校工作中的地位、学校领导干部要不要抓教学等问题，展开讨论，统一思想，进一步明确教育战线领导干部要把主要精力放在抓教学、提高质量上。各级学校党组织加强对教学工作的领导，配备熟悉业务的得力干部抓教学，建立健全教研机构和规章制度，恢复教师进修和教研活动，认真研究培养目标、学制、课程设置、教学方法等问题，并在研讨基础上拟订教学计划。

---

[1] 《在全国教育工作会议上的讲话》（1978年4月22日），《邓小平文选》第二卷，人民出版社1994年版，第103、107页。

[2] 当代北京编辑部编，柯小卫：《当代北京教育史话》，当代中国出版社2013年版，第135页。

| 教育科技文艺恢复与发展

1978年2月，教育部颁发《全日制十年制中小学教学计划试行草案》，明确提出坚持以学为主，保证教学时间，认真完成教学计划，提高教学质量等要求。[①] 接着，制定并颁布了各科教学大纲。北京市教育局召开各区、县教育局主管教学工作的领导同志会议，部署学习贯彻教育部制定的中小学教学计划和教学大纲。会议要求教育部门和学校的领导干部首先要学好教学大纲，才能更好领导教学，同时创造条件、采取各种形式组织广大教师学好用好教学大纲。[②] 会后，全市教育战线干部教师深入钻研教学大纲和统编教材，大力改进教学工作。

针对"文化大革命"造成的"学不学，都升学""考不考，都毕业"的乱象，1978年4月29日，紧随恢复高考的步伐，全市恢复小学和初中毕业生统一考试，统考合格者才能到高一级学校学习，优秀毕业生择优录取到市、区重点学校。初高中招生考试制度恢复后，师生的教学和学习积极性明显增强，全市教育部门、各区县、各学校创造性地采取多种举措，提高教学质量。

西城区教育局为加强学校对教学工作的领导，组织开展中小学教学质量大检查。将学校按片区分组，组内各学校派代表互相检查，听课、听学校汇报，召开教师、班主任、学生座谈会，了解提高课堂教学的措施、效果和经验。检查中，大家欣喜地看到：各校根据教育部的教学计划，结合实际制订了本校的教学计划，还发动各年级、各教研组，根据学生实际和学科特点制订计划，许多学校建立和加强了教研组，恢复了定期的教学工作会议制度、校领导兼课听课制度等。北京八中制定了提高课堂教学质量的9条措施，如每月组织一次观摩教学和一次教学活动，教育组干部深入课堂检查作业、教案、进度，期中、期末对部分课程统一考试，开展评教评学活动来督促引导等。北京二一二中学师生自己动手，因陋就简，建成62平方米的实验室；做实验桌，修演示台，制作一批演示教板；从废品公司等处购买温度计、烧瓶

---

① 《教育部颁发全日制十年制中小学教学计划试行草案》，《人民日报》1978年2月13日第1版。
② 《本市各级教育部门积极组织广大干部教师认真学习教学大纲和新编教材》，《北京日报》1978年8月26日第2版。

等近300套，以保证理化实验课的正常教学。

通过相互检查，干部、教师也交流了抓好教学的经验。北海中学干部教师听到四中教师"教好每一堂课"和四十中教师"管教、管学、管会"的教学目标和相应举措，很受启发，表示要向他们学习，向课堂要质量。四中和师大附属实验中学等重点学校的干部教师看到，那些条件较差和一些由小学改为中学不久的学校，克服各种不利条件，努力提高教学质量，便更加鼓舞自己加倍努力、多做贡献。检查中，也发现个别教师教学方法有缺陷、教学内容有错误的情况，检查组都及时指出，并帮助研究改进。[①]

一些学校从抓备课、讲课两个环节入手提高课堂质量。石景山区黄庄中学党支部，要求教师备课时认真钻研教材，发挥集体力量共同研究，做到每节课都有教案。学校外语组有一位教英语的青年教师，业务基础有欠缺，一开始不知道怎么备课，于是学校党支部请老教师来帮助指导他。青年教师虚心好学，经常早晨四五点钟就起来背单词、读课文，晚上用英语练习写文章。经过一年多的努力，他的业务能力很快赶上来，能独立备课，而且主动自学大学英语课程，不断自我提升。学校还定期开展讲评教案的活动，对备课认真且有成效的予以表扬，将写得好的教案刻印出来加以推广。校党支部组建专门的教学质量检查领导小组，加强教学质量跟踪检查和分析研究。教师在规定范围内任选一节给学生讲课，领导小组成员随堂听课，下课后延长半小时出题测验，考查学生对本节课所讲内容的理解掌握程度，再由领导小组和授课教师一起，结合讲课情况和测验成绩来分析研究，以总结优点和不足。通过有计划、有步骤、扎实有效的教学研究检查课，促进了课堂教学，全校教师互相学习、钻研教材蔚然成风。[②]

有的学校充分利用各种现代化手段，为提高教育质量创造有利条件。北京一七一中学是东城区的一所重点中学，为了推动教学质量更上一层楼，党支部积极筹办电化教育。没有经验，试制小组的同志就到外地有关学校参观

[①] 《拨乱反正　加强对教学工作的领导　西城区开展中小学质量大检查》《一个促进教学质量提高的好方法》，《北京日报》1978年5月26日第2版。

[②] 《黄庄中学抓好备课讲课两个环节》，《北京日报》1978年11月27日第2版。

北京市王府井大街第一小学教师征求意见，改进教学。

学习。缺少设备，他们就自主筹措器材，经过大家多方努力基本备齐了材料。然后利用暑假时间，试制工人和教师不顾天气炎热，历尽艰辛做出了一台摄像机。调试了几天后，发现图像很不清晰，但大家没有灰心，积极找原因，还到北京电视设备厂学习请教，不断总结经验、反复调试，终于试制成功第二台摄像机，其效果和市场上销售的摄像机基本一样。小组成员又成功试制两台监视器，改装了3台24英寸电视机。一套闭路电视教学系统就这样诞生了。

由此，一七一中学成为全市第一所采用电视教学的学校。记者慕名而来，采访宣传学校的电视教学转播场景。当一名教师讲课时，控制室的工作人员操作讲台上的摄像机，带动监视器，通过电缆控制分别安装在其他教室的电视机，这堂课就能同时转播到3个教室。工作人员还可以根据讲课需要，选择图像和远近镜头切换，把教师讲课的形象、板书和教学仪器清晰地展示在电视荧光屏上。这样，有利于发挥优秀教师作用，减少教师重复劳动，便于其把精力集中于备课讲课，提高教学水平。[1] 此外，北京市教育局组织举办中小学电化教学现场会、幻灯教学经验交流会等，推动全市电化教育加速发展。

全市中小学突出教学为中心，狠抓质量提高，取得了初步成果。1978年夏的全市高考，在试题比上一年难度大、水平高的前提下，成绩显著提高，尤其是应届高中毕业生的成绩有突出进步，总分400分以上的考生中，应届毕业生占61.5%。[2] 北京八中校领导班子联系学校实际，清除"四人帮"在教学方面的不良影响，对应届毕业生进行学业考核，举办高考复习班，重点巩固基础知识、基本技能，克服学习薄弱环节。教师利用业余时间编写补习材料，帮助学生查漏补缺，提高其分析解决问题的能力，促进了教学相长，切实提高了教学质量。此次高考中，八中有260名应届毕业生报考，高考总分300分以上的占56%，其中350分以上的有78人，400分以上的有21人。[3]

重视校外教育

"文化大革命"前，北京市已形成了由市、区（县）少年宫、少年科技馆（站）、少年之家、儿童活动站等构成的校外教育网络。1968年，校外机构被撤销，1972年开始陆续恢复重建。1974年，北京市成立校外教育领导小组，市教育局设立校外教育办公室，负责日常工作，但因宫、馆、家、站等校外教育场所被大量占用，活动有限。

城区小学从街道划归区教育部门管理后，北京市校外教育领导小组便把城镇中小学的校外教育抓起来，要求各街道党委继续抓紧抓好校外教育工作，总结推广先进经验，不断健全学校、家庭、社会三结合的校外教育网。调动社会

---

[1] 《充分利用现代化手段提高教育质量 一七一中试制成闭路电视教学系统》，《北京日报》1978年9月19日第2版。

[2] 《教育战线贯彻抓纲治国战略决策取得成效 本市今年高考成绩比去年显著提高》，《北京日报》1978年9月19日第3版。

[3] 《北京八中切实提高教学质量效果显著》，《北京日报》1978年10月10日第1版。

各方面力量，配合安排好青少年的课余和假期活动，促进德、智、体全面发展。

西城区丰盛街道党委采取有效措施，将校外教育搞得生机勃勃。一开始，街道有的同志认为"小学上交了，校外教育也不用管了，咱们省心了"，有的说"校内抓紧了，校外教育没什么可抓了"。街道党委针对这种情况，组织大家学习讨论，提高认识，明确教育青少年是全党的大事，小学领导体制变了，但教育青少年的责任并没有变。在新形势下，为了培养德、智、体全面发展的社会主义接班人，校外教育不但不能削弱，还要加强，比以往做得更好更扎实。街道党委坚持把校外教育摆到议事日程上来，他们深入居委会，帮助建立健全校外教育队伍，大力支持办好校外活动站。街道辖区内泥洼活动站的老师和辅导员在党委指导下，对本地段双职工家庭逐个做家访，了解他们的需求和困难，探索建立了双职工子女校外辅导小组。他们把双职工家庭的一、二年级学生组织起来，学生每天放学后到活动站做作业、补功课，老师辅导、检查，完成作业后还开展各种文体活动。党委总结推广泥洼活动站的做法，全街道二十几个居委会都建立起校外辅导小组，为双职工家庭解除后顾之忧。街道党委还注重落实党的教育方针，引导活动站不断丰富校外活动项目。为了培养学生学科学、爱科学的兴趣，多个活动站创办了科技小组、推荐科普书籍等。

1978年1月寒假前夕，市校外教育领导小组在西城区丰盛街道召开校外教育现场会，推广街道搞好中小学校外教育活动的经验。[①] 各区、街道、学校和居委会以及市、区少年宫，认真做好宣传教育工作和假期活动安排。北京市文化、科技、体育和卫生部门，为中小学生举办各种科学讲座、文体表演、放映影片等。各公园也专门为学生开辟了一些活动场所。

北京一六二中学党支部组织学生课余时间参观"万人坑"展览、雷锋展览、鲁迅展览馆等，邀请科学家、作家与学生见面，举办各种讲座，讲舰艇、飞机发展史，讲人造地球卫星，讲半导体技术发展等，使学生具体生动地理解学习科学文化知识与实现四个现代化的关系，帮助他们树立刻苦学习、努

[①]《街道要坚持抓紧抓好校外教育工作》，《北京日报》1978年2月14日第2版。

力攀登科学文化高峰的雄心壮志。在此基础上，全校成立各种课外活动小组，包括航模、无线电、朗诵、书法、美工、射击等；配合教学开展各种练兵竞赛活动，涵盖数学、语文、化学、物理等学科；还利用寒暑假组织开展各种活动，如邀请海军某部指战员，带领学生开展了13个昼夜的军事训练，进行射击、投弹、刺杀、爬山等活动，深受学生欢迎，同学们也在各项活动中得到了很好的教育和锻炼。[1]

石景山区委高度重视校外教育。区委书记亲自担任校外教育领导小组组长，主持召开领导小组扩大会议，专门研究加强青少年教育问题。经过研究讨论，区委联合区内工厂、部队、机关等30多家单位，于1978年5月发出《关于发动工农兵群众共同加强对青少年学生教育的联合倡议书》，动员各行各业都来关心青少年成长，以培养无产阶级革命事业接班人。区委把倡议书印发到全区各基层单位和车间、班组，要求各单位从实际出发制定具体措施，把倡议落到实处。

6月，北京市委转发了石景山区委的有关报告和倡议，要求各区、县、局党委（党组），结合学习宣传新时期总任务和新宪法，提出加强对青少年教育的措施，形成人人关心青少年成长、造就具有社会主义觉悟的一代新人、为建设社会主义现代化强国而奋斗的新的社会风尚。

位于宣武区的北京钢铁设计院，是坚持了20年校外教育的先进单位。院党委书记亲自抓这项工作，抽调干部充实大院管委会，加强对职工、青少年的教育管理。他们腾出8间房，办校外活动站，购置了彩色和黑白电视机各两台，组织学生们观看节目。各楼栋普遍成立青少年教育管理小组，请热心的老工人、退休职工、干部、工程技术人员担任校外辅导员。组织青少年办墙报，成立学马列主义和毛泽东著作小组、学雷锋小组、为人民服务小组。大院管委会发动职工开展竞赛，把教育好子女作为其中一个评比条件。针对少数后进青少年，管委会指定专人负责，做深入细致的思想工作；对于因家

---

[1]《一六二中学积极创造条件　学生课余活动丰富多采》，《北京日报》1978年2月14日第2版。

长工作而家中短期无人照顾的小学低年级学生，由院幼儿园把其食宿生活管理包下来。

石景山区的倡议发出后，大院管委会根据北京市委要求，进一步抓紧青少年教育相关思想、组织工作的落实，并在暑假到来前，积极赶制教具，方便假期面向青少年开展普及电工、制造航空模型等科学教育活动。全院形成人人关心青少年成长的良好风气。

加强教师进修

"文化大革命"中，教师身心受到摧残，数量减少，业务荒疏，教学质量降低。由于减员和师范院校停止招生，不得不多渠道吸收师资，使得未受过专业训练的教师大量涌入，加上盲目普及高中，小学戴帽办初中，教师层层拔高，师资质量严重下降。经历十年内乱，全市小学合格学历教师比例不足 2/3，中学合格学历教师仅有 2/5。[①]

1978 年 4 月 22 日全国教育工作会议召开，研究有关发展全国教育事业的规划和大、中、小学工作条例等。邓小平在会上讲话指出：一个学校能不能为社会主义建设培养合格的人才，培养德智体全面发展、有社会主义觉悟的有文化的劳动者，关键在教师。要求各级党委和学校的党组织，关心和帮助教师思想政治上的进步，各级教育部门要努力提高现有教师队伍的教学能力和教学质量，采取切实有效措施大力培训师资。[②]

北京市组织各区、县建立、健全教师进修机构，着手构建市、区（县）、校三级教师进修体系。教育部门积极采取措施，加强教师进修工作，努力提高师资水平。西城区面对教育战线师资力量的不足，区委、区政府决定建立教师进修学院，抽调组建 150 名业务能力强、有教学经验的专兼职教师队伍，

[①] 北京市地方志编纂委员会：《北京志·教育卷·基础教育志》，北京出版社 2014 年版，第 14 页。

[②] 《在全国教育工作会议上的讲话》（1978 年 4 月 22 日），《邓小平文选》第二卷，人民出版社 1994 年版，第 108—110 页。

于 1978 年 2 月开学，招收学员 700 余人。① 东城、崇文、宣武、朝阳、海淀、丰台、石景山和通县、顺义等区县教育局，由 1 名副书记或副主任兼任教师进修机构的一把手，主要学科由专人负责，组建了专职和兼职培训师资的队伍，制订进修工作计划，妥善安排进度。昌平县 25 个公社，都设有专人负责抓教师进修工作。②

教育部门积极举办各种进修活动，一般以在职教师业余进修为主，根据不同对象的不同需要，既有解决教学急需的短训班、备课组和各种讲座，又有进行系统提高的函授、业余大学和期限较长的学习班。进修中，注意做好思想政治工作，就政治与业务、理论与实践、红与专、提高教育质量与师资水平等一系列问题，组织教师深入讨论，分清路线是非，提高教师的自觉性。同时，普遍加强基础知识、基础理论的训练。

西城区教育局从各校聘请 100 余位政治思想好、教学经验丰富的一线中老年教师，由他们担任业余教研员，研究教学大纲，编写教学资料，总结推广教学经验，给业余进修的教师上课等，广泛开展教研活动，帮助全区广大教师提高教学水平。针对过去"四人帮"取消基础知识教学、鼓吹文科"以政治任务带教学"、理科"以典型产品、生产任务带教学"的情况，他们重点研究如何加强基础知识教学和基本技能训练。教研活动的具体内容，根据不同学科和年级而各有特点。例如，语文课加强字词、句式篇章的教学研究，解决培养学生阅读和写作能力问题。活动方法也多种多样，有时走出去到兄弟区、县学习，到工厂、科研单位参观，或者请大学、外区有经验的教师传经送宝，讲解教材、分享资料或交流体会。这些课余教研员不脱离教学一线，来自各个学校，不但可以互相交流经验、取长补短，而且能及时发现和反映教学中的问题，加强教研的针对性，受到广大教师欢迎，有的观摩教学一次

---

① 中共北京市委党史研究室、中共西城区委党史资料征集办公室：《西城建设史》，北京出版社 2008 年版，第 134 页。
② 《本市各区县教育部门加强教师进修工作》，《北京日报》1978 年 1 月 7 日第 2 版。

就有 500 多人参观。①

　　石景山区教育局党委加强小学领导干部业务培训，重点面向"文化大革命"中提拔任命的年轻的小学领导干部，请具有几十年丰富教学和行政工作经验的老同志，开展教学、教法讲座，进行听课、评课的基本功训练，使他们提高业务水平，掌握教学规律，促进了教学质量提高。

　　各区、县教育部门还积极提倡辖区各学校开展教师进修活动，许多学校把教师进修列入议事日程，积极开展以老带新、互帮互学活动。海淀教师进修学校制订计划，邀请中国科学院物理研究所、电子研究所、半导体研究所、数学研究所等单位的科研人员，给数理化教师讲课，结合教学需要，专题介绍一些现代科学技术的基础理论。

　　北京四中几年来教师队伍变化较大，有近 30 名中老年教师被调出，陆续补充了 20 余名青年教师，都是初高中毕业生，知识底子薄，教学经验少。学校为了给青年教师多创造一些学习条件，克服困难，设法安排青年教师集体住校，晚上开放图书馆，还购置了一些参考书。党支部动员 12 位经验丰富的老教师，参与到培训青年教师的工作中来。经过一段时间培养，青年教师进步很快，基本能胜任教学工作。②

　　北京二十七中建立新老教师互教互学的备课制度。他们将各年级各科老、中、青教师进行适当搭配，结对帮扶。老教师帮助青年教师钻研教材，掌握重点、突破难点、解决疑点，指导写教案，辅导上讲台。青年教师尊重老教师，虚心学习请教。新老教师互相听课，共同总结提高。

　　北京第十八中学 90 多名教师中，有不少都是参加工作不久的青年教师。学校党支部从实际出发，办教师红专学校，提高青年教师思想政治水平和业务工作能力。红专学校开设了政治、语文、历史、数学、物理、化学 6 个专业班，聘请十几位有丰富经验的中老年教师讲课，举办了"怎样做班主任"

---

　　① 《开展教学研究　提高教学质量　西城区教育局聘请一批教师任业余教研员》，《北京日报》1978 年 9 月 24 日第 2 版。
　　② 《提高教育质量的关键一环——本市中小学积极采取措施培训教师》，《北京日报》1978 年 4 月 21 日第 2 版。

"怎样备课""怎样上课"等专题讲座。全校有 50 多名教师参加学习,每周一个半天、两个晚上,严格考勤制度,学后留作业,定期考核,还评选优秀学员。教师们积极性很高,有的老教师发烧 38 摄氏度还坚持讲课,有的外出开会晚上赶回来继续讲课;青年教师认真完成作业,很多都在周末、节假日不休息而坚持刻苦学习。教师红专学校办得很有成效,学校因此获评丰台区先进集体标兵。①

北京市教育局还积极筹建北京教育学院,与区、县协作抓好进修工作。北京市早在 1953 年,就建立了北京教师进修学院,为提高中小学教师干部队伍素质和教育教学质量做出重要贡献,1966 年被撤销。经过多方努力,1978 年,学院在停办 10 余年后得以恢复,并更名为北京教育学院,5 月 29 日在西直门外文兴街原北京教师进修学院分院旧址正式挂牌。

北京教育学院成立后,下设教师进修、教研教材、干部培训、教学理论 4 个部和电化教育组,承担起全市中小学在职教师、干部培训以及教学研究、编写教材和教学参考资料的工作。学院陆续开办 12 门学科的高等师范专修班(大专班)和本科班,并注重教师政治思想和理论教育,在各科脱产进修班系统开设中共党史、哲学、政治经济学等政治理论课,在业余进修和函授进修班,要求学员坚持参加任职学校的政治学习。②

为了使中小学干部和教师学好教学大纲和新编教材,北京市委邀请全国教材编写组帮助培训了一批骨干教师。1978 年,北京教育学院先后组织近两万名中小学干部教师,听取辅导报告和有关介绍,并为一些学科教师举办了短训班。

粉碎"四人帮"后两年间,由于党中央高度重视和大力倡导,教育界呈现拨乱反正、春回大地的景象,北京市的教育从重创中得到恢复和重建。随着党的十一届三中全会召开,北京市委贯彻党的教育方针,适应改革开放伟大变革的新形势,不断推动教育事业迎来崭新局面。

---

① 《十八中举办教师红专学校见成效》,《北京日报》1978 年 1 月 7 日第 2 版。
② 北京市地方志编纂委员会:《北京志·教育卷·基础教育志》,北京出版社 2014 年版,第 435、438 页。

第二章
教育的新发展

改革开放和社会主义现代化建设的推进,急需提高全民素质,迫切要求发展教育事业。北京市认真贯彻落实党中央全面发展的教育方针,端正办学指导思想,提高教育质量,创新人才培养模式,改革中等教育结构,发展职业技术教育,创办大学分校,加强学校思想政治工作,培养又红又专的一代新人,教育事业出现蓬勃发展的局面。

一、办好托幼事业和中小学教育

改革开放初期,新生儿快速增长,儿童入托入园难问题十分突出,同时中小学教育质量参差不齐,特别是农村地区教育基础薄弱。为此,北京市大力推进托幼事业和中小学教育的发展,提高教育质量。

缓解入托入园难

改革开放初期,北京城区入托入园难问题非常突出,1978年,城区入园率为60%左右,3岁以下婴幼儿入托率仅为26%,农村地区的入园率更低。不少人为孩子入托四处奔走,有的双职工轮流请假照看孩子,或把孩子锁在家里,既影响父母工作和学习,又不利于儿童健康成长。于是,解决儿童入托入园难的问题,迫在眉睫。

1978年，北京市教育局根据全国教育工作会议大力发展幼儿教育的要求，制定《1978—1985年北京市幼儿教育事业规划纲要（讨论稿）》，提出贯彻"两条腿走路"，实行国家、集体和个人办一齐上的多种形式办学的方针，确定1985年前城市基本普及幼儿教育，农村地区多数生产大队、生产队要建立幼儿班。1980年1月，北京市托幼工作会议再次提出要健全北京市托幼工作领导小组，恢复和发展各类园所，积极挖掘潜力，扩大收托量，缓解"入托难"问题。[①]

截至1982年，全市新建托儿所、幼儿园面积约10万平方米，相当于"文化大革命"时期建成托幼园所的1.4倍。但由于改革开放初期，出生人口增长速度非常快，1979年全市出生11.8万人，1980年出生人口达到13.7万，1981年出生人口为15.1万，1982年出生人口超过18万，托幼事业的发展远远跟不上人口增长的速度。入托难问题仍然没有得到根本解决。

北京市托幼办公室要求收回下放街道的市立幼儿园，由区教育局直接领导，积极挖掘潜力，扩大收托量。东城区对所属的18所市立幼儿园采取挖潜超收奖励的办法，由区教育局核定各园所招收幼儿的定额，区财政局对幼儿园超定额增收的幼儿，每人每年拨款300元，用作幼儿园的奖励基金和改善办园条件。采取这项规定后，各幼儿园积极想办法，结果全区增收幼儿352名，相当于新办3个幼儿园。其中第五幼儿园的保教人员原来占有3间宿舍，为了扩大办园空间，20多名保教人员睡双层床，只占一间宿舍，用余下的两间宿舍招收两个日托班。1984年，市立幼儿园达到106所，招收幼儿11104名，比1978年增收9000余名。

1982年，市政府决定每年由市财政拨款500万元在城区扩建、翻建街道园所。崇文区原有托儿所比较少，针对幼儿入托难的突出问题，新建、扩建托儿所27处，并积极挖掘区原有托幼园所的潜力，扩大招收能力。由于采取多种措施，崇文区的入托难问题大大缓和，仅一年就增收2000多名幼儿。到

[①] 《北京市托幼工作会议纪要》，载北京教育志编纂委员会、北京市档案局（馆）：《北京教育档案文粹》（下册），华艺出版社2013年版，第1595页。

1985年，全市街道幼儿园有276所，收托幼儿23889名，占全市幼儿入园总数的7.5%。

石景山区古城十四居委会妇代会办的幼儿班

北京市鼓励女工较多的机关企事业单位，逐步设置哺乳室、托儿所。崇文区要求每个有托儿问题的单位都要自建托儿所，保证职工婴幼儿都能就近入托。1984年仅财贸系统就新建托幼园所30处，初步解决了职工孩子的入托问题。[①] 由于商业体制改革，宣武区副食品公司广大职工干劲倍增，早来晚走，十分辛苦，但子女无处入托令人发愁。公司托儿所打算增办3个班，来解决入托难问题，需要上级调配12名保教人员。可是公司没有学过幼师的人员，又很难从商店往托儿所抽人。托儿所领导只好改革现有办法，调动职工积极性，寻找出路。他们提出在实行定编、定员、定奖惩的基础上，每增收一个婴幼儿，公司每月增加补贴19元多。这笔钱由托儿所自行处理，用于儿童用具的零星购置和超定额奖励的基金。实行改革后，增收92名婴幼儿，提

---

① 《崇文区积极解决幼儿"入托难"》，《北京日报》1984年11月19日第2版。

高了保教质量。① 1985 年,全市机关企事业单位共办幼儿园 1283 所,收托幼儿 173399 名,占城镇地区幼儿入园总数的 54.8%。

地处城区的中央国家机关、驻京部队所属的幼儿园,一般房屋宽敞、设备齐全,保教人员质量较高。这些单位的职工响应晚婚和计划生育号召,入园孩子少,不少园所"吃不饱",扩大收托的潜力较大。北京市鼓励这些单位发挥现有园所潜力,打破只收本单位职工孩子的框框,扩收附近单位职工的孩子入托,以解除职工后顾之忧。国务院机关事务管理局会同北京市财政局规定,凡招收外单位职工子女入托幼园所,每月可向儿童家长单位收取托儿补助费 12—14 元,全市有 300 多个幼儿园向社会开门,增收幼儿 5000 余名。其中,铁道兵机关幼儿园扩大招收本单位职工第三代子女和外单位职工子女 83 名,占全园儿童总数的 70%。北京市建筑设计院幼儿园增收本单位职工第三代子女和附近居民孩子 30 多名。一机部幼儿园、国务院幼儿园增收本系统职工子女和第三代孩子 140 多名。民族印刷厂幼儿园是西城区唯一设有回民食堂的幼儿园,共增收孩子 63 名,其中外单位孩子 56 名,大部分是少数民族儿童。全国总工会、铁道部等单位的幼儿园,增收本单位职工第三代孩子的同时,又增设哺乳班,解决部分哺乳幼儿入托困难的问题。②

兴办家庭托儿所也是缓和儿童入托难的有效途径。街道居委会和妇联发动群众举办自负盈亏的家庭托儿所。这种家庭托儿所不用国家投资,就近入托方便群众,很受婴幼儿家长欢迎。至 1983 年底,全市家庭托儿所发展到 11245 处,收托幼儿 15412 人,其中 3 岁以下幼儿占 98%,占全市 3 岁以下入托儿童总数的 25% 以上。③ 安定门内永恒胡同 10 号一名退休职工,看到一些双职工孩子无处入托,影响家长工作和孩子健康,心里很着急。1981 年年底,她把自己的一间半住房腾出一间,买来小桌椅,邀请几名退休保育员,办起家庭托儿所,解除了一些双职工的后顾之忧。一位幼儿家长深受感

---

① 《宣武区副食品公司托儿所实行改革挖潜力》,《北京日报》1984 年 11 月 4 日第 2 版。
② 《机关托儿所向社会开放》,《北京日报》1980 年 1 月 17 日第 1 版。
③ 《三岁以上儿童入托率达 81%》,《北京日报》1984 年 9 月 28 日第 1 版。

动，主动把自己的住房交给她办托儿所，使家庭托儿所得到发展。①

根据农村地区的具体情况，北京市托幼办公室提出首先发展学前一年教育，逐步创造条件接收3—5岁的幼儿入园（班）。远郊县从实际出发，采取措施办好一所示范性幼儿园，分期分批办好公社（乡）中心园，起到以点带面的作用。1981年，通县用于托幼事业的经费，共达149700元，超过该县历史上最高投资数。其中15个公社投资53375元，273个大队投资46000元。密云县疃里大队过去是个穷队，幼儿园的工作提不上议事日程。农民富起来后，干部的认识也提高了。大队干部说：我们大字不识几个，带领社员搞"四化"有许多困难。我们要从幼儿园起，培养新人来接班。这个大队拿出12间房，办起幼儿园，招收100多个孩子，700户的大村，儿童入园率竟然达到100%。② 1985年底，全市农村乡和队共办幼儿园1435所，入园幼儿84369名，占全市幼儿入园总数的26.6%。

经过多年恢复发展，截至1984年底，全市各类型幼儿园共有3682所，入园幼儿295482名，比1978年增加6万名③，托幼事业得到初步发展。

普及农村小学教育

1979年1月，教育部下达《关于继续切实抓紧普及农村小学五年教育的通知》，要求抓紧普及农村小学教育。1979年初，北京市教育局调查13个郊区县农村地区普及小学五年教育情况，发现全市7—11岁学龄儿童入学率为99%，各郊区县平均也在98%以上，而巩固率则只有75%，毕业生及格率为64%，只占小学人数的47%。城近郊区小学教育已经基本普及，郊区各县小学巩固率和留级率问题突出，教育发展不平衡，普及小学教育的难点和关键在农村。9月，北京市委召开农村小学教育工作会议，指出普及小学教育不仅要抓适龄儿童的入学率，还要抓学生巩固率和合格率，要看青壮年文盲率，要求必须切实抓好

---

① 《退休职工办起家庭托儿所》，《北京日报》1982年5月31日第2版。
② 《京郊社队值得给托幼事业投资》，《北京日报》1982年11月13日第1版。
③ 北京市教育志编纂委员会：《北京市普通教育年鉴（1949—1991）》，北京出版社1992年版，第54页。

普及小学教育，提高普及教育的质量，避免产生新文盲。1980年1月，农村小学工作经验交流会召开，研究普及农村小学教育、提高小学教学质量问题。

为加强教育部门对农村小学的领导，北京市调整管理体制，多种形式办学，将公社公教组改为学区，隶属县教育局领导。为落实办好公社中心小学的要求，1983年远郊县陆续撤销学区，建立以中心校带完小（完全小学的简称，指具备初级小学和高级小学的学校）、村初小的管理体制，以便集中有限的财力、物力、人力办好一批中心校，带动其他小学。到1985年，全市远郊区县农村共251个乡，有中心小学268所，占农村小学总数的10%。农村以中心小学为核心的小学布局基本形成。

普及农村小学教育，重点是改善办学条件。农村小学校舍大部分是解放前的破庙，或土改时没收地主的房屋改建而成，很多校舍年久失修，桌椅破烂不堪。1980年，远郊9县农村中小学危险房屋共17万平方米，且主要是小学，相当于4000间教室，占农村校舍面积的7%。缺少课桌椅11万件，合5.5万套，有5万多学生没有桌椅，占农村小学生总数的7.3%。1980—1982年，市政府先后3次召开区、县长办公会，专门研究改善中小学办学条件问题，强调区、县长要亲自抓改善农村小学办学条件，坚持民办公助办学方针，调动社队办学积极性，筹集资金，尽快使农村小学办学条件得到改善。1981—1983年，北京市共投资423万元，社队投资953万元，推动远郊9县修建和翻盖旧房、危房200万平方米，有力改善了办学条件。

农村小学教育经费逐年增加。1980年，小学每个教学班经费为253元，每个学生为8.6元。1983年，小学每个教学班增加到528元，每个学生19元，分别是1980年的2.1倍和2.2倍。同时地方自筹经费有较大幅度增加。1980年，远郊县自筹资金65万元。1983年，增加到800万元，是1980年的12.3倍。北京市还为远郊县小学增添教学仪器拨专款148万元，为236所乡中心小学增加图书费28万元，平均每校增加1200元。[①]

[①] 北京市教育志编纂委员会：《北京市普通教育年鉴（1949—1991）》，北京出版社1992年版，第66—67页。

北京市从实际出发，千方百计提高山区农村小学入学率和巩固率。延庆县大柏老公社位于偏僻的半山区，共有22所小学，公社干部和学校老师扎扎实实抓好普及教育工作。开学初，对入学有困难的学龄儿童逐个摸清情况，做好入学动员工作；学期末检查学生流动情况，发现问题，统筹解决；平时学生因病或因事缺课过多，学校老师及时家访，帮助补课。对于居住分散的边远山村，他们坚持搞复式班①。一些孩子需要照顾弟弟妹妹、料理家务，他们也允许其带弟弟妹妹上学，可以晚来早走，有的还开早晚班，送学上门。各校还大力开展勤工俭学，组织学生打山草、刨药材、开荒种地、饲养猪兔等，既改善了学校办学条件，又减轻了学生家长经济负担，推动了小学教育普及。北张庄大队经济条件差，原来入学率只达到85%，连续几年搞勤工俭学，实行免交学费或书本费，入学率上升到96%以上。②

农村小学教育质量的提高是难点。小学各年级留级率偏高，平均留级率为10.4%，平原地区平均留级率为5%左右，山区平均留级率为在20%左右，退学学生也不少，因病或因学习成绩差多次留级、丧失学习信心以及因参加劳动而退学，仅1982年就有7800多人。边远山区小学毕业及格率一般比平原地区低20%左右。远郊山区面积广大、农户居住分散，学校规模小。据统计，3360所小学中，5个教学班以下的就有2026所，占61%；有复式班的小学1687所，占51%；单人岗位的小学就有716所；实行隔年招生的有370所。

教育部门下大力气抓干部和教师两支队伍建设。首先配齐中心小学、完小主任以上干部，分期、分批轮训校长和主任，提高领导干部的政治、文化素质和学校管理水平，使小学领导干部多数能胜任工作。1979年，远郊9县有小学教师22380人，其中队派教师5789人、代课教师2500人，占农村小学教师人数的37%。市教育局整顿队派、代课教师队伍，加强统一考核，将

---

① 复式班：两个或两个以上不同年级的学生"混龄"在同一间教室上课，由相同教师在不同时间分别教授不同教材内容，相继完成各种教学任务的一种特殊教学模式。
② 《一个真正普及小学教育的半山区公社》，《北京日报》1979年9月24日第1版。

500人转为公办教师，同时调整不合格民办教师2000人。[1] 各县恢复师范学校，培养上千名毕业生，充实教师队伍，使2/3以上的教师达到中师、高中水平。市、县进修部门和中心小学组织不同层次、多种形式的进修、教研活动，小学干部、教师的文化业务素质有了迅速提高，教学骨干和能胜任教学工作的教师占80%以上。干部、教师两支队伍素质的提高，迅速提高了初等教育质量。

小学教育水平明显提高。小学学制从5年改为6年，增设历史、地理、手工、写字和思想品德课。课堂教学质量得到改善，广泛开展课外科技、文体活动。1982年小学生毕业、升学统一考试，语文、数学两科平均及格率达到92%（城近郊区98%，远郊县86%）。到1983年初，全市共有小学4381所（城近郊区1021所，远郊县3360所），在校生85万多人（城近郊区42万多人，远郊县43万多人）。城乡学龄儿童都能入学，入学率和巩固率在98%以上。[2]

1984年，北京市教育局制定普及小学教育基本要求，制定普及小学教育验收工作规定，开展验收工作。1984年7月至1985年6月，北京市教育局逐一验收各区、县，全市小学入学率为99.82%，巩固率为99.32%，及格率为96.4%，年留级率为2.98%，12—15周岁校外儿童文盲率为0.79%，达到教育部和北京市规定的标准要求，基本完成普及小学的任务。[3]

举办重点中小学

基于我国百业待兴，资金、人才都有限的实际，发展教育如果平均用力、全面提高，短时间内难以实现，党中央提出中小学教育坚持普及与提高"两

---

[1] 北京市教育志编纂委员会：《北京市普通教育年鉴（1949—1991）》，北京出版社1992年版，第67页。
[2] 《北京市普及小学教育的情况》，载北京教育志编纂委员会、北京市档案局（馆）：《北京教育档案文粹》（中册），华艺出版社2013年，第1398—1400页。
[3] 《关于北京市普及小学教育验收情况的通报》，载北京教育志编纂委员会、北京市档案局（馆）：《北京教育档案文粹》（中册），华艺出版社2013年版，第1410页。

条腿走路"的原则，让一部分条件较好、有发展优势的学校担负提高的任务。根据这个精神，1978年，经国务院批准，教育部确定在全国办第一批重点中小学20所。其中，北京市有景山学校和新华小学2所学校。根据中央精神，北京市决定办好市级20所重点中小学，即二中、景山学校、史家胡同小学、四中、新华小学、育民小学、五中、第一实验小学、二十六中、光明小学、八十中、一七二中、海淀路小学、十二中、九中、大峪中学、通县一中、牛栏山中学、密云二中、回龙观小学。北大附中、清华附中、北师大附中、北师大二附中等校也被列为重点学校。

1980年7月，全国重点中学工作会议在北京召开，重申办好重点中学对迅速提高中学教学质量、为"四化"建设培养更多更好人才起示范作用、带动一般中学前进具有重要意义，要求各地改善和加强重点中学工作。11月，北京市委召开重点中小学工作会议，明确重点学校的办学指导思想，提出分期分批办好重点中小学的规划和措施。鉴于师资、经费、设备以及教育事业发展不平衡的现状，1981年3月，市政府决定在三五年内集中力量首先办好市属重点中小学，包括景山学校、二中、五中等17所中学和史家胡同小学等7所小学。

北京市教育局调整充实重点中小学领导班子和教师队伍，确保校长及分管教学的副校长、教导主任基本具备大学文化程度，分期分批培训干部和教师，提高他们科学管理水平和自身素质，确定重点中学教师编制，高中每班3人，初中每班2.6人。经过几年的调整充实，重点初中教师学历合格率达到90%，具有高级职称的占10.5%，中级职称的占36.8%；重点高中学历合格率为78.6%，高级职称占33.6%，中级职称占38.9%，学科骨干教师占1/3以上。

改革开放初期，学校办学条件普遍较差，北京市教育局提出好钢要用在刀刃上，优先提高重点中小学硬件水平。为保证各校利用有限经费改善办学条件，北京市教育局每年补助各校2万元，按教育部教学仪器标准分期分批装备重点中学，建立合格的物理、化学、生物实验室以及音乐、自然、电教等专用教室，建设图书馆、阅览室，90%的学校生均图书达到40册。

恢复高校和中学招生考试制度后，部分学校偏离全面发展的教育方针，出现片面追求升学率的问题。针对这些问题，1981年2月，北京市教育局出台《关于办好重点中小学的几点意见》，提出提高教育质量，必须明确办学指导思想，按教育规律办事，贯彻全面发展的方针，正确处理德育、智育、体育几方面的关系。[①] 重点中小学坚定贯彻执行全面发展的方针，明确办学指导思想，以期得到健康发展。不少重点中小学率先开展教学改革实验，以培养学生个性特长为主，促进学生全面发展。

史家胡同小学全面贯彻党的教育方针，提高教育质量，积极引导学生德、智、体全面发展。教师认真备课，钻研教材和教法，在提高课堂45分钟的教学质量上下功夫。提高教学质量，关键是不断提高教师教学水平。全校各年级各科都建立教研组；实行集体备课制度，共同研究，改进教学，力争当堂把学生教懂教会。各科教研组经常开展教研活动，针对如何运用启发式、如何贯彻少而精、如何上好一堂课等问题，专题讨论。一位教三年级的语文教师，过去习惯于自己多讲，一课书要讲四五个课时，常常占用自习课讲语文，天天给学生留一大堆作业。新学期，她认真改进教学，从学生的实际出发，下苦功夫备课，突出重点，启发诱导，收到良好效果，讲一课书只要二三个课时。[②]

学生课外活动搞得丰富多彩。全校共有无线电、话剧、美术、剪贴、书法、小实验、手工艺制作、缝纫、理发等19个小组和运动队，吸收220多名学生，占全校学生总数的32%。年级和班级也分别组织课外活动小组。新入学的一年级新生在老师帮助下，根据个人爱好组织图画、舞蹈、唱歌、故事和手工艺等5个小组。学校规定每星期一下午第二节课为全校课外活动时间，把能利用的场地、教室、办公室全部开放。开展课外活动，不仅没有影响学生学习，而且进一步端正了学生学习态度，调动了学生学习积极性，促进了

[①] 《关于办好重点中小学的几点意见》，北京教育志编纂委员会、北京市档案局（馆）编：《北京教育档案文粹》（中册），华艺出版社2013年版，第807—808页。
[②] 《减轻学生的过重负担之后——史家胡同小学调查》，《北京日报》1979年5月15日第1版。

课堂教学。① 史家胡同小学课内、课外一起抓，德、智、体一起抓，教育质量实现全面提高。

北京十二中是一所老学校，创建于1934年，前身是宛平简易师范学校，1951年改名为北京十二中。1978年确定为北京市首批办好的重点中学时，由于"文化大革命"结束后不久，学校破坏严重，校舍简陋，骨干教师队伍没有形成，教师住房困难，学生宿舍拥挤，教学设备陈旧，教学质量也不高。北京市教育局充实学校领导班子队伍，安排陶西平为教导主任，后提拔他为校长。他和校党总支书记方军燕等班子成员，提出同心同德、兢兢业业，为十二中在1990年进入首都第一流学校的行列而奋斗的改革目标。

破旧的校舍既影响学生健康，也影响教学质量提高，修建校舍成为办好学校的首要问题，但是经费从哪儿来，向国家伸手要？国家财力不允许。坐等，要等到哪一年？黄花菜都凉了。只有一个办法，自力更生，用校办厂筹集资金建校舍。陶西平提出"办学要办厂，办厂为办学"的方针，以厂养学、以厂促学，狠抓校办厂发展，改善办学条件。多年来，十二中校办厂一直办得不错，1980年以后校办厂更上一层楼，利润不断增加。全校提出口号：不向国家伸手，力争一年一座楼，早日向现代化迈进，新建起五层高的教学楼、学生宿舍楼、实验楼、教工宿舍楼。他们利用校办工厂的收入改善办学条件，用自己的双手献给国家一所新的学校！

十二中在1978年刚刚被定为重点中学时，学校领导和教师因为高考升学率低而感到压力很大，就采取把骨干教师集中到毕业班打翻身仗的做法，升学率虽然明显提高，但是全校学生的德、智、体全面发展却受到影响，教师的健康指数也明显下降。这样做自然不能持久稳定地提高教学质量。

于是他们改变那种填鸭式、封闭型的教学方法，把教学改革的重点放在加强学生能力培养与智力开发上，发挥学生在认识过程中的主体作用，培养学生创造精神。同时，加强课外教育，发挥学生的个性特长。他们改革考试

---

① 《史家胡同小学课外活动丰富多彩教育质量高》，《北京日报》1980年11月3日第2版。

方法，语文、外语课中试验口试，数理化学习培养理解能力、动手能力和创新能力。初中一年级开设智力课，发展学生的观察、记忆、思维和想象力。

教师组织学生参加课外活动小组，开展课外活动。生物小组研究细胞组织培养，计算机小组学习计算机操作，民乐队组织集体演奏，等等。全校共有36个学科小组和11个文体小组。十二中学生在全国计算机比赛中分别获得北京市初中、高中一等奖，高考成绩也名列北京市前茅。[1] 十二中的面貌发生了重大变化。

改革开放初期，北京中小学教育坚持德、智、体全面发展的方针，全面提高中小学教育质量，1984年全市小学有4168所，在校生83万人；初中551所，在校生38万人；普通高中313所，在校生8.9万人，[2] 中小学巩固率和及格率普遍提高[3]，初步呈现蓬勃发展的局面。

二、创办职业高中教育

面对四个现代化建设对专业技术人才的迫切需求，1978年，邓小平在全国教育工作会议上提出，要"扩大农业中学、各种中等专业学校、技工学校的比例"[4]。党中央、国务院发出改革中等教育结构，大力发展职业高中教育，促进高中阶段教育结构更加适应社会主义现代化建设需要的指示。[5] 北京市积极落实中央精神，开始发展职业高中教育。

---

[1] 柏生：《一步一个脚印——记北京十二中校长陶西平》，《人民教育》1986年第6期；沈骊珠：《还是那颗心——记北京市特等劳模、十二中校长陶西平》，《瞭望》1985年第19期。

[2] 北京市统计局、国家统计局北京调查总队：《数说北京70年》，中国统计出版社2019年版，第470、478页。

[3] 《加强和改革中小学教育 更好地为首都的四化建设服务》，载北京教育志编纂委员会、北京市档案局（馆）：《北京教育档案文粹》（中册），华艺出版社2013年版，第845—846页。

[4] 《在全国教育工作会议上的讲话》，《邓小平文选》第二卷，人民出版社1994年版，第108页。

[5] 教育部、国家劳动总局：《关于中等教育结构改革的报告》，1980年10月7日。

突破多道难关办职高

北京市较早普及高中，1979年普通高中在校生比重占高中阶段各类学校学生总数的89%，中等专业学校、技工学校只占11%，而能升入高等学校的学生仅有5%，其余95%学生升学无望。[①] 无法升学的毕业生没有一技之长，毕业即失业，造成北京市就业十分困难。而各行各业对实用技术人员的需求却十分迫切，新招聘职工多数缺乏工作技能，不能立即上岗，影响企业生产效率和产品质量，浪费人力、物力、财力。于是，培养一线实用技术人才，发展职业教育，改革中等教育结构势在必行。

为发展中等职业教育，1980年初，市政府成立中等教育结构改革领导小组，市教育局成立职业教育办公室，推进改革工作的落实。5月，北京市委、市政府召开中等教育结构改革工作会议，向全市发出创办职业高中，加快中等教育结构改革步伐的号召。

万事开头难。举办职业高中教育，从无到有，起步工作就面临很多困难。没有校舍、没有资金，更没有教师，可谓一穷二白。筹备阶段，在全市主管教育的副区长会议上，讨论是否上马职业教育，争议很大，有的赞成，有的反对。有的委办局不积极，认为"生产忙，顾不上"。有的教育部门说，"办职教是分外事，我们的任务是办普教"。[②]

北京市教育结构改革领导小组千方百计争取市领导和委办局支持。北京市委第一书记林乎加，重视职业教育发展，其态度坚决地要求1980年一定要试办一批职业高中。在一次中等教育结构改革工作会议上，他当场给各委办局规定硬指标，要求北京市教育局配合落实学校。1980年9月，全市第一批职业高中终于登上历史舞台，52所普通中学改办为职业高中或增设职业高中班，与63个企事业单位联合办学，分设40个专业，招生4981人，超过当年

---

① 《市文教办公室关于当前中等教育结构改革的几点意见》，载北京教育志编纂委员会、北京市档案局（馆）：《北京教育档案文粹》（中等职业教育），华艺出版社2013年版，第76页。

② 中共北京市委党史研究室编：《北京记忆》，中央文献出版社2007年版，第289页。

中专、技校新生入学人数的总和。① 9月1日，全市职业高中第一届新生在北京体育馆隆重举行开学典礼，北京市副市长白介夫到会讲话。

职业高中的"种子"撒播了，但发芽成长并不容易。第二年就遇到一个难关。1981年，北京市确定"控制普高规模，大力发展职教"的方针，希望职业高中来个大发展。但是，由于"内部招工"和"子女顶替"招工政策影响，企事业单位职工子女就业压力大，联合办学单位优先解决自己的内部职工，没有精力和资源兼顾职业高中。因此，63个联合办学单位有一半决定停止招生，招生单位减少至31个，招生计划数被迫下降。

北京市教育局适时提出教育部门自办职业高中，开设社会急需的"缺门短线"② 专业及适应性强的通用专业，申请拨付职业教育专项经费等措施，千方百计从知青安置费中拨款177万元，作为自办职业高中的经费，力促职业教育继续发展。1981年底，全市职业高中达到56所，招生4278人。

因为大量知青回城，1982年北京市就业形势依然不容乐观，职业高中面临更大压力。北京市教育部门在北京市委、市政府各种会议上大声疾呼，争取支持。市政府召开职业教育工作会议，修订颁发《关于举办职业高中与职业学校的几项暂行规定》，实行先培训后上岗，优先录用职高毕业生，以推动职业教育发展。

教育部门自办职业高中，本年经费又没有着落。教育部门提出继续拨用知青安置费。有关部门表示：去年从知青安置费给职业高中拨经费，你们得到表扬，但财政部、劳动部通报批评我们，已扣除北京知青安置费500万元，今年绝不能再从知青安置费里出了。主管教育的白介夫副市长多方调研，亲自协调，以借的名义从知青安置费拨140万元作为自办职业高中费用，才算解决经费难题。

一关刚过，一关又迫在眉睫。这一年，职业高中首届两年制学生1166人面临毕业。能否妥善安置就业，是关系职业高中能否持续发展的大问题。中

---

① 北京市教育志编纂委员会编：《北京市普通教育年鉴（1949—1991）》，北京出版社1992年版，第107页。
② 缺门：指空缺的门类、行业；短线：指短期能够培养完成，很快上岗。

专归国家职能部门管理，技工学校属劳动部门管理，学生一入学就有干部录用和国家计划就业指标保证。而职业高中属于普通教育体系，归教育部门管理，没有国家计划内就业与专项经费指标。职业高中毕业生就业原则是不包分配、优先录用，不能享受国家用人计划指标的待遇。为办好职业高中，北京市领导提出，职业高中毕业生虽然不包分配，但是必须体现优先分配，录用比例不能低于90%。北京市教育部门千方百计找劳动部门安排招工指标，一个一个地找用人单位做工作。经过大量艰苦工作，第一批职业高中毕业生录用率达90%。

毕业生就业后的工资待遇，也遇到大麻烦。劳动、人事部门不认可职业高中毕业生的待遇文件，教育部门又联合几个部门，抓紧出台职业高中毕业生工资待遇规定，突破计划指标限制，给予干部录用、招工指标以及优先录用的政策支持。刚刚兴起的职业高中才得以稳步发展。

1983年市政府严格规范"子女顶替"政策，实行"先培训、后就业"招工制度，职业高中毕业生就业难问题得到缓解。11月，城镇地区中等职业技术教育工作会议召开，提出调整各类中等职业技术学校的规模和专业，专业设置要适合首都"四化"建设需要，多种渠道解决办学经费问题，确定1987年城镇初中毕业生升入各类中等职业技术学校的人数与升入普通高中的人数大体上接近1∶1，即每年招生至少达到1万人的规模。

为扩大职业高中影响力，北京市教育局于1982年举办首届"北京职业高中办学成果展览"。城近郊区职业高中首次向社会展出各自办学成果。服装制作、烹饪厨师、工艺美术、幼教艺术、饭店服务、电器维修等为第三产业服务的20多所职业高中通过图片、实物以及现场制作与表演、产品销售、来料加工等各种形式的展出，产生轰动效应。[①] 教育部等中央有关部委和北京市各级领导出席，高度评价北京市在中等教育体制改革中，创办职业高中所取得的初步成绩。1984年，北京市职业高中发展到148所，入学新生11988人，

---

① 李长爱：《职业教育的丰硕成果——北京市职业高中（班）教育成果汇报展览会侧记》，《职业教育研究》1983年第2期。

提前3年完成1987年招生人数达到1万人的要求，应届职业高中毕业生3363人，录用率为94%。北京市职业高中教育初具规模。

多种形式办学显神威

职业高中办学形式多种多样，早期是利用现有中学师资与企事业单位联合办几个职业高中班。这种办学形式利用现有条件，投资少、见效快，两三个月筹备就可招生，经过短期培训就能毕业。

北京市委作出举办职业高中的决定后，西城区一五八中学闻令而动，与北京饭店联合办外事服务职业高中班，1980年第一届招收3个班120名学生。北京饭店录用两届170多名毕业生。由于学生在校期间，经过系统的专业训练，有文化、有专业知识和操作技能，进店以后很快就能顶上岗位，有的成为优秀的服务员或业务技术骨干。饭店东楼零点餐厅，是一个每天接待上千外宾就餐的大餐厅，有职工55人，仅职业高中班学生就有44人。

职业高中班的建立，使学校和企业都得到实惠。一五八中学职业高中班发展迅速，到1984年扩大到招收6个班300名学生。北京饭店原来职工队伍文化专业知识水平低，服务质量上不去，没有正规的学校培训制度。而职业教育的发展，为北京饭店输送了具有良好素质的职工，促进服务质量的提高，收到良好效益。此后，民族饭店、钓鱼台国宾馆等兄弟饭店也纷纷与一五八中学合作，开始招收职业高中毕业生工作。[1]

一五八中学与北京饭店联合办外事服务职业高中班，成为联合办学的典型[2]。从1980年至1982年，北京市职业高中（班）有所发展，教育部门与业务部门联合办学的发展到78个单位。

随着职业高中班的发展，出现独立设置的职业高中学校。破土而出的劲松职业高中，就是北京职业高中学校之林的一棵挺拔"劲松"。1981年，朝阳区沙板庄中学招收了一个服装职业高中班，副校长郝守本执掌帅印。他很

---

[1] 姜文明：《培养企业新生力量是提高企业职工素质的重要途径》，《教育研究》1985年第12期。
[2] 中共北京市委党史研究室编：《北京记忆》，中央文献出版社2007年版，第289页。

快爱上这项新工作，开拓这块新领域的信心越来越足。第二年又创办了木工职业高中班。

转眼间到了1983年，两年办职业高中的实践，使郝守本等学校老师深切地感到，职业高中班与普通中学合校客观上是配角地位，有着很大局限性，要想使职高教育这株"旺苗"茁壮成长，要把它移到更宽阔的田野，自立门户独立发展。市、区教育行政部门大力支持他们的大胆想法，决定腾空一所普通中学，创办北京市第一所独立设校的职业高中，命名为北京市劲松职业高中。

建立之初，散发着浓浓油漆味的崭新校牌高高挂起，但是除此之外再没有让过往行人产生新鲜感的地方了。师生们在校内转了一圈，心头犹如浇上一盆凉水，兴致勃勃的热情几乎荡然无存。这哪里像学校，呈现在人们眼前的景象是：破，仅有的一座教学楼破旧不堪到没有一间教室门窗是完整的，地面积着厚厚一层尘土，屋角结着蛛网；杂，校园内像个大杂院，有的教室变成托儿所，有的教室出租办工厂，有的教室改作木工房，还有的教室竟住进居民。四处残垣断壁，学校更像个空堂门，供行人进进出出，操场也坑坑洼洼、高低不平。

面对师生低落的情绪，郝守本说："古人讲，置之死地而后生。我们能办好两个职业高中班，也一定能办好劲松职高。关键是我们要振奋精神，师生同心协力横下一条心，去奋斗去建设。"他推心置腹的话，又鼓起师生们的热情。

千里之行始于足下师生一起动手整治校园环境，他们和泥搬砖，修砌围墙，修补门窗，粉刷教室，经过四处奔走接通了煤气管道……半个月过去了，教学楼和校园的面貌大变。1983年9月1日，劲松职业高中举行了隆重的开学典礼，服装制作、家具制作、中餐烹饪和西点烹饪4个专业的学生，欢快地步入各自教室，开始学习生活。①

---

① 梁潇：《岁月难留去　往事日日新——北京市劲松职业高中校长郝守本职教生涯纪实》，《学习与研究》1994年第12期。

很快，劲松职业高中培养的毕业生就接受了社会检验。服装设计专业一名学生在二年级时，就获得全国连衣裙设计评比三等奖，成为全国职业高中服装设计专业学生中的佼佼者。1986届中餐专业一名毕业生技术娴熟，被香港某公司聘用。香港《南华早报》在一篇题为《职业学校能培养大批急需人才》的评论中说："孔雀酒家（劲松职业高中的实习餐厅）尽管酒菜质量平平，但劲松居民和北京其他区居民都乐意光顾，这家酒店从上到下的各级人员都是来自一家职业学校的毕业生，这里充满欢乐气氛，足以弥补那些更有魅力的比较有名的饭店所存在的不足……"[1]

石景山创造一条龙新模式

石景山区临街的一间服装店内，各种色彩鲜艳、琳琅满目的衣服应有尽有，人群熙熙攘攘，销售员收钱收到手发软。这就是黄庄职业高中开办的"华夏服装加工销售门市部"的热闹场景。

黄庄职业高中原名黄庄中学，始建于1975年，地处北京西北隅，位置偏僻，远离市区。师资和设备都很差，学生成绩也不理想。1978—1983年几年内，毕业学生1000余名，考上大学的只有28人，再加上部分中专、技校生，至少还有900人待业。这些学生没有一技之长，就业不易，即使分配工作，也要从徒工开始，两三年内才能转正，给国家社会带来负担，个人和家庭压力很大。

怎么办？党的关于改革中等教育结构的方针给学校指明了方向。校领导组织全体教工反复学习，讨论改革中等教育结构的重要意义和紧迫性，统一思想，明确方向。针对当时社会上做衣难、穿衣难的问题，学校在1981年招收40名服装职业高中生。

没有专业教师，就自己培养。首次开专业课，从外单位聘请了一名服装技师来校讲课和指导生产实习，同时派4名教师跟班听课，上实习课时当助

---

[1] 郝守本：《在历史的选择面前——北京市劲松职业高中透视》，杨玉民主编：《北京市职业教育十年（一九八〇—一九九〇）》，北京科学技术出版社1990年版，第185—186页。

手，其余时间到外单位进修。第一批4名专业课教师就这样培养出来。随后又选派部分教师到有关单位学习设计、制作、平整等专业知识和技术，回来后即能担任对口的教学工作。这种定向培养见效快，短期内迅速开齐设计、剪裁、制作、机绣等各门专业课。

实习车间的问题怎么解决呢？教育部门拨的开办费为数不多。全校师生群策群力，提出"勤工俭学，自筹资金，自己动手"的响亮口号。从1981年9月到1983年底，他们没有休息一个寒暑假，所有收入捐给学校搞建设，自己分文不取。教师组成一个有电工、木工、电焊工和采购员的施工队。他们绘出蓝图、迅速动手、奋力施工，除夕前夜，还蹬着平板三轮车在寒风中疾驰。

没有建车间的资金怎么办？校长提出：利用我们的设备，使之运转起来，让我们的实习产生经济效益。职业教育的重要特点是必须有实习活动。黄庄职业高中的服装制作专业，从面料、针头线脑都要消耗。这些消耗积累起来非常可观。于是他们根据教学工作需要，与工厂、商店、部队联系，并为个人加工制作服装，把实习产生的服装投入市场，这样把提高教学质量、培养实用人才、取得经济效益结合了起来。

就是用这种新方式，1983—1985年通过寒暑假组织师生搞生产性经营，收入达30万元。他们用这些钱添置了160台脚踏缝纫机、80台调整平缝机、一把蒸汽熨斗、两辆生产用汽车以及建起9个生产车间，并且改善了校园环境，学校被评为花园式学校。[①]

石景山区针对职业高中办学经费匮乏、师资力量薄弱的困境，将黄庄职业高中创造的新模式，推广到全区6所职业高中，形成"教学、实习、生产、经营"相结合的一条龙办学途径，变消费性实习为效益性实习。

古城第二职业高中烹饪专业学生练习"刀功"，一节课下来就需要几十斤土豆，粗细不均的土豆丝只好免费送人，练切肉丝的消耗更大。全靠上级拨给经费是无法承担的。针对这种情况，区里帮助开办实习餐厅，对外营业。

---

① 谭炜琪、冯连文：《黄庄黄花分外香——北京黄庄中学从普通高中到职业高中的转变》，《职业教育研究》1985年第5期。

学生实习后的餐饮低价售卖，收到良好的经济效益。学校开办的实习餐厅和冷热饮店，先后安排 210 名学生参加实习，营业额达 26 万元，创造利润近 5 万元，为学生实习筹集了一批资金。

黄庄职业高中利用美容美发专业，开办"华夏美容美发厅"。在经营中了解到现在流行的男女发型，均以剪工活为主，于是学校就在教学中增加剪工教学的比例，在练好推子活的基础上全力加强"密集修剪"的基本功训练。古城第二职业高中在实习餐厅的经营中发现本地区居住及流动人口喜欢吃辣，于是他们在教学中就加强川菜系列内容，把顾客常点的菜肴烹出特色。经营为教学、实习、生产提供信息，促使学校不断改进教学工作。

教学、实习、生产、经营相结合的办学模式，促进学生素质的全面提高。古城职业高中园林设计专业注重学生实际能力的培养，因此受教学生素质过硬。该校承接了第一届中国花卉博览会广场平面图设计任务，由 4 名学生完成的设计图经专家鉴定、北京市主管领导审批通过，正式作为博览会广场的设计图，会后设计图被评为"广场美化施工综合奖"。黄庄职业高中高三学生实习时，学生分成小组，从联系货源、产品设计、面料选购、成本核算、组织加工生产、产品检验、成品推销都由学生自己经办，教师只当参谋或顾问。学校为每一个小组提供 1 万元资金，一整套过程结束后，各组总结对比效果，还回学校的 1 万元投资，盈利部分由学校和小组分成。这样做给学生创造了一个更接近生产实际的环境，增加了每个学生的责任感，学生素质得到全面提高。该校 1984 届一名毕业生被分配到顺美服装公司一年后，就被提升为检验科科长，负责全厂各道工序产品的质量检验，后又调入北京纺织品进出口公司服装厂担任生产科科长，指挥全厂的服装生产流程。[①]

实践证明，一条龙新模式给职业教育带来活力，是符合国情，全面提高教育质量，培养合格职业技术人才的一条有效途径，体现出职业教育以质量求生存，以经营为社会服务求发展的客观需要。

[①] 毛毓滔：《坚持"教学、实习、生产、经营"相结合按照职业教育规律办学》，载杨玉民主编：《北京市职业教育十年（一九八〇——一九九〇）》，北京科学技术出版社 1990 年版，第 40—46 页。

教育科技文艺恢复与发展

经过几年努力,全市职业教育办学条件得到改善,办学质量不断提高,中等教育结构趋于合理,初步扭转了"千军万马过高考独木桥"的局面,对提高职工素质,促进国民经济发展,起到积极作用。

三、创办大学分校

改革开放前夕,国家面临着拨乱反正、整顿恢复的繁重任务,急需大量经济建设人才;农村正在酝酿一场联产承包责任制的重大改革,城市面临着数量庞大的返城知青和大量无法升学的年轻人。如何满足广大青年的求学渴望、为蓄势待发的现代化建设提供专业技术人才,成为摆在党和政府面前的一项重大课题。

大学分校创办缘起

知识是人类进步的阶梯,人才则是一个国家、一个地区发展的核心竞争力。针对"文化大革命"后科技教育界面临的急迫而严峻的拨乱反正形势,1977年5月24日,邓小平在与王震等人的谈话中指出:"我们要实现现代化,关键是科学技术要能上去。发展科学技术,不抓教育不行。"[1] 两个月后,邓小平恢复了领导职务,自告奋勇抓科技和教育工作,中国的教育事业迎来了重要转折。

8月,邓小平亲自主持召开全国科学和教育工作座谈会,与会30多位科学、教育界专家强烈要求恢复高等学校招生的文化考试。邓小平表态:"既然今年还有时间,那就坚决改嘛!把原来写的招生报告收回来,根据大家的意见重写。"[2] 10月,经中央批准,中断了11年的高考制度正式恢复。

12月10日,全国积聚10年之久的570万考生走进考场,成为历史上规模空前的一次高考,被誉为"向四个现代化进军的盛举"。这一次高考原计

---

[1][2] 中共中央文献研究室编:《邓小平年谱(一九七五——一九九七)》(上),中央文献出版社2004年版,第160、176页。

划招生21.5万人，录取率非常低，多个省市向教育部反映并要求增加名额。1978年2月28日，教育部、国家计委决定自1977级新生起，在普通高等学校试行招收走读生，增加招生名额，增招的走读生在校期间和毕业后的待遇与住读生相同。招生工作3月结束，新生于4月入学。据此，各省、直辖市、自治区挖掘潜力，共增招新生6.2万多人。除青海省外，都招收了走读生。[①]

1977年高考，北京市报考人数达158996人。考生们分散在全市195个考点的3600个考场，参加了这次意义重大的历史性文化考试。根据考试成绩，北京市最低录取线定为260分，在校高中生最低录取线为327分，全市参加政审、体检的人数为17183人。区县初选后，共有16277人。经过第一次在京录取新生6908人和增招录取走读生2057人，再加上原北京师范学院（今首都师范大学）设立分院，录取新生590人，北京市1977级高校招生共录取新生9555人（其中文科2916人，理科6639人），比原计划6342人多录取新生3213人，其中文科多录取1312人，理科多录取1901人。[②]

1978年暑期，全国开始第二次高考招生工作。上山下乡的知识青年，加上应届高中毕业生，北京地区报名人数达到94000人，而当年北京市录取17445人。尽管录取人数比1977年有较大增长，但仍有大批考试成绩较好的学生未能进入大学，其中高考总分300分以上者达1.6万人，而当年全国有半数以上的省、直辖市、自治区的录取分数线不足300分。[③]

1977年、1978年两年高考招生，在刚刚结束"文化大革命"，财政十分困难的情况下，虽已尽量采取传统挖潜方式来扩大招生，但仍然无法解决供需失衡的困顿局面。事实上，政府、大学都有办学的积极性，也都希望扩大招生，但校舍、教室、场地、师资等都是制约因素。天津成为率先创办大学分校、探索解决供学矛盾的城市。1978年6月，林乎加任天津市委第一书记。

[①] 金铁宽：《中华人民共和国教育大事记》，山东教育出版社1995年版，第1050—1051页。

[②] 陈大白主编：《北京高等教育文献资料选编（1977—1992）》，首都师范大学出版社2008年版，第67页。

[③] 廖叔俊、庞文弟：《北京高等教育的沿革和重大历史事件》，中国广播电视出版社2006年版，第510页。

7月27日，他专门召开教育部门会议讨论高校招生问题，决定采取自筹经费、高校办分校、学生走读、实行电视教学的办法进行扩招。8月13日，邓小平就此事作出批示："我看可以让天津办，创点经验。"① 于是，天津大学、南开大学等8所分校招收6600多名学子，当年11月27日正式开学。②

北京市也在积极探索解决问题的办法。在天津市办走读大学分校的启发下，北京市委也提出依靠高等学校的资源，依靠地方的财力、物力来发展走读制的高等学校。征得中央领导人和教育部的同意后，北京市派人分赴南京、上海、天津等地调研大学分校举办情况。经过比较，市革委会一致认为可以按照天津模式创办北京地区大学分校。③

为什么选择天津模式？是因为当时北京市各条战线的技术人才严重不足，工程交通、建筑系统的技术人员，平均只占职工总数的5.5%，农林、财贸等系统中技术人员所占比例更低，同四个现代化的需要差距很大。只靠现有的大学分配毕业生，每年只有几千人，很难满足需求，而天津提出的大学分校能短期内满足一大批青年上学的需求。于是，经北京市委常委会讨论，决定仿照天津市的办法实行大学办分校，初步设想把当年考试总分在300分以上、体检和政审合格的考生约2.6万人都录取，即除按照国家计划录取约1万人外，增办的大学分校再录取1.6万人左右。

1978年9月20日，北京市向国务院递交《关于大学扩大招生问题的请示报告》，提出办大学分校的9点具体意见：组织有基础的大学各办1—3所，共办20所左右分校；拟在城区和近郊各区腾出千人规模的中学10所左右，各工业局和大工厂腾出能容500人以上学生的厂房10所左右，作为校舍；大学分校设置各科的通用专业，面要宽些；学制拟定为三年，主要学习基础课和专业基础课，打好基础；分校学生一律走读；分校教学工作由大学负责；

---

① 金铁宽：《中华人民共和国教育大事记》，山东教育出版社1995年版，第1083页。
② 路清枝、张天来：《天津大学、南开大学八所分校正式开学》，《光明日报》1978年11月28日第1版。
③ 张楠、孙晓鲲：《北京地区大学分校（1978—1985）口述史访谈录》，人民日报出版社2022年版，第10页。据陈大白同志2014年9月12日在接受课题组口述史访谈时回忆。

主要采用电视教学,保证质量和节约师资;理工科专业的实验课,除利用大学、工厂的实验室外,要尽快建成各分校的简易实验室,并在市内建设若干个实验中心,供大学分校就近安排实验;分校经费由地方财政安排。①

10月26日,国务院批转教育部《关于高等学校扩大招生问题的意见》,肯定了天津市利用地方资源举办大学分校的做法,要求各地学习天津高等教育改革经验,挖掘地方力量发展教育事业。

10月间,林乎加调任北京市委第一书记。当时1978级新生已经入学。和天津相比,北京达到及格线却未能录取的考生更多,社会反响更激烈。林乎加到任后不久,在北京市委会议上介绍了天津创办分校的做法,赢得了所有人的赞成。接着,他在人民大会堂召开的北京市各大学校长会议上说:有那么多考试合格的青年不能进学校读书,这对他们不公平,可能他们一生再也不会有机会上大学了。希望在座的校长能够支持北京市委办分校的决定。他的提议,当即得到了所有大学校长的支持。双方决定:北京市解决办学经费和校舍,每个城区至少腾出两所中学给大学办分校,有条件的局、办和大企业也要尽量提供校舍;各校派教师和教学管理人员到分校主管教学,利用本校教学设备解决学生的实验和实习问题。

确定职责后,接下来就是动员部署。11月15日,北京市委召开大学分校扩大招生工作会议,参加会议的有相关区、局和大学的负责同志。16日,与会人员回各单位分别研究。22日到25日复会,进行讨论落实,最后落实办校36所,共安排16210人,包括综合大学1所(1200人),文科和经济管理5所(2150人),外语4所(1200人),医科4所(1430人),师范3所(1800人),农科1所(500人),工科18所(7930人)。分校实行双重领导,即区办学校由市、区双重领导,局办学校由市、局双重领导,教学工作由各大学负责。②

11月26日,《北京日报》头版报道北京市将举办大学分校扩大招生,录

---

① 北京联合大学编:《谭元堃文集》,北京出版社2013年版,第72—74页。
② 陈大白主编:《北京市高等教育文献资料选编(1977—1992)》,首都师范大学出版社2008年版,第115页。

取高考成绩 300 分以上考生 1.6 万余名，号召全市有关部门加紧做好腾出校舍、制订教学计划、调配干部等工作，保证如期开学。紧接着 12 月 2 日，《北京日报》发布 1978 年北京市高等学校扩大招生简章、学校及专业目录。12 月 3 日到 5 日，考生填报志愿，12 月下旬发出录取通知书。12 月 14 日，北京市革委会印发《关于成立北京大学第一分校等 33 所高等学校分校的通知》，明确了 33 所分校相关事项，另有 3 所，即中央财政金融学院分院、北京商学院（今北京工商大学）分院和北京化纤工学院（今北京服装学院）分院在本校招走读生，不作为独立的高等学校分校。[1]（详表见正文后附录）

上下齐心顺利开学

  大学分校在初创时期非常艰难，是各方支援协力办学的成果。首先要解决的是校舍问题。由于原计划腾出的中学不够，部分小学也被列入腾房名单，最终在北京市委统一部署下，6 个城区、近郊区腾出 15 所中小学，有关业务局腾出工厂、企业 10 处作为分校校舍。为了腾房，各区、局克服了许多困难，做了大量艰苦的思想工作和组织工作。

  东城、西城、崇文、宣武 4 个城区为了腾出 12 所中小学，把 270 多个班的学生分散到其他学校，共涉及 40 多所学校 13000 多名学生和教师，时间紧、任务重、困难大。各区委和教育部门的领导亲自到学校动员、组织、督促，向师生和家长反复说明办大学分校的重大意义。原和平北街小学位于东城区和平里蒋宅口，有的学生转学后离家很远，给家长接送增添了很多困难。东城区主管领导亲自动员，在家长会上说，大学分校非常重要，你们的孩子将来也要上大学，希望大家能够理解和支持。最终腾退工作顺利完成。

  校舍修缮工作中，北京市物资局调拨材料，市、区房管局组织施工，集中了几千名工人进行"大会战"，房管部门领导干部到现场指挥，只用了 20 多天时间，就保质保量地完成了任务。各业务局在完成迁厂、并厂、腾房工

---

[1] 陈大白主编：《北京市高等教育文献资料选编（1977—1992）》，首都师范大学出版社 2008 年版，第 115 页。

作后，还负责进行修缮。新修的教室粉刷一新，还有部分教室装上了日光灯管和电视机、广播线路。至于课桌椅，中学的就把原来的留下用，小学的就捐出去再购买新的。许多业务局还为所属的大学分校调配部分职工，拨给一些办公家具、车辆，提供部分建筑工具等。北京市机械局、首都钢铁公司为北京工业大学第一分校、钢铁学院第二分院安排实习，燕山石化公司为北京化工学院第二分院提供了较好的校舍、师资。

最后就是吃饭问题，市政府动员市区的饮食服务部门，组织有关饭铺及公办单位为师生提供午饭。北京化纤工学院分院紧邻京棉一、二、三厂，学生和老师们就被安排去工厂食堂吃饭。

如何从紧张的财政中挤出办学经费，这又是北京市委高度重视的问题，并且下了很大的决心。北京市委从地方财政中拨款1200万元作为办分校的经费，另挤出200万美元的地方外汇，派专人从国外进口了一批电化教学器材。1979年、1980年两年，又压缩行政费用、挤占基本建设经费，拿出3400万元作为分校日常费用。北京市科委也积极想办法，为北京工业大学第二分校争取了国家科委拨发的大量经费。①

分校开办伊始，北京市就为分校配备了比较先进的电教器材，总计有25套闭路电视，1300多台电视机，6套语言实验室设备，670多台录音机，100多台投影仪和幻灯机，并成立了主要为分校和市属大学服务的电教录像中心，各大学分校比较广泛地使用了电化教学手段。当时，通过电教设备授课的课程有132门，约占开设课程总数的37%。北京师范大学第一分校3个系开设17门课程，其中有12门课程通过电视直播或录像进行教学，效果很好。②

分校的领导管理体制分为三类：由北京市高教局直接管理的16所；由北京市各业务局主管的15所；由中央部门或中央院校主管的5所，即华北计算技术研究所办的北京大学第二分校、七机部办的北京航空学院第三分院、纺织工业办的北京化纤工学院分院、商业部办的北京商学院分院和财政部办的中央财政金融学院分院。大学分校初期建立了党的领导小组，直属市委领导，

---

①② 北京联合大学编：《谭元堃文集》，北京出版社2013年版，第24、28页。

党的日常工作由北京市委教育工作部管理。办学的业务和行政工作由北京市高等教育局负责，教学业务工作由大学本校负责。①

学校的中心工作是教学。新建立的大学分校师资力量薄弱，又无办学经验，教学工作完全依靠大学本校进行。各有关大学接受北京市的委托后，十分重视，积极安排了教学力量，分校的教学计划、教学大纲和教材，与本校同专业基本相同。总的来说，各大学本校为分校主要做了4个方面工作。

首先，派出教学领导干部，主持教务工作。各分校的教学负责人和教务处处长，以及大部分教学干部都由大学委派，负责分校的全部教学教务工作，保证了分校教学工作始终有计划、有秩序进行。不少院校的党委和校、系领导亲自检查，过问分校的教学工作。北京大学党委把分校教学工作列入党委的议事日程，并指派一名副校长抓分校的教学工作。原北京工业学院（今北京理工大学）指定一名副教务长负责分校的教学工作，党委定期听取汇报，研究问题。

其次，派出1900多名兼课教师，承担分校主要教学任务，其中讲师以上的师资占60%。北京航空学院、北京师范大学派到分院兼课的教师中，讲师、副教授占80%以上。北京邮电学院分院教师不足时，北京钢铁学院派了部分教师给予支援。北京农业大学派出的兼课教师和教学干部住在分校，经常下班辅导，兼做学生思想工作。

再次，为分校提供教材，有些院校还为分校图书馆提供了一部分图书资料。北京师范大学为了保证分校教学的需要，把原来为本校学生准备的教材先供分校学生使用，并动员高年级学生把用过的教材借给分校学生使用。

最后，为分校安排实验课。在分校成立的一年半内，25所理工科分校的学生，共做实验1530个，其中1163个是在本校做的，占76%。为保证分校的实验课按时进行，本校领导想了很多办法，有的教师加班加点为分校服务。北方交通大学和北京第二医学院，安排分校学生白天做实验，反而把本校学生的实

---

① 廖叔俊、庞文弟：《北京高等教育的沿革和重大历史事件》，中国广播电视出版社2006年版，第512页。

验课安排在晚上。北京医学院一些实验室星期日专门为分校学生开放。[1]

经过一番紧张有序的筹备工作，在北京市和各所大学的全力支持下，1979年2月3日，北京市高等学校分校开学典礼在首都体育馆隆重举行。1.6万多名新生和500多名教师代表喜气洋洋地参加了开学典礼仪式。教育部的负责同志，市委、市政府的负责同志，全市有关部门负责人，以及北京各高校和分校的负责人出席了大会。为筹办分校做出贡献的各单位干部和职工代表也应邀参加了大会。

林乎加在开学典礼上讲话。他首先对同学们进入大学表示祝贺，强调说：实现四个现代化，需要大批掌握现代科学文化知识的建设人才。在目前条件还比较困难的情况下，师生、干部要发扬自力更生、艰苦奋斗的精神，共同把分校办好；希望同学们苦学苦干，为四个现代化建设做贡献。

北京市高教委负责同志在会上作报告，指出举办高等学校分校是实现四个现代化的需要，将为社会主义建设事业造就各方面人才；对筹办分校做出贡献的各部门的同志表示感谢；号召分校的同学们服从党和国家的安排，热爱自己所学的专业，在目前分校条件较差的情况下，发扬"抗大"（中国人民抗日军事政治大学的简称）作风，艰苦奋斗，克服学习上和生活上的困难，努力钻研专业知识，掌握为人民服务的真本领。[2]

发展调整完成使命

1979年2月8日，36所高等学校分校正式开学，1.6万名学子如愿走进了大学校园。陈志刚就是其中一位幸运儿。他是1977年应届高中毕业生，本来已经准备上山下乡了，因为高考恢复，参加了当年高考，但没考上。第二年，他再次参加高考，得了327分，而这一年北京高考的文科录取分数线是330分。3分之差，陈志刚以为又将失去上大学的机会。没想到，北京市做出创办大学分校的决定，把全市300分以上的1.6万余名落

---

[1] 张楠、梁燕：《北京地区大学分校研究（1978—1985）》，北京出版社2017年版，第41—42页。

[2] 《本市高等学校分校举行开学典礼》，《北京日报》1979年2月4日第1版。

榜生都接收到了分校,陈志刚被中国人民大学第一分校政治经济学专业录取,终于成了一名大学生。

24岁的徐永利,作为北京师范大学第一分校学生,在满心欢喜参加完开学典礼后,开始面对每天上下学的实际问题。由于分校实行走读制,当时他家住在海淀,每天都要坐公交车先到动物园,再转车到分校所在地东大桥。而这个距离在同学中已经是非常幸福的了。他所在班级里有位来自平谷的女同学,因为离家太远了,只好在学校旁边和别人合租一间房子。但因为孩子还小,她每隔一两周还得骑自行车回平谷看看孩子。为了省钱,她经常从家里带粮食做饭。尽管条件艰苦,但同学们克服种种困难,学习起来如饥似渴,无论在公交车上,还是周末在公园里,都能看到他们读书的身影。

学生们格外珍惜这来之不易的学习机会,北京市、各所分校和老师们也没有辜负学生们的期待,竭尽所能,克服各种实际困难,安心教学,让学生们成才,为党和国家培养了一批现代化专业人才。

清华大学对分校教学工作给予了大力支持,先是将抗战时期老干部郭霖调到清华一分校任党委书记、主持工作,随后又把罗林等老干部调来充实队伍。罗林原是清华大学组织部副部长,调去分校后帮助解决了许多实际问题。针对分校一开始非常困难的工作局面,她从清华调来一批得力骨干做学生工作。清华一分校当时在东城区景山街道黄化门,这里原来是一所小学的校址,食堂就是一个小平房,特别小,学生们吃饭很不方便。罗林就把清华大学后勤处的副处长调来,要他负责后勤保障工作,并从清华大学本校的食堂调来几个好厨师,他们的到来优化了食堂的饭菜,改善了学生们的伙食。

为了解决基础课教师缺乏的问题,罗林四处想办法,从清华大学、北京航空学院、中国科技大学借调了一批教师。从本校调来的谭浩强、田淑清把分校的计算机中心搞了起来,这也是分校的第一个实验室,并开设了计算机专业。为了让教师们安心上课,清华大学还安排班车往返本校和分校。[①]

[①] 罗林:《我记忆中的清华大学分校》,张楠、梁燕编著:《北京地区大学分校研究(1978—1985)》,北京出版社2017年版,第36、44—48页。

教学质量是分校发展的根本所在。由于大学分校没有自己的师资队伍，教师大都是从本校借调，北京市为此出台了一项充实分校师资力量、特批进京名额的政策，给了大概100个进京教师名额。那时候，北京市户口控制很严，外地很难进来，这个力度可想而知。

这时候从外地进京的就包括贡文清和他的爱人。两人是同班同学，1959年至1964年在北京航空学院学习，毕业后被分配到六机部，后来到重庆参与三线建设，研究的内容从飞机变成了舰艇。两人开玩笑说，这是从天空中掉到了水里面。全国科学大会后，各地开始贯彻用非所学知识分子的归队问题，大连工学院、北航先后发函，希望调夫妻俩去工作，但都被其所在工厂压了下来。贡文清得知情况后，便向厂组织科说明归队政策，通过协商，贡文清承诺为工厂完成最后一个洗衣机镀件生产线的设计图纸后，工厂同意放行。于是1979年贡文清着手设计，到武汉、上海、大连的洗衣机厂考察了一圈，完成了收尾工作。

1980年，贡文清终于回到北京，在北航二分院任教。当时的二分院教务处处长来自北航，是贡文清原来的老师。二分院院长是北航的一位教授，书记是北京市二轻局的老干部。其他分校一般也是这样的配置：党政干部基本来自北京市各相关单位，业务干部则来自各所高校，分校与本校是业务关系，与北京市是行政关系。

北航当时建了3个分院，即一、二、三分院，二分院设在朝阳区八里庄，是由原来北京市二轻局的一个小塑料厂改建的，就3亩多地。二分院主要是机械、材料、电子自动化3个专业，教师一部分从本校过来，还有一部分从三线调进来。北京市给北航二分院分了五六个名额，贡文清夫妻占了2个。

到1981年年初，北航二分院已经有400多名学生，3个专业共有六七个班。由于师资、教室等条件都有限，只得充分利用电视教学。当时北京市从日本进口了一大批电视机，所有分校都分到几十台，每间教室都配有一台电视机。数学、物理这些基础课，就请老师在中心教室上课，全校学生一起听讲，其他专业课则采取看电视教学、教师答疑的方式，一、二年级学生上课主要靠这种方式。尽管条件艰苦，但大家的心气高、干劲大，认真刻苦，分校也就慢慢地发展起来。①

在北京市的大力支援、全体师生的共同努力下，分校学生认真学习，取得了好成绩。1979年第一学期期末，15所理工科分校数学统一考试，有5000多人参加，及格率达94%，其中，80分以上的占50%。1980年上学期期中考试，理工科多数分校学生及格率在95%左右，其中，80分以上的达70%。文科分校学生的成绩也比较好。北京工业大学二分校有5名学生，被挑选参加了北京大学数学系专为优秀学生开设的群论课学习。在结业考试中，5名学生取得了优异成绩，并写出了论文。②

分校的重要特点是"面向北京"，从创建到发展，分校一直注意调动北京市各行各业尤其是用人单位的办学积极性。大多数分校聘请了对口业务部门的领导干部、专家技术人员成立办学指导委员会，经常听取用人部门对分校各专业的培养目标、专业设置、教学计划和教学管理等方面的意见，并积极调整配合，促进和改善学校的各项工作，使毕业学生能够尽快走上工作岗位，适应工作需要。1981年，为加速培养中医理论人才，北京中医学院分院开办了业余中医理论进修班；1983年，中国人民大学第一分校与中国摄影家协会开办中国普通高校第一个艺术类摄影专业的专修科，采用全脱产3年的学制，不仅设置专业课，还开设了政治理论课和文化课；1983年北京大学分校设置区域规划与管理专业，这是一个文理渗透的应用专业，将地理科学、生态科学同经济学结合起来，着重发展新型的城市科学，培养经济地理为主的规划与管理人才。③

办分校前，每年北京市属高校毕业生加上中央部委所属高校分给北京市的毕业生共约3000人。开办分校后，仅1978级、1979级、1980级三个年级，就

---

① 贡文清：《大学分校与改革开放同行》，载张楠、梁燕：《北京地区大学分校研究（1978—1985）》，北京出版社2017年版，第139—142页。
② 谭元堃：《大学分校两年情况和今后工作——在北京市大学分校工作会议上的讲话》（1981年1月28日），载陈大白主编：《北京高等教育文献资料选编（1977—1992）》，首都师范大学出版社2008年版，第209页。
③ 张楠、梁燕：《北京地区大学分校研究（1978—1985）》，北京出版社2017年版，第113—114页。

培养了1.8万多名学生,分配到北京市各部门工作的约1.6万名学生,超过市属院校1966年以前和1977年以来培养的总人数。北京市各条战线原有大学生约10万人,分校两届培养所补充的人数,相当于原有人数的15%以上。

当时办分校具有很大的应急性质,如何长久办下去,又是一道难题。由于师资、校舍、设备等条件的限制,要形成连续招生的规模很困难。到1981年、1982年招生时,年均仅有千余人。从1982年年底开始,通过两年多的整合,到1984年时,8所分校停办,28所分校调整为18所,并加强了北京市较为短缺的外语、经济管理、计算机等专业。保留的18所分校中,3所由中央单位创办,13所由北京市创办(2所由市属企业创办),共有在校生11472人。[1]

由于存在分散、难以形成学科优势和规模效益的缺点,更重要的是,当时我国教育体制改革正处于探索和酝酿时期,北京市按照邓小平1983年10月提出的教育要面向现代化、面向世界、面向未来的"三个面向"要求,顺应即将到来的教育体制改革大潮,为便于统一规划各分校的专业设置和培养层次,便于发展学科之间的结合渗透、协作培养师资和调剂使用教学力量,北京地区大学分校开始了第二次调整,这就是组建北京联合大学的方案。1985年3月,经教育部批准,北京市在12所大学分校基础上建立北京联合大学,下设12个学院;专业设置由学校统一规划,实行多层次办学,既办4年制本科,也积极发展多种形式的2年制、3年制专科。

另外6所大学分校也发生了变化。同年5月,经北京市政府批准,铁道部主办的北方交通大学分校、北京市化工局主办的北京化工学院分院,以及航天部主办的北京航空学院第三分院并入北京联合大学,分别更名为电气化铁道学院、化学工程学院、航天工程学院。电子工业部主办的北京大学第二分校组建为北京信息工程学院,北京工业大学第二分校组建为北京计算机学院,首都钢铁总公司主办的北京钢铁学院分院则继续原有体制。至此,北京市办大学分校的历史告一段落。

---

[1] 张楠、梁燕:《北京地区大学分校研究(1978—1985)》,北京出版社2017年版,第70—71页。

教育科技文艺恢复与发展

北京市机械局为北京工业大学第一分校提供的校舍

  自1978年创办，到1985年合并调整，北京地区大学分校存续六七年间，给众多年轻人提供了接受高等教育的机会。北京师范大学第一分校的徐永利毕业后到北京市教育工委工作，1999年调入北京联合大学任副校长。中国人民大学第一分校的陈志刚毕业后留校工作，1990年随学校并入北京工业大学。还有许多像他们一样的毕业生，奋斗在北京市各领域，并成长为业务骨干和中坚力量，不仅缓解了"文化大革命"造成的人才短缺问题，还对地方高等教育改革创新做出了有益探索，成为我国高等教育史上的一次伟大创举。北京市高等学校分校的扩大招生情况，具体如附录所示。

附录：

北京市高等学校分校扩大招生方案[①]

序号	学校名称	主管单位	协作单位	校址	学生总数（人）
1	北京大学第一分校	西城区		原183中（阜成门外）	1200
2	中国人民大学第一分校	崇文区		原117中（广渠门夕照寺）	920
3	中国人民大学第二分校	西城区		原162中（西城丰盛胡同）	880
4	北京外国语学院分院	西城区		原西城教师进修学校（阜外甘家口）	300
5	北京第二外国语学院分院	东城区		原73中（东四十条豁口外）	500
6	北京语言学院分院	西城区		原西城教师进修学校（阜外甘家口）	100
7	北京外贸学院分院	东城区		原外馆中学（东城安外黄寺）	300
8	北京医学院分院	海淀区	市卫生局	原暂安处小学（海淀五道口）	500
9	北京中医学院分院	东城区	市卫生局	原和平北街小学（东城和平里蒋宅口）	400
10	北京第二医学院第一分院	宣武区	市卫生局	原141中学（宣武盆儿胡同）	500
11	北京第二医学院第二分院	二办		东城后城北湾	30
12	北京师范大学第一分校	朝阳区	市教育局	原东大桥小学（朝外东大桥）	680
13	北京师范大学第二分校	东城区	市教育局	原外馆中学（东城安外黄寺）	520
14	北京师范学院第二分院	宣武区	市教育局	原76中（宣武南横街）	600
15	中央财政金融分院	本院		财政金融学院（海淀区）	50

[①] 《中共北京市委教育工作部关于大学扩大招生工作会议情况的报告》（1978年11月29日），陈大白主编：《北京高等教育文献资料选编（1977—1992）》，首都师范大学出版社2008年版，第109—111页。

续表

序号	学校名称	主管单位	协作单位	校址	学生总数（人）
16	北京商学院分院	本院		阜外白堆子	100
17	北京经济学院分院	市物资局		物资学校（宣武区右安门）	200
18	华北农业大学	市农林局		北京农业技术学校（房山区良乡）	500
19	清华大学第一分校	东城区	市仪表局 电力局	原九十一中（东城区黄化门）	1000
20	清华大学第二分校	崇文区	市汽车工业公司 市建工局	原沙子口小学（崇文区沙子口）	1000
21	北京航空学院第一分院	市一轻局	市二轻局	原日用品工业公司（宣武区珠市口）	600
22	北京航空学院第二分院	市二轻局	市一轻局	原朝阳区塑料制品厂（朝阳区八里庄）	400
23	北京航空学院第三分院	七机部		七机部一院（南苑东高地）	100
24	北京工业学院第一分院	市纺织局	市仪表局	原印染技校（朝阳区十里堡）	500
25	北京工业学院第二分院	市仪表局	市纺织局	原西城电子元件厂（西城区象来街）	500
26	北京钢铁学院第一分院	市冶金局		轧钢技校（海淀区学院路）	400
27	北京钢铁学院第二分院	首钢公司		首都钢铁公司（石景山区）	200
28	北京化工学院第一分院	市化工局		化工学校（西城区什刹海）	550
29	北京化工学院第二分院	石化总厂		石化区	80
30	北方交通大学分校	北京铁路局		原铁路八小（海淀区北蜂窝）	500
31	北京邮电学院分院	海淀区	市电信局 长途局	原双清路中学（海淀区双清路）	800
32	北京工业大学第一分校	市机械局		机电研究所（朝阳区三里屯）	500
33	北京工业大学第二分校	市科委		原暂安处小学（海淀区五道口）	400

续表

序号	学校名称	主管单位	协作单位	校址	学生总数（人）
34	北京建筑工程学院分院	市市政工程局		市政工程局党校（朝阳区八里庄）	200
35	北京化纤工学院分院	本院	市纺织局	化纤学院（朝阳区定福庄）	100
36	北京大学第二分校	华北计算技术研究所		华北计算技术研究所（德胜门外苇子坑）	100

注：北京市高等学校分校扩大招生共计 16210 人。

四、大力发展成人教育

改革开放初期，加快四个现代化建设迫切需要提高广大职工和待业青年的文化素质和技能水平。1979 年，全国职工教育工作会议召开，要求各地大力加强职工在职培训和学历再教育，推动全国成人教育的兴起。为加强全市成人教育管理，8 月，北京市成立工农教育委员会及其办公室，负责全市工农教育规划、组织和业务行政工作。各区县、工业、交通、财贸、城建各企业局，千人以上大企业相继建立成人教育机构。北京市成人教育逐步走上健康发展的道路。

推进职工"双补"教育

1978 年，北京市属工业企业共有职工 95 万人，其中青年职工（青工）52 万人，约有 80% 的青工文化水平没有达到初中毕业程度，约 2/3 的工人技术等级在 3 级以下，多数管理人员缺乏管理现代化企业的知识。这种状况不利于搞好四个现代化建设，不利于提高企业生产效率。

北京市出台一系列措施，贯彻中共中央和国务院关于职工文化和技术课"双补"要求，全面开展青工"双补"工作。1980 年 9 月，北京市工农教育办公室发出通知，规定凡 1968 年以后参加工作，实际文化程度不足初中毕业，技术知识不足 3 级工水平的青壮年职工，都要进行初中文化和初级技术知识补课。1985年以前，要使补课对象文化水平达到初中毕业程度，技术能力达到3级工水平。北京市工业、财贸、交通等系统各级企业为保证"双补"工作顺利完成，结合实际采取多种措施开展工作。

为推动"双补"工作全面开展，北京市经委首次组织大规模的"双补"对象摸底调查，掌握全市工业系统青工情况，1968—1980年入厂约40.2万人，占青工总数的77.3%。根据1966年以后初中毕业和年龄在40岁以下为"双补"条件，确定全系统应补初中文化对象27.4万人，应补初级技术对象20.2万人。各工业局（总公司）按年进度15%计算，将任务层层分解落实到各工厂、车间直到个人。[1] 针对有的工厂、车间认为职工"双补"要脱产，耽误生产计划，得不偿失的问题，80%的市属工业企业将职工教育纳入年度综合计划，65%的企业实行职工教育奖罚挂钩，以保证"双补"工作有计划、有秩序进行。

清河毛纺织厂厂长定期在车间主任会议上布置职工教育工作，由厂生产科按季下达青工"双补"计划，并像检查生产完成情况一样，检查"双补"工作完成情况，保证其按计划进行。该厂到1981年末，完成90%的"双补"任务。光华木材厂将"双补"和升级考核一起抓，全厂职工平均技术等级由培训前的3.7级上升到5级左右，超过本厂生产产品技术等级的要求。[2]

北京市汽车工业公司在1978年和1979年曾组织单一文化或技术补课，由于学用不能衔接，学员学习积极性不高；通过实践，他们扭转过去单打一的补课方式，将文化基础课和技术基础课穿插安排，各占50%学时，学习内容与生产需要挂钩，做到领导、学员、教师三满意。全公司"双补"出勤率达95%，结业率达85%。双证（初中文化和初级技术）率明显提高，全工业系统双证合格率占应补对象的91%以上。

西城区综合修配二厂在"双补"中加强思想政治工作，既教书又育人。

---

[1] 邵和平主编：《北京职业教育改革与发展历史回眸（1978—2010）》，高等教育出版社2014年版，第357—358页。

[2] 《"双补"和升级考核一起抓——北京光华木材厂是怎样组织全员培训的》，《中国劳动》1983年第16期。

二厂 92 名"双补"对象中，有 12 名被劳教或拘留过，7 名多次参与打架斗殴，3 名工作消极。这部分人思想基础差，文化水平低，自己不好好学习，还影响别人。如何做好这些人的工作是"双补"一大难题。二厂首先建立严格的考勤、考试、作业制度和课堂纪律，规定奖惩办法。派最有经验的老师傅教他们技术，文化课给他们吃"偏饭"、上小课，加强辅导。建立有干部、党团员、老工人参加的帮教小组，做深入细致的思想工作，用组织的温暖感化他们。帮教小组认真分析后进青年个人情况，抓积极因素，及时肯定成绩，指出不足和进步方面，不少后进青年有了显著转变。厂里有一名青年，下乡插队时曾因打架斗殴被人砍了四板斧，进厂后旧习不改。党团干部结合"双补"，鼓励他学技术，对他讲文化的重要性，经过 200 多次谈心和家访，他终于被感化，刻苦钻研技术，在 1980 年全公司技术比赛中，夺得男鞋底工第一名。[1]

1984 年末，约 26.4 万名青工完成初中文化补课，20 万人完成初级技术补课，分别占应补青工总数的 96% 和 98%，提前一年完成中央要求[2]。职工文化和技术水平有所提高，为开展更高层次的专业技术培训打下基础，青年工人的上岗操作能力大为增强，许多人被提升为班组长，成为技术骨干，带动企业劳动生产率迈上新台阶。"双补"工作推动社会上形成浓厚的学习氛围，对社会风气的好转和精神文明建设，产生积极作用。

加强待业青年培训

改革开放初期，待业青年就业是城市工作的难点问题之一。1979 年以后，返城知青和高考落榜高中毕业生越来越多，据统计有 40 万名城市青年急需安排，但实际能够安排工作的只有一半左右，还有 20 多万名难以安排。他们大多是初中或高中毕业，待业时间多在一年以上，无所事事，造成大量社

---

[1] 刘连星、王宁军：《在"双补"中加强思想政治工作》，《北京成人教育》1983 年第 10 期。
[2] 何祥生等编：《北京成人教育史志资料选辑》第三辑，中国建材工业出版社 1993 年版，第 155—157 页。

会问题。组织待业青年学习，提高文化和职业素质，进而促进其就业，对我国经济建设和社会安定团结具有重要意义。

1980年1月，北京市工农教育办公室下发《北京市关于组织待业青年学习的意见》，强调要把组织待业青年学习同组织在职职工学习放在同等重要地位，要有专人或专门机构负责待业青年的教育工作。北京市各区教育部门积极组织文化补习班、职业训练班等教育活动，吸收待业青年参加学习。待业青年教育蓬勃发展起来。

早期的待业青年培训，主要由政府组织。到1980年3月，城近郊区共组织43165名待业青年参加学习。有条件的普通中学办起高中文化补习班，吸收待业青年参加学习；少数有条件的机关和企事业单位利用自己的会议室等作为办学场地，为本单位干部、职工子弟举办待业青年文化补习班和职业训练班，组织学习各种专业技术和文化知识。待业青年补习班大多数租用普通中小学教室，利用业余时间上课。各街道办的文化班普遍开设语文、数学等文化课，技术班学习电工机械、制图、财会等技术知识。有的1年1期，个别3年1期，经过短期培训，就能使待业青年掌握一定技能。民建、市工商联、市区劳动服务公司和街道联社等单位，先后为待业青年举办饮食经营管理、服装剪裁、民间艺术、商业会计、企业管理、建筑、珠算等专业短训班。

为交流待业青年教育经验，北京市工农教育办公室在崇文区召开现场会，崇文区汇报该区组织待业青年学习情况。崇文区服装公司、东花市街道、二十六中学介绍组织待业青年学习文化和职业技能的经验。崇文区服装公司办技术学校，腾出房子做校舍，并投资6万元购置机器设备，组织尚未安排工作的320名青年参加学习。技术学校学制2年，第1年学习服装剪裁制作技术，第2年全部投入实习生产。学生学习期间，每人每月发给生活费15元，副食补贴5元。全部学习开支，都可以从学生实习生产所创造的价值中得到补偿。学生毕业后可达到普通服装技工水平。

1982年以后，待业青年教育转由社会力量举办的各类学校承担。1982年年底，北京市民主党派、群众团体、机关、街道等单位和个人举办的各种文化补习学校、职业技术学校以及专业培训班等有在校学员10余万人，其中很大一部分是待业青年。① 1985年，东城区社会力量办学发展到94所，共培训学员41300多人，其中有待业青年4800多人。② 其中，民办大生缝纫学校，在1980年至1983年培训的9662名学员中有待业青年340名。私立希治女子绣花学校，培养100多名待业女青年。她们经过培训，能掌握机绣技术，先后被吸收进街道工厂或绣花小组。另有10多名待业青年，经过和平剪裁学校的培训，领取了个体营业执照，办起服装加工小店。③

一名患有小儿麻痹后遗症的女青年，自学裁剪和缝制服装技术，1984年1月办起"明颖时装加工部"。开始只能做些中低档服装，技术不能满足广大群众的需求。后来，她就到大生缝纫学校高档班进修了半年，边学边干，虚心向老师傅、同行学习，掌握了高档服装的承做技术。毕业以后，她的加工部为出国人员定制上百件服装，质量好、速度快，得到外事人员的好评。她凭借高超的技术，多次受到顾客和有关部门的表扬，先后被评为北京市新长征突击手、西城区三八红旗手。④

全市通过举办多种形式的教育活动，帮助待业青年掌握一技之长，促进他们顺利就业，对维持社会稳定，促进经济发展，具有重要意义。

恢复或举办职工大学、函授和夜大学

北京职工队伍经过培训，文化和技术水平有所提高，但是仍不适应改革开放和现代化建设的需要，特别是高级技术和管理人才缺乏。1978年，市财贸系统共有17万名职工，大学文化程度的仅占0.8%，普遍缺乏现代科学技术知识。工业部门技术人员只占职工总数的3%，相当多的人未受过高等教育，学历层次普遍偏低。人才缺乏是当时各条战线普遍存在的突出问题。

党中央、国务院多次要求加强职工高等教育，提出要充分利用电视、广

---

① 《本市民办学校已有学员十万人》，《北京日报》1982年12月22日第1版。
② 《从我区现状看私人办学的改革》，北京成人教育局社会教育处编：《北京社会力量办学概况》，教育科学出版社1989年版，第119页。
③ 《本市民办学校已有学员十万人》，《北京日报》1982年12月22日第1版。
④ 《身残志更坚，加入新长征——北京市个体服装加工青年丁宝明》，《北京个体通讯》1985年第3期。

播、函授等手段，发挥全日制大、中、小学和技校力量，举办广播电视大（中）学、函授大（中）学、夜大学和各种地区性、行业性、企业性的职工业余大（中）学。要提倡厂校挂钩，联合办学。新形势下，北京市、区县党政机关、大型企事业单位和人民团体大量投入人力、财力和物力，积极举办职工高等教育培训。

1979年11月，北京市工农教育办公室按教育部《关于举办职工、农民高等院校审批程序的暂行规定》的审批程序，对全市职工大学、职工业余大学，分批逐校履行验收、审批、备案手续。北京地区178所"七二一大学"[①]符合条件的只有32所职工大学，大部分不符合条件的改为本行业系统职工大学大专班，或者改为职工中等专业学校，或者改为职工学校。

城区相继恢复重建或新建地区职工大学。1978年复校的宣武区红旗业余大学，位于宣武门外老墙根107号。学校开设应用中文、商业企业管理、秘书、绘画、英语、日语、财务会计等实用性强的专业。职工大学培养的人才，多数"留得住、用得上"，深受党政机关、企事业单位和人民团体的欢迎。红旗业余大学为宣武区建筑公司培养的40名建筑专业毕业生，成为企业高级管理、技术人才，使企业很快成为国家二级企业，获得很好的经济效益。

北京市总工会创办为工商企业和工会培养专业人才的市职工业余大学，坚持为首都社会主义现代化建设服务，为工会建设和职工学习服务的办学方针，办成多功能的成人高等学校，设有面向一般职工的大学专科层次的10个专业，各种短期培训班结业学员6000人。职工业余大学还专门为劳动模范和先进工作者、先进生产者、技术能手开办大专班，把2000多名劳动者培养成为有科学文化素养的高级专门人才。有一位年轻人只有初中二年级文化程度，完成北京职工业余大学学习后，报考中国医学科学院吴冠芸教授的在职硕士研究生，他克服基础差、知识薄弱的困难，以惊人的毅力获得硕士学位，从

[①] "七二一大学"是"文化大革命"期间举办的一种职工高等教育。因根据毛泽东1968年7月21日对《从上海机床厂看工程技术人员的道路（调查报告）》的批语（简称七二一指示），各地纷纷学习上海机床厂的办法，从工人中选拔学生，利用多种多样的办学方式，培训工人。

一名技工逐渐成长为教授、博士生导师、长江学者。①

首都钢铁公司职工大学是 1958 年兴办的职工业余大学，1978 年恢复重建。复校后就开办大学班 27 个，在校生 1000 余人，开设有知识更新的单科班如微机原理和应用、BASIC 语言等 5 个班，在读学员 180 人。首钢职工大学办学形式以业余为主，每周占两个半天工作时间和三次业余时间上课，学制业余 4 年。职工上班生产、下班学习，做到生产学习两不误，把理论与实践紧密结合。每到夜晚，首钢职工大学教学楼内灯火通明，自行车摆满校园，职工成群结队拿着书包来到各个教室上课。铃声一响，秩序井然。有的聚精会神地听老师讲课，有的写，有的算，有的画图，有的做实验。这所企业大学培养了一批又一批锐意进取的钢铁职工，成为首钢建设的有用之材。计算机专业 1982 届毕业生王法伟等 8 人在首钢自动化所的领导下，完成烧结厂的一烧车间网络——90 控制系统程序设计，使烧结厂实现全面自动化，减轻了工人劳动强度，劳动生产率翻了一番。②

为适应改革开放和现代化建设需要，首都普通高等学校的函授学院和夜大学也得以重新开设，开展成人高等教育活动。1980 年 4 月，教育部专门召开高等学校函授教育和夜大学工作会议，讨论函授、夜大学的方针、任务和问题，大力推动普通高等学校的函授教育和夜大学的发展。

为提高邮电职工的科学文化水平，加速邮电技术人才培养，邮电部决定恢复北京邮电函授学院。1979 年 5 月，学院正式恢复开学，实行全系统统一办学。恢复后，办学规模逐步扩大，办学水平不断提高，1982 年教职工达到 206 人，教学部设立 9 个教研室，函授图书资料室、印刷厂建成并且不断扩大，电教室业务活动广泛地开展起来。学院开设专科、本科层次的电信工程、通信技术、通信线路、邮电经济管理、邮电机械和邮政专业。1983 年开始采用电教录像手段进行部分课程教学，取得良好效果。北京邮电函授学院负责全国邮电系统高等函授教育的教学业务指导，各地区设立总站和函授站，借

---

① 中国科学技术协会编：《中国科学技术专家传略·医学编·基础医学卷二》，中国科学技术出版社 2008 年版，第 175 页。

② 刘占奎：《北京成人高等教育成果展览会综述》，《北京成人教育》1984 年第 9 期。

助全国各地邮电局系统,很快形成遍布全国各地的函授教育网。

1980年,中国人民大学函授学院和夜大学正式恢复招生,开设工业经济、农业经济、商业经济、建筑经济、财会等20多个专业,全国22个省市建立函授站和教学点,设立专科、本科等多种层次、多种形式的办学模式。1983年,全国劳动模范、北京市副市长张百发被中国人民大学函授学院北京分院录取为函授生。经过几年学习,张百发取得优异成绩,获得基本建设经济专业本科学位。到1985年,中国人民大学函授学院在校成人学员达到11366人,创造当时的历史纪录,呈现大发展的局面。

北京化工学院夜大学1978年复校,开设化工、机械、自动化、管理4类专业,设有13个班,学生358人。夜大学充分利用日校的师资、校舍、实验室培养人才,国家投资少、见效快,学员边工作边学习。为保证教学质量,北京化工学院夜大学严把入学关。夜大新生必须具备高中程度文化水平,才能适应教学要求。为此,新生招生采取自愿报名、单位审批、文化考试,择优录取的办法。由于夜大学员来自生产一线,具有一定的实践经验,学习目的明确,学用一致;但是他们时间少、年龄大、生活负担较重。因此夜大学考虑他们的特点,重视基础理论课教学,适当减少公共课时间,不组织生产实习等环节。教学计划和教材都与全日制学校基本相同,教学工作也由全日制学校教师担任,加上严格的教学管理,保证了教学质量。授课时间上相对集中,每周用2个半天、3个晚上上课,每周14学时,每周学员只需要来校3次,学校为学员提供晚饭,减少他们路途的往返时间。夜大学灵活多样的培养形式,加快了人才培养,更好地满足社会需求,发挥业余高等教育的作用。①

改革开放初期,北京地区有34所普通高等学校的函授学院和夜大学恢复起来,建立教学、管理机构,在全国设立上百个函授辅导站,进行办学招生工作,走上正规函授教育和夜大学业余教育的轨道,覆盖全国大中城市和边远乡村。北京成为全国高等函授教育的辐射中心,发挥了首都高等教育中心

---

① 《举办夜大学的初步经验与体会》,《高等战线》1984年第2期。

的作用。①

重建广播电视大学

"你听说了吗？电大要招生了！"北京市标准件工业公司的工人争相谈论着这样一条消息。何止标准件公司，北京市不少企业职工听到北京电大招生的消息后，都立即向单位请示，要求参加电大的招生考试。人们经过审查批准，填报表格，然后四处找复习资料，准备参加考试。1979年北京电大复校第一次招生考试，有10万人报名参加全市统考，分布在50个考点，统一考试时间，统一试卷。

其实，北京电视大学早在新中国成立后的1960年就出现了，并显示出强大的生命力，可惜"文化大革命"期间停止办学。1978年在全国教育工作会议上，邓小平指出："要制定加速发展电视、广播等现代化教育手段的措施，这是多快好省发展教育事业的重要途径，必须引起充分的重视。"② 年底，北京市召开电视大学工作会议，传达邓小平的指示和全国电视大学工作会议的精神，部署全市电视大学复校和招生考试工作。次年1月29日，北京市革命委员会发布《关于举办北京广播电视大学的通知》，明确提出北京电视大学复校，并更名为北京广播电视大学，规定广播电视大学由北京市高等教育局实施行政管理；各区、县设立广播电视大学工作站，由广播电视大学教学业务指导，区、县教育局行政管理。北京广播电视大学复校工作立即全面启动，在西城区东绒线胡同40号院内挂牌办公。

1979年初，按照国家教育部统一部署，北京广播电视大学复校后首次招生考试，招生对象为在职职工和中等学校教师。全市录取全科生8270人，其中机械类353人，电子类4917人；录取数学、物理、化学、英语单科生37305人，共计招收学员45575人。全校学生编为数百个教学班，分布在中央和市属单位、区县和教师进修学校的北京各大教学工作站学习。北京电视大

---

① 尤文、贺向东主编：《北京成人高等教育》，首都师范大学出版社2009年版，第158页。
② 《邓小平文选》第二卷，人民出版社1994年版，第108页。

学中断 13 年后，重新在首都兴起。

  北京广播电视大学复校之初，办学条件极为艰苦，北京市高等教育局院内有几间办公室作为校部，教学和管理机构分散在市内 9 处借房办公，向近百所中小学借教室办学。1979 年 8 月，北京广播电视大学的行政管理，由北京市高等教育局划归北京市工农教育办公室。北京广播电视大学的校领导和教职工，在极其困难艰苦的条件下，用辛勤汗水，奋力做好重建、办学和教学工作，进行第二次创业，开拓首都广播电视高等教育的新局面。

  北京市各区县、行业系统以及中央在京单位的工作站纷纷建立或恢复，很快投入招生办学工作。工作站设专职或兼职主任，根据教学班及学员多少，配备必要的工作人员，城区一般配备 3—4 人，近郊区一般配备 2—3 人，其他各区一般配备 1—2 人。北京广播电视大学在首都各区县、各行业、各系统设立分校或工作站，遍及全市城乡和行业系统，负责教学班管理和教学工作，初步形成上下贯通、纵横交错、层次清晰的广播电视高等教育网络。其为首都构筑现代远程开放教育体系和全民学习、终身学习奠定了良好基础。

  北京广播电视大学复校后，积极探索广播电视高等教育开放式办学模式，曾经实行自学收看学习制度，学员分全科和单科参加考试。学全科者，累计修满学分，可获得国家承认的大学专科毕业证书。1980—1983 年，电大逐步扩大招生对象，先是从全国高等教育招生考试落榜生中录取非在线的社会青年入学，后将招生对象拓宽到社会各类成员。1984 年举办党政干部专修科，试行学分制和淘汰制。

  北京广播电视大学复校后十分注重整合全市优秀教师资源，发挥教师资源优势。复校后的第一节课是由华罗庚上的高等数学课，并以这堂课作为教学样板。1980 年起，北京广播电视大学实行以"五统一"[①]为核心的质量保证体系，学校拥有自开专业、自行招生的权限，自开课与统一设定课程的比例为 3∶7 或 4∶6，根据地方经济发展和人才培养需要设置专业和课程，调整

---

  ① 即执行全国统一的教学计划，统一设定课程（占总学分的 60%—70%），统一教学大纲，使用统一教材，全国统一命题和考试并执行统一的评分标准。

的余地大。有效保证了广播电视大学大规模人才培养的质量,得到基层广播电视大学和社会的普遍认可。

实践教学是北京广播电视大学的特色。在高教局和其他学校支援下,积极采取多种形式开展实验活动。学校独立开设一部分实验课,1979年年底,北京广播电视大学租用北京景山学校部分校舍作为化学实验室。后来,学校购置面包车作为实验车,把实验器材装到车上,送实验仪器下分校。为了保证每个学生都能做实验,实验室教师星期天不休息,使学生能按时完成实验教学计划,对因故不能完成的给予补做的机会。

学风的好坏,直接关系到教学质量和社会信誉的高低。复校初期的学风是令人敬佩的。"老三届"刘季英说,我被编入财政部北京广播电视大学工作站教学班。班里五六十人来自不同的机关和单位,大多数30岁上下,极个别的快40岁,都处在上有老、下有小,在单位是骨干、在家是顶梁柱的人生爬坡阶段,白天抓紧完成日常工作,晚上要准时收看电视教课内容。每周数晚骑一个多小时自行车到教学班听面授或答疑。星期天整理笔记、做作业。请"发小"帮补课。班上有个女同学身怀六甲仍坚持上课,直至临产还搭乘出租车赴考场参加期末考试。辅导老师十分感动,授课格外尽心尽力,尽量多讲些、讲细些,突出重点难点问题,说"你们克服那么大困难,不容易。只要你们不困、不累,想听、愿听,我更没问题",一直讲到晚上10点多钟。

1982届、1983届机械、电子专业毕业生13630人,分别在三年和三年半的时间里完成教学计划,取得优异成绩。据调查,这些毕业生绝大多数在科、室、车间、科研项目小组等岗位上从事技术工作,发挥着积极作用。北京市标准件工业公司有1982届毕业生75人,担任技术员以上技术干部的占74%。冶金部自动化研究所的王永义研制成功一台便携式数字测温仪。这台测温仪同120照相机一样大小,重300克,工人可手提它测量钢水的温度,准确度高、成本低，由冶金部自动化研究所工厂生产60多台，供钢铁厂使用。①

经过积极鼓励、大力支持成人高等学校发展，截至1985年，北京地区有广播电视大学、管理干部学院、职工大学、教育学院和独立设置的函授学院共90所，有专职教师9000余人，在校生近5万人。②

五、加强学校思想政治工作

邓小平高度重视学校思想政治工作，他在全国教育工作会议上讲话，强调"革命的理想，共产主义的品德，要从小开始培养"③。党的十一届三中全会重新确立党的实事求是的思想路线，为学校思想政治工作指明了方向。根据党中央要求，北京市委强调，学校德育工作的指导思想必须坚持马克思主义，必须坚持实事求是的思想路线，从学生实际出发，把坚定正确的政治方向放在第一位，着力培养又红又专的一代新人。

抓好共青团和少先队工作

北京市全面落实党中央和邓小平关于加强思想政治工作的论述精神，结合新时期学生思想状况实际，采取一系列措施，推动中小学和高等院校思想政治工作的健康发展。1980年2月，北京市委召开青少年思想政治教育工作会议，针对粉碎"四人帮"以来青少年思想的新情况新特点，强调采取强有力措施，全党全社会齐抓共管，打思想教育"总体战"。全市从市区到学校，政治思想教育工作管理机构逐步建立，北京市教育局设立政治思想教育处，区县教育局有关科室设专职德育干部，中学陆续增设政教处，保证思想政治教育工作的统一性。

全市青年组织的建设，特别是团的组织建设受到"文化大革命"很大影

---

① 刘佩珩：《北京电大培养的毕业生在四化建设中发挥着积极作用》，《北京成人教育》1984年第6期。
② 尤文、贺向东主编：《北京成人高等教育》，首都师范大学出版社2009年版，第56页。
③ 邓小平：《在全国教育工作会议上的讲话》，《邓小平文选》第二卷，人民出版社1994年版，第105页。

响。到 1979 年底，有近 25% 的团支部处于松散状态，大批新团员基本上没有受过团组织的系统教育，团的系统领导不够健全。针对这一情况，团市委首先加强基层组织建设力度，突出把团支部整顿好、建设好。1979 年 6 月，北京市学联召开高等院校学生会主席联席会议，正式恢复团组织活动。1980 年，北京市青联正式恢复活动，以团组织为核心的青年组织重新开始在团结、教育、引导青年的工作中发挥积极作用。

1979 年，针对部分学生出现怀疑四项基本原则的现象，团市委召开专门会议，推广清华大学开展社会主义优越性大讨论的经验，请教育部部长蒋南翔、清华大学教授张光斗等为大家做报告。许多学校的团组织利用办校刊、上团课，举办报告会、专题讲座、专题讨论会等多种形式向学生进行坚持四项基本原则、聚精会神搞"四化"的教育。北京航空航天大学一分院团委在学生中进行以"社会主义好"为内容的思想教育，北京化工学院开展"怎样做一个合格大学生"的讨论。

从小学生抓起，做好学生思想政治工作。1978 年 6 月，北京市正式恢复"少年先锋队"名称。团市委"红小兵部"恢复为"少年儿童工作部"，北京市少先队组织进入新的发展时期。1979 年，第六次全国少先队工作会议召开，重新强调"把全体少年儿童组织起来"的方针。北京市认真贯彻会议精神，加强少先队组织发展。截至 1980 年年底，全市少先队员达到 820842 人，占适龄儿童的 72%。1981 年 2 月，团市委下发《共青团北京市委 1981 年少先队工作意见》，提出少先队组织发展工作要改革，一年级新生入学后，儿童自愿申请，全部吸收入队。

为了让全体少年儿童都能入队，团市委和各区、县团委做了大量工作。他们在调查研究的基础上，举办各种学习班，组织辅导员认真学习少先队队章及有关基本知识，克服"全入队了，少先队就没有先进性了"等模糊认识，明确少先队是少年儿童的群众组织，它以"先锋"命名是为了教育少年儿童学习革命先辈的榜样，继承党的革命事业。

各小学坚持从一年级抓起，新生一入学就进行队章教育，让他们都戴上红领巾。辅导员热情帮助后进学生，及时吸收他们入队，使他们在少先队丰富多彩的教育活动中受到更好锻炼。西城区西什库小学五年级一个班的3名非队员，过去有偷摸行为，辅导员主动关心他们，发动全体队员帮助他们克服缺点，激发他们的上进心。对他们的点滴进步，及时给予表扬和鼓励。这3名同学入队后，不仅改正了偷摸行为，而且捡到东西主动交给老师。①

1981年10月13日，全市7000多名一年级小学生在人民英雄纪念碑前举行入队宣誓仪式。同年，城近郊区共有33000多名一年级小学生戴上了红领巾。全市114万队龄少年儿童有90%加入少先队。1983年全市有少先队员934648人，占队龄儿童总数的94.3%。北京市少先队工作蓬勃发展起来。

1983年"六一"儿童节前夕，首都少先队员穿上新队服。图为北长街小学的少先队员

加强学校思想政治课

粉碎"四人帮"后，高校学生思想政治理论课得以恢复和重建。1978年4月，教育部下发《关于加强高等学校马列主义理论教育的意见》，明确要求思想政治理论课为大学生必修课程，要在高校中广泛开设《辩证唯物主义与

---

① 《本市112万队龄儿童都戴上了红领巾》，《北京日报》1982年6月29日第1版。

历史唯物主义》《政治经济学》《中国共产党党史》《国际共产主义运动》4门课程，并进一步强化思想政治理论课的权威性、严肃性和不可替代性，确立了思想政治理论课在大学生思想政治教育中的主阵地、主渠道地位。"上述马列主义理论课与政治运动、形势教育、劳动教育、政治工作等，从不同角度对学生进行马列主义思想教育。各有侧重，不宜相互代替。不要用'三政合一'（政治课、政治运动、政治工作合一）的办法削弱和取消理论课。"①

北京各高校结合学生思想实际，不断推进思想政治课教学。清华大学马列教研室从学生思想实际出发，在党史课中加进中国近代史的内容；在教学中注意抵制错误思潮，帮助学生澄清是非、认清方向。北京商学院政治经济学教研组坚决改革教学方法，加强讲课的针对性，根据教材中的难点和学生自学中提出的问题进行重点讲授，并注意改进考试、讨论等教学环节，变"满堂灌"为启发式，调动学生的学习积极性和主动性。②

1981年，教育部要求高校马列主义理论课以《关于建国以来党的若干历史问题的决议》为教材，对学生进行坚持中国共产党的领导、坚持社会主义道路的教育。1984年9月，中共中央宣传部、教育部联合发出《关于加强和改进高等院校马列主义理论教育的若干规定》，重申马列主义理论教育的重要性，并提出改革课程设置和教材内容的原则和要求。同年，北京市委教育工作部要求将中共党史课改为中国革命史课，开设中国社会主义建设课；有条件的学校可开设世界政治与经济和国际关系课。在中央统一推动与地方高校积极探索下，北京高校思想政治理论课恢复与重建成效显著，教学内容更加集中，教学方式更加灵活，思想政治课吸引力更大，更加适应改革开放和四个现代化建设发展的需要。

中学先后开设《社会发展简史》《科学社会主义常识》《辩证唯物主义常识》《政治经济学常识》4门政治课，初步恢复了教育秩序。但是由于"四人

---

① 教育部社会科学司：《普通高校思想政治理论课文献选编（1949—2008）》，中国人民大学出版社2008年版，第71页。
② 陈大白主编：《北京高等教育文献资料选编（1977—1992）》，首都师范大学出版社2008年版，第244页。

帮"的长期破坏，中学政治课面临许多困难。

1980年9月，教育部发出《关于改进和加强中学政治课的意见》，重申政治课的作用和任务。北京市认真落实，改进课程设置，开设《青少年修养》《政治常识》《社会发展简史》《政治经济学常识》《辩证唯物主义常识》5门政治课，规定各年级每周学习2课时，另安排每周1课时的时事政策教育。1980年前后，政治课受到资产阶级自由化思潮的冲击，一度出现教师不愿意教、学生不愿意学、理论脱离实际的现象。1981年5月，北京市教育局召开中学政治课教学工作会议。针对教学中出现的问题，提出政治课一是抓方向；二是抓教育队伍建设；三是抓教学方法的改进。并采取相应措施，有效提高了政治课的吸引力。

北京八中的陶祖伟老师教授的高二辩证唯物主义课，生动有趣，可学可信，成为高中思想政治理论课的样板。趣味是入门的向导，陶老师讲课常常从材料入手，把哲理寓于材料之中。例如，讲普遍联系的观点时，他先讲一段故事：一批商人看到国际市场鹫鹰标本的价格很高，就组织人力到森林抓捕，结果作为鹫鹰捕食对象的松鼠泛滥，松鼠啃光了树皮和嫩芽，引起大片森林干枯和死亡。森林植被被破坏，又引起气候变化。在他讲解感性材料的过程中，联系的观点一步一步显露出来。

学习理论是为了解决问题。有的学生认为辩证唯物主义虽然是真理，但却没有用。陶老师联系学生实际，教育学生懂得辩证唯物主义是认识世界、改造世界的武器。1981年寒假期间，他组织9名同学到北京西单百货商场和东单菜市场实地考察，又调查班级28名同学的家庭经济生活状况，以及教师、学生家庭生活水平变化，得到不少数据和材料。他们从市场销售额和销售量的增长看到社会购买力的扩大，分析购买者的来源，看到人民特别是工人、农民生活水平的快速提高。参加调查的学生都感到实践出真知，哲学原理帮助他们分析了社会现实，认清了形势，更加感受到改革开放的伟大力量。[①]

[①] 陶祖伟：《爱学有获相信——关于改进中学哲学课教学的体会》，《中学政治课教学》1981年第2期。

为加强小学思想政治教育，1981年秋季，北京市小学开始设立思想品德课，每周1课时，以"五爱"教育为基本内容，传授马克思主义基本观点，培养共产主义道德品质。北京市教育局组织力量于同年编出《北京市小学思想品德课教学参考提纲》和全套教学参考书，保证小学思想品德课的开设。

针对小学生的特点，北京市各小学有针对性地开展教育。既讲清道理、提高他们的认识，使他们具有起码的辨别是非能力，激发他们的美好感情，又着重培养他们良好的行为习惯，并使其付诸行动，逐步养成习惯。教学方法上，采用故事、图片、幻灯、电影、参观、访问等生动活泼的形式，收到很好的效果。用革命前辈、英雄模范、先进人物的动人事迹和高尚的道德情操感染孩子，使他们学有榜样，避免空洞枯燥的说教。小学思想品德课的开设，促进了小学生爱党爱国的思想，提高了素质，受到老师、家长和学生的普遍欢迎。

重建政治辅导员制度

清华大学政治辅导员制度有优良传统，"文化大革命"期间，该校辅导员队伍遭受严重破坏。社会上也一度对思想政治工作"敬而远之"，群众讽刺政工干部"只会耍嘴皮子""脚转得比芭蕾舞演员还要快"。[1]

粉碎"四人帮"后，清华大学率先重建政治工作制度，选拔一批高年级学生或青年教师担任学生政治辅导员。清华大学党委要求，各级领导要从思想上、工作上、业务上和生活上采取措施，稳定和巩固政工队伍。坚持政治工作上有远见、有信心，不迷失方向，进一步坚持又红又专的"两个肩膀挑担子"的经验，一边从事思想政治工作，一边从事专业领域业务工作。拓宽学生政治辅导员来源渠道，选派高年级学生担任低年级学生政治辅导员。发挥高年级学生与低年级学生有较多共同语言，便于客观全面了解学生思想动态和生活情况的优势，从而为更好地、更有针对性地开展思想政治教育创建条件。

---

[1] 中国高等教育学会、清华大学编：《蒋南翔文集》，清华大学出版社1998年版，第904页。

教育科技文艺恢复与发展

1980年下半年，在资产阶级自由化思潮影响下，部分学生出现思想混乱，100多名生活在学生中间的政治辅导员发挥了重要作用。他们能够及时了解情况，并且按照党委精神，有针对性地疏导学生，较好地教育和争取了全校学生，从而取得了斗争胜利。① 张光斗教授，实事求是、深入浅出地运用具体案例，通过切身经验来讲清大道理，对学生进行思想政治教育，取得良好效果。② 工程力学系半脱产政治辅导员凌均效，经常利用假日甚至顶风冒雨家访。学生的饮食起居、洗衣、缝被，他都放在心上，和学生建立了信任和友谊。大家有什么事或思想问题都向他倾诉。凌均效做思想工作耐心细致，摆事实、讲道理，不搞形式主义，一年多就与3个班105名同学个别谈心谈话近90人次。他负责的3个班，70%左右的人每门课程的成绩都是优秀，97%以上的人达到了国家体育锻炼标准。③

清华大学的政治辅导员制度，多次受到中央领导同志的高度赞扬和肯定。1980年3月，邓小平在中央军委常委扩大会议上肯定了清华大学的做法，"他们这样做很见效，现在学校风气很好。清华大学的经验，应当引起全国注意。又红又专，那个红是绝对不能丢的"④。清华大学政治辅导员建设的成功探索和宝贵经验，成为北京和全国高校辅导员队伍建设的典范和样板。

1980年，北京市委教育工作部发出通知，要求各校完善、加强学生思想政治工作机构和队伍建设，大力倡导建立政治辅导员制度，从青年教师及高年级学生中挑选政治思想好、业务过硬、有能力的人员兼做学生政治辅导员，工作3年后轮换。1982—1983年，各大学选拔一批优秀学生担任专职学生思想政治工作的干部，分别担任团委书记、副书记、团总支书记、班主任等职。全市33所高校共有学生思想政治工作干部810人。

北京高校政治辅导员在思想政治教育中，积累了一些典型经验和有效做

---

①② 陈大白主编：《北京高等教育文献资料选编（1977—1992）》，首都师范大学出版社2008年版，第424、172页。

③ 《以高度责任感做好学生思想政治工作》，《北京日报》1981年1月2日第2版。

④ 邓小平：《精简军队，提高战斗力》，《邓小平文选》第二卷，人民出版社1994年版，第290页。

法，体现出北京高校思想政治工作的创造性。北京航空学院组织班主任配合辅导员开展思想政治工作，自动控制系 1979 级液压操作系统专业一个班，毕业分配名单公布后，有 5 个学生不服从分配，班主任了解到相关情况，先做通一个学生党员的工作。这个党员就带动其他学生也服从了分配，很好地解决了学生问题。①

开展思想政治教育活动

十一届三中全会前后，北京市大中小学思想政治教育，坚持以爱国主义为核心，着重培养学生的文明礼貌、遵纪守法、革命理想等品质，结合党和国家工作大局，在高校和中小学开展各种形式的思想政治教育活动。北京市探讨新时期学生思想政治教育的新形式和新内容，结合国际、国内形势与学生的思想实际，进行比较全面、深入的思想政治教育。

北京工业学院党委组织团委、教务处和学生工作干部，采取个别交谈、开小型座谈会和民意测验等方式，深入调查 39 个班和两个系的学生思想情况，多次召开学生工作干部会议，摸清学生思想情况。通过调查发现，学生思想活跃，关心国家大事和学校的工作，敢于发表意见，但由于林彪、"四人帮"的流毒和影响尚未肃清，少数学生仍有错误思想和言行。党委依靠各级党、团和学生会组织，结合思想政治教育活动，开展"讲道德、讲团结、讲礼貌、讲纪律""热爱党"等教育和"学雷锋、创三好"活动。第五届全国人大代表周发岐、知名学者孙树本、地震学家郑联达等老教授与学生们座谈。老教授们以自己新旧社会的经历和感受，畅谈坚持四项基本原则，自觉维护安定团结政治局面的重要性。选举院区人民代表时，个别学生表现出自由化倾向。党委严肃指出这种做法是错误的，负责同志和系党总支干部以及班主任、辅导员等一起，与这些学生谈心，耐心教育，使他们认清社会主义民主与资产阶级民主的区别，学会正确地行使自己的民主权利。为了使调查研究

---

① 陈大白主编：《北京高等教育文献资料选编（1977—1992）》，首都师范大学出版社 2008 年版，第 433 页。

教育科技文艺恢复与发展

工作经常化,学院制定党委、行政有关部门分别联系一个学生班的制度。随着思想政治工作的逐步开展,学生思想政治觉悟不断提高,热爱党,热爱社会主义,刻苦学习,努力锻炼身体,助人为乐,关心集体的好人好事层出不穷。全校三好评比活动中,分别评选出188名三好学生,211名积极分子,37名优秀学生干部,23个先进集体。[1]

1979年5月,为全面贯彻执行党的教育方针,落实邓小平在全国教育工作会议上的讲话中提出的"大力在青少年中提倡勤奋学习、遵守纪律、热爱劳动、助人为乐、艰苦奋斗、英勇对敌的革命风尚",把青少年培养成为合格的无产阶级革命事业接班人,北京市决定在全市中小学大力表彰德、智、体全面发展的学生,三好学生和先进班集体,建立三好学生奖章和先进班集体奖状的制度。[2]

1980年,全市中、小学中涌现8万多名三好学生,4000多个先进班集体,100多个"小虎子"[3]小队。在学生中,学雷锋、树新风,"八十年代立志成才,为祖国'四化'从我做起""争当小虎子小队和队员"的活动深入人心,好人好事层出不穷。据东城、西城、崇文、宣武四个城区统计,受到校级以上表扬的学生达到45000人,占中学生总数的1/4。1万多个学雷锋小组,以雷锋为榜样,为人民服务,到车站、饭馆、托儿所、商店、公园,开展利民活动;有的小组坚持数年,护送病残同学上学;有的小组一直坚持为烈军属、五保户做好事。

房山县长阳公社稻田中学和大宁村小学4位同学,拾到7斤黄金交给国家。卢沟桥第一小学注重学生的思想政治工作。1979年,该校6名学生看到

---

[1] 《理直气壮地进行思想政治教育》,《北京日报》1981年2月27日第1版。
[2] 《关于在中小学建立颁发"三好学生"奖章和先进班集体奖状制度的意见》,北京教育志编纂委员会、北京市档案局(馆)编:《北京教育档案文粹》(中册),华艺出版社2013年版,第799页。
[3] "小虎子"是《中国少年报》一个连环漫画人物专栏。1958年起《中国少年报》开始连续刊载。几十年来,一直是少年朋友最喜欢的一个栏目。它通过主角"小虎子"的所作所为向少年朋友说明什么是好、什么是不好,应该做什么、反对什么。它对几代少年儿童道德品质的培养起了很大作用。

卢沟桥上果皮、纸屑到处都是，城墙和石狮子上还有涂抹乱画字迹，就自发组织其他学生，走上桥头，打扫垃圾，并拎着水桶擦洗卢沟桥上的石狮子，他们的行为受到人们的好评。1980年，擦洗石狮子小队被誉为"北京市小虎子小队"。1981年又被评为"全国优秀小队"，该队队长代表小队在人民大会堂接受中央首长接见。此后，该活动一直在卢沟桥第一小学传承下来。

贯彻学生守则是加强学生文明礼貌和遵纪守法教育的重要措施。1979年5月，北京市教育局制定和颁发《中（小）学生守则（草案）》，要求按守则培养学生勤奋学习、遵守纪律、关心集体、热爱劳动的道德风尚。教育部颁布《中（小）学生守则》后，北京市教育局要求各校把宣传贯彻学生守则作为新学期的重要任务，并在总结前两年贯彻北京市中学生守则的基础上，各校做到守则教育经常化。朝阳区垂杨柳小学聘请居委会、派出所、工厂、商店等8个单位的代表和学校联合组成共产主义道德品质评比委员会，定期开会评比学生在校内外执行守则的情况。怀柔、密云等远郊县请县广播站定时向全县广播宣传守则，公社、大队利用社员工余时间在家播放有线广播。很多学校印制了守则卡片，老师、家长、学生人手一张，做到家喻户晓，人人皆知，并且大力宣传学生中的先进事迹，造成较大声势。[1]

一五八中学特别注意从学生实际出发，全面要求，分阶段重点贯彻，开展评比竞赛活动，使这些要求真正落实在学生的行动上。开始，他们反复向学生逐条宣讲守则内容，讲明制定守则的意义，使大家明确守则是党和国家对每个中学生思想品德的基本要求，每个人都要会讲、会背、会做。达到这个目标后，他们采取先易后难的方法，重点贯彻守则的一、二、五条，提出了3项评比条件：要求全勤，不迟到，不早退，不旷课；认真做值日，搞好教室和环境卫生；遵守课堂规定。条件简明扼要，容易做到。实践的效果很好，有20个班级共930名学生受到表扬。

接着，他们着重培养学生讲文明、懂礼貌的好品德。全校开展了消灭脏

---

[1] 北京市教育局政教处：《我们是怎样贯彻中小学学生守则的》，《人民教育》1980年第3期。

话周活动，向学生提出会说、会用10句文明用语，如"请""您""谢谢""对不起""请原谅""老师好"等，要求大家互相监督、互相提醒，"说文明话，做文明人"。学校进门的中心通道上，他们还设立红领巾监督岗，另一方面提醒进校队员整理风纪；一方面对上班的老师敬队礼、问候"老师好"，给全校学生起示范作用。

经过一年的实践，走进一五八中学校园，干干净净、井然有序，给人一种清新悦目的感觉，学生们懂礼貌，讲文明，守纪律，尊师长，勤奋学习，奋发向上，再也看不到打架斗殴、乱哄哄的现象了。学校面貌发生很大变化，有1000多名学生受到表扬和奖励，占全校学生总数的70%。[①]

1980年底，全市基本上消灭乱校、乱班。学生守则深入贯彻，教学秩序稳步改善。广大学生对教师更加尊敬，顶撞教师的现象明显减少，甚至有的老师病了，许多学生自发到医院、家中看望。一年来，中、小学生犯罪率持续下降。1979年上半年，全市学生犯罪人数占犯罪总人数的30.5%；下半年下降到23.4%；1980年上半年又比上年同期下降10.7%。[②]

1981年4月，北京市学生联合会召开全市高等院校学生会主席联席会议，通过《首都大学生公约》，[③] 号召全市大学生积极执行公约，争做建设社会主义精神文明的先锋，为落实中央书记处对北京市工作的四项指示做出贡献。1981年5月，北京商学院召开贯彻《首都大学生公约》动员大会，这是北京市学联通过《首都大学生公约》后，首都第一所高等院校召开的全体师生员

---

① 《一五八中认真贯彻〈中学生守则〉从点滴入手做工作》，《北京日报》1980年4月12日第1版。

② 《开展多种教育 学校面貌一新 本市中小学涌现出八万多三好学生》，《北京日报》1981年1月10日第1版。

③ 《北京市学联通过〈首都大学生公约〉号召大学生争做建设社会主义精神文明的先锋》，《人民日报》1981年4月26日第1版。公约的内容是：热爱中国共产党，热爱社会主义祖国，热爱人民，立志献身于祖国的"四化"事业；学习勤奋，学风严谨，积极认真地学好专业知识，完成学习任务；坚持锻炼身体，积极参加各项有益的集体活动；遵守国家法令，维护社会公德；遵守学校的规章制度，维护正常的教学、生活秩序；讲文明，讲礼貌，讲卫生，不吸烟，不酗酒；团结互助，助人为乐，勤劳俭朴，爱护公物；实事求是，勇于开展批评和自我批评。

工参加的动员大会。该校商经 1978 级 3 班向全体学生发出倡议：贯彻《首都大学生公约》从点滴做起，从现在做起，做无愧于人民、无愧于时代的大学生。①

1983 年，北京市教育局转发教育部《关于学习贯彻〈关于加强爱国主义宣传教育的意见〉的通知》，要求各校以共产主义思想为指导，利用各门课程和丰富多彩的课外、校外活动有效地进行爱国主义教育，重大集会举行升旗仪式，学生人人要会唱国歌。

新学期，中小学校普遍开展"热爱国旗、国歌、国徽和版图，做祖国忠诚儿女"的教育活动，全市 100 多所学校先后组织 10 多万学生到天安门广场参加升旗仪式，把这里作为对学生进行爱国主义教育的课堂。西城区教育局在武定小学召开升国旗仪式现场会。全区各小学分批带领学生到天安门广场参加升旗仪式，听国旗班战士介绍国旗班的训练、生活、学习情况，参观国旗班荣誉室、营地内务等，对学生进行爱国主义教育，热爱解放军教育。各校建立周一（或重大集会）升国旗和进行国旗前教育的制度。②

10 月 1 日国庆节这天清晨，北京市 20 多所中小学的 3000 多名共青团员、少先队员，参加天安门广场的升旗仪式，接受爱国主义教育。披上节日盛装的天安门广场，在清晨显得格外庄重、整洁。举着校旗、队旗的学生们列队走进广场，排成方队。在国歌声中，两名武警战士升起国旗，在场的学生们行致敬礼。升旗仪式结束后，守卫国旗的武警战士向青少年介绍国旗的来历和含义，并播放毛泽东主席在开国大典上升起第一面五星红旗，宣告中华人民共和国成立时的录音。在场的共青团员、少先队员面对国旗宣誓："我们的队旗向着国旗飘扬，我们的队歌合着国歌的旋律，我们的红领巾辉映着国徽的光彩，我们和祖国一起奔向共产主义！"③

---

① 《商学院昨开会贯彻〈首都大学生公约〉 学生表示要做无愧于人民和时代的大学生》，《北京日报》1981 年 5 月 15 日第 2 版。
② 西城区普通教育志编纂委员会：《西城区普通教育志》，北京出版社 1998 年版，第 91—92 页。
③ 《热爱国旗国歌国徽和版图 做祖国忠诚儿女 二十多所中小学团员、队员国庆节参加天安门广场升旗仪式》，《北京日报》1983 年 10 月 2 日第 1 版。

第三章
教育初步改革

1977年12月10日至12日，北京市举行了"文化大革命"后的首次高考，考生人数近16万人，录取不到1万人。此时国家各项工作开始走上正轨，一方面急需大量人才；另一方面由于大学招生数量极其有限，积压的大批高中生无法进入大学学习。经济要发展，社会要进步，国家要人才，个人要成长，但由于国力、财力制约，现有高等学校无法满足快速培养人才的迫切要求。而这个时期，恰恰是世界一些国家和地区抓住国际形势相对稳定的有利环境和现代科学技术迅速发展的机遇，加快本国经济发展的时期，我国在科技、教育等方面与世界发达国家的差距越拉越大。党的十一届三中全会后，随着党和国家工作重心的转移，我国教育工作的重点也转移到为社会主义现代化建设服务的轨道上来。1983年国庆节前夕，邓小平同志为北京景山学校题词"教育要面向现代化，面向世界，面向未来"，不仅为北京景山学校指明了办学方向，更是吹响了我国迈向教育现代化的号角。

一、建立高等教育自学考试制度

1977年国家恢复高考招生制度，北京市计划招生8947人，而报名人数达到15.996万人，计划招生人数与报名人数之比为1∶17.88。[①] 虽然之后各高

[①] 《高等教育自学考试制度在北京的创建、实施和发展》，廖叔俊、庞文弟主编：《北京高等教育的沿革和重大历史事件》，中国广播电视出版社2006年第1版，第518页。

校扩大了招生计划，北京市委、市政府挖掘潜力建立了36所大学分校扩大招生规模，仍然满足不了广大青年的求学需求。此时全党工作重心已经转移到以经济建设为中心，社会急需大批专门人才，青年群众特别是大批返城知识青年的学习要求更为迫切。在此背景下，高等教育自学考试制度应运而生。

率先试行自学考试制度

20世纪70年代末，北京市常务副市长、主管教育工作的白介夫家门口，每天晚上都有人找上门来表达要求上学的强烈愿望。在白介夫的亲自过问下，外语培训班很快办了起来，但是杯水车薪，由于返城知青过多，办这种临时性质的学习班并不是长久之计。这时，北京市委教育工作部提出办高等教育自学考试的想法。这也不是突发奇想，北京市早在20世纪50年代就酝酿过对自学者的学习成果进行考核，并且一直以来都在探索能否建立起一种制度引导青年自学成才，这样既满足人们对学历的要求，同时又满足社会对人才的需求。

1978年2月，第五届全国人民代表大会第一次会议的《政府工作报告》指出："我们要建立适当的考核制度，业余学习的人们，经过考核，证明达到高等学校毕业生同等水平的，就应该在使用上同等对待。"1980年5月，中央书记处讨论高等教育业余考核问题时指出：为了促进青年人自学上进，应该拟定一个办法，规定凡是自学有成绩，经过考核合格者，要发给证书，照样使用，而且要认真执行，使青年人不要只追求全日制大学。[①]

根据中央精神，北京市就自学考试的问题进行了深入调研。白介夫召集北京大学、清华大学、人民大学、北京师范大学等高校校长开会讨论，征求意见。校长们很支持自学考试的办法，并且表示高校可以负责开课、组织考试等工作。

这样，北京市决定建立高等教育自学考试制度。1980年8月，北京市政

[①]《高等教育自学考试制度在北京的创建、实施和发展》，廖叔俊、庞文弟主编：《北京高等教育的沿革和重大历史事件》，中国广播电视出版社2006年第1版，第519页。

府将《关于建立业余学习高等学校专业考核制度的决定》（以下简称《决定》）报国务院。24日，主管科学和教育工作的副总理方毅作出批示："请教育部提出意见，再报书记处。"30日，教育部回报方毅："基本同意，北京可先走一步。"方毅于9月7日批复："送耀邦同志并书记处。拟同意。"时任总书记的胡耀邦接到报告后，于9日批示："请（北京）市委按此办理。"

1980年10月29日，《决定》下发至全市各区县、委办局和高等学校组织实施。《决定》规定成立北京市高等教育自学考试委员会，其任务是颁布考试专业和各专业的考试科目；指定各科目的主考高等学校；组织考试；颁发单科合格证书和大学毕业证书。主考高等学校的任务是：提出考试科目和学习要求，指定教科书和参考书目；制定考试的具体办法，主持考试，评定成绩等。学历分为大学基础科、专科和本科三种，获得毕业证书者承认其学历。《决定》对学历获得者的使用和待遇做了规定，指出自学高考毕业生是在职人员的，所在单位或上级主管部门要注意用其所学，发挥专长，原是工人、符合干部条件的可吸收为干部，非在职毕业生经有关部门批准可录用为干部，工资待遇和全日制大专毕业生一视同仁。

《决定》的颁布，体现了人尽其才、学以致用、同工同酬的原则，鼓励更多青年走上自学成才之路。[1] 11月，北京市高等教育自学考试委员会成立，委员会由有关单位领导和高等学校负责人、教授25人组成，其中主任委员为北京市副市长白介夫。[2]

1981年1月，国务院向全国发布《高等教育自学考试试行办法》，规定凡是中华人民共和国公民，不受学历、年龄的限制，均可申请参加考试。并要求先在北京、天津、上海等地进行高等教育自学考试点，之后在全国逐步推行。至此，高等教育自学考试作为国家的一项教育制度正式创立。[3]

---

[1] 陈大白主编：《北京高等教育文献资料选编（1977—1992）》，首都师范大学出版社2008年版，第201页。

[2] 《高等教育自学考试制度在北京的创建、实施和发展》，廖叔俊、庞文弟主编：《北京高等教育的沿革和重大历史事件》，中国广播电视出版社2006年版，第518页。

[3] 何东昌主编：《中华人民共和国重要教育文献（1976—1990）》，海南出版社1998年版，第1890页。

高等教育自学考试属于国家考试，是社会主义教育体系和学制的重要组成部分。开考专业面向全社会（除军队、公安、卫生系统的一些特殊专业限制报考外），个人根据兴趣或需要，可以任意选择专业报考。学习教材、辅导资料公开向社会发行，考生的学习方式灵活，主要以个人自学为主，没有入学考试，也没有学制，实行宽进严出的办法，考试是每门课程的结业性考试，全部课程考试均实行学分制，学习的主动权掌握在考生手里。单科课程考试不定合格率和毕业率，全部专业的课程考试结束、思想品德鉴定合格（本科专业还要通过论文答辩）才能毕业。理论知识考试采用笔试方法，一般按百分制计算，60分为合格，考生的学习和考试以"单科独进、学分累计、零存整取"的程序和方法进行。在专科学习接近结束时，允许直接报考本科，以缩短学习周期。考试标准参考一般普通高等学校水平。

北京市进行了广泛深入的调查研究，了解到文史哲、财经、政法和管理专业的人才是当时社会上特别缺少的，这些专业又比较适合自学考试。但是确定考试专业和科目的工作涉及面广，头绪繁杂，加之组织工作量大，又缺乏经验，因此短期内无法开考社会上所需的全部科目。于是考试委员会决定在确保质量的前提下，采取由少到多、量力而行的原则，对理、工、农、文、法、财经、外语等各类专业逐步开考。根据这些情况，1981年北京市公布了中文、法律、工业经济、商业经济、金融、数学、英语、档案管理这8个专业的考试计划，涉及语文、哲学、政治经济学、公共英语、公共日语、公共俄语6门公共课。

北京市高等教育委员会与有关高校共同研究，对开考科目提出要求：凡是教育部已制定了教学大纲的，均按教学大纲要求组织考试，尚未制定教学大纲的，暂按各有关高等院校提出的要求组织考试。为使考生能够早日准备复习，北京市高等教育自学考试委员会于1981年1月31日公布了自学书目和参考书目：哲学为艾思奇主编的《辩证唯物主义 历史唯物主义》；政治经济为蒋学模主编的《政治经济学教材》和湖北人民出版社的《政治经济学》；高等数学为樊映川等编的《高等数学讲义》（上、下册）。考虑到考生所学外语教材很不一致，在公共外语统编教材未公开发行前，先推荐了几种常用课本。

万人考试鱼跃龙门

  1981年6月7日上午9点，首次高等教育自学考试第一门科目哲学开考。全市共有2686名考生参加考试，他们来自各行各业，有工人、农民、解放军、机关干部、科技人员、中小学教师、待业青年，年龄最小的考生是17岁的应届高中毕业生，年龄最大的考生是一位74岁的退休女教师。大家非常珍惜来之不易的学习机会，对考试表现出极大热情，东城区一九〇中学考点，清晨6：30就迎来了第一位考生。北京大学、清华大学、中国人民大学等高校的老师参加了阅卷工作，最后考试合格者1124人，占考生总数41.8%。北京市一轻局机械厂业余中专学校教师宋极普考试成绩91分，是理科第一名。中国社会科学院世界政治经济研究所资料员冯援朝取得93分的好成绩，是文科第一名。[1] 冯援朝说，这次考试仅仅是迈出的自学的第一步，决心把业余学习持久地进行下去。还有的考生表示，学习是长期的、艰苦的过程，不能一蹴而就，参加自学考试就是要一门一门地攻读课程，有志者事竟成。12月，北京市又进行了语文、英语、日语、俄语、高等数学和政治经济学6个科目的考试。

  全市共有9577名考生参加了1981年开考的公共课考试，27所高校800多位教授、副教授和讲师参加了命题和阅卷工作，最后3985人次取得单科合格证书，合格率为41.6%，205人取得3个单科合格证书，46人取得4个单科合格证书。[2] 结合首次组织考试的实践经验，北京市高等教育自学考试委员会于1982年初制定并公布了《北京市高等教育自学考试暂行实施方案》，确定了自学考试开放、灵活、业余和确保质量的方针，方案规定凡正式户口

---

  [1]《本市高等教育自学考试〈哲学〉课评卷结束，一千多名考生获得〈单科合格证书〉》，《北京日报》1981年7月10日第1版。
  [2]《本市建立高等教育自学考试制度一年来工作稳步开展，3985人次取得单科合格证书》，《北京日报》1982年1月17日第1版。

在北京的公民，不受学历、年龄的限制，均可自愿报名。[①] 此外，在符合国家政策和法律法规的前提下，允许劳教、劳改人员学习和报考。

1982年1月，北京市召开高等教育自学考试1981年度合格证书颁发大会。获得合格证书者中年龄最大的63岁，最小的17岁。北京市市长焦若愚到会并讲话，他说："试行高等教育自学考试，可以鼓励并指导具有高中毕业文化程度的人，在做好工作的同时有计划地坚持业余学习，提高自己的专业理论和生产、工作、管理水平。""高等教育自学考试制度，是党和国家为中青年职工和广大群众新开辟的一条潜力很大的自学成才之路，也是一条为'四化'发掘人才的新渠道。"[②]

1983年，北京高等教育自学考试有了第一批毕业生，共有133人取得了专科毕业证书。侯勇是北京绒毯厂技工学校的一名英语老师，1969年他就加入了内蒙古生产建设兵团，种地、挖沟、喂猪、烧锅炉样样都干，但是他总想着应该学点文化知识。可是学什么呢？学数理化，基础太差，又没有老师。当他看到《马克思传》中写道"外语是人生斗争的武器"时，受到了启发。1973年，侯勇回京探亲时，听到电台广播中在教授英语，于是买了收音机和英语学习的辅导书，回到内蒙古后开始通过收听广播学习英语。他坚持早上听广播，上工休息时背单词、练发音，即使在农活最累的时候，即便有别人笑话他"连中国话还说不好呢，还想学外语？"的时候，他也从没想过放弃学习。日久天长，打下了扎实的英语基础。1977年侯勇调回北京后，开始有计划地自学英语语法，书不好买，就借来一本一本地抄，并试着为别人翻译进口商品的说明书。自学考试制度使他学习起来更加起劲，功夫不负有心人，侯勇取得了全市英语基础科考试第一名的好成绩。经北京市高等教育自学考试委员会推荐，侯勇升入北京外国语学院继续本科课程的学习。

北京椿树整流器厂的顾家成是1976届高中毕业生，由于在校期间没有学

[①] 《中国教育年鉴（1949—1981）》，中国大百科全书出版社1984年版，第623页。
[②] 焦若愚：《在北京市高等教育自学考试1981年度合格证书颁发大会上的讲话》，陈大白主编：《北京高等教育文献资料选编（1977—1992）》，首都师范大学出版社2008年版，第256页。

到什么文化知识，所以一直没有勇气报考大学。他最终抱着试一试的心态参加了中文专业的自学考试，没想到第一年就顺利通过了几门课程考试。这对他是很大的鼓励。经过近两年的刻苦自学，顾家成终于通过了中文专业各门课程的考试。他高兴地说："我们这一拨儿人基础差，总怀疑自己的能力，其实只要下决心苦学，总能学成。"

北京市粮食公司副科长冯月娥是两个孩子的妈妈，她搞粮食工作已经20多年了，虽然有工作经验，但还想多学些文化知识提高工作能力。1981年她决定报名参加中文专业的自学考试，并得到了家人的大力支持。自学期间，她克服了年龄大记忆力差，家务多时间少，没有老师缺少书籍等困难，抓紧一切零碎时间学习，上班路上背几首诗，排队买东西的时候看会儿书。学习中，她采取扬长避短的方法，因为自己理解能力强，就在读完书后将基本概念和文章要点做出详细笔记，针对自己记忆力差，就采取笨办法，笔答思考题，即使有现成答案也经过独立思考一遍再作答，绝不偷懒。通过努力，冯月娥终于拿下中文专业大专文凭。

吴士宏曾两次被《财富》杂志评为"全球50位最具影响力商界女性"之一，也是一名参加高等教育自考的学生。1979年，16岁的吴士宏初中毕业后被分配到一家社区医院。工作了一段时间后，她不满足于护士工作，就把目光投向了当时炙手可热的外资企业。但是没有学历就缺少了一块敲门砖，于是吴士宏决定参加高等教育自学考试。她利用打零工挣来的钱，从二手市场淘来一台旧的收音机和几盘磁带，又借来几本《许国璋〈英语〉》，开始自学。大半年的时间里，她每天早晚反复收听英语广播、背单词、学语法，终于通过了英语专业的考试，之后又用了一年半的时间拿到了大专学历，最后成功进入了IBM公司。进入公司后，吴士宏发奋努力，每天最早到公司，又是很晚才下班，凭着一股不服输的韧劲，用了12年的时间成为华南区总经理。

自学成才掀起热潮

自学考试制度的试行，在社会上引起了强烈反响。首先，它为广大求学青年，特别是在职人员开辟了一条接受高等教育的新途径，极大地激发了他们刻苦学习文化科学知识的热情。试点省市反映：应考者情绪高昂，他们激动地说："建立自学考试制度，确实是党为我们办了一件大好事！""为青年开辟了一条自学成才的道路。"有的父母送子女、子女陪父母、妻子伴丈夫赴考，还出现了白发老人和十几岁的青年同堂挥笔答卷和夫妻同堂应试的动人场景。参加考试的坚定了信心，鼓舞了走自学成才道路的志气；没有参加考试的纷纷索要宣传材料，购买学习书籍，表示也要走自学成才的道路。[1]

通过参加自学考试，越来越多的青年认识到，只要有志气、有恒心，勤奋自学就可以成才，社会上掀起了一股踊跃学习的热潮，中央各部委、市属各单位、驻京部队以及许多社会团体和个人围绕自学开考计划，办起许多补习班、辅导班、讲座和自学咨询服务站等，开展了广泛的助学活动。

北京外国语学院[2]设立了"自学高考外语为您服务驿站"，热情地为前来咨询的考生答疑解惑，帮他们练习口语，解答语法上的难题，给出学习英语的意见建议。北京大学陆续举办数学分析、线性代数、解析几何、政治经济学、哲学和法律等专业自学辅导班。北京部队自修大学采取"支持自学，鼓励应考，广种多收"的方针，组织了数千干部参加学习，考试合格率高达70%。学员们将辅导班或自修大学称为"没有围墙的大学"。有考生给《北京日报》写信，反映买不到自学考试所需教材，中国人民大学出版社很快开通邮购渠道方便读者购买学习。北京人民广播电台和北京市高等教育自学考试办公室联合举办"自学英语辅导讲座"，聘请北京外国语学院的老师播讲。哲学自学考试命题阅卷小组在《北京日报》刊登《自学哲学应注意哪些问题？1983年上半年哲学自学高考部分试卷分析》[3] 一文，对哲学自学高考部分试卷进行分析。

---

[1] 杨学为、于信凤：《中国考试通史》（卷五），首都师范大学出版社2004年版，第217页。

[2] 今北京外国语大学。

[3] 《自学哲学应注意哪些问题？1983年上半年哲学自学高考部分试卷分析》，《北京日报》1983年8月4日第2版。

1983年，全国高等教育自学考试指导委员会正式成立，任务是拟定有关考试的方针政策；指导各省、直辖市、自治区高等教育自学考试工作；按照培养人才的规定拟定开考专业的规划原则；拟定统一的考试标准，如考试计划、考试大纲等文件；逐步开展对考试工作的研究。全国高等教育自学考试指导委员会提出，要在中学阶段就注意培养学生的自学能力，编写适合函授大学等以自学为主的教材，组织社会力量对自学学生适当进行辅导。在设计学制时注重长短结合，以短为主，便于多数人经过努力能够坚持。优秀的人才，在学完专科后，可以考虑转到全日制大学本科学习。

自学考试的开展激励了广大干部、群众的学习热情，而干部、群众中学习热潮的兴起又使自学考试应考者的数量迅速扩大。1981年北京自学考试报名人数9577人，到1983年下半年，人数已经达到33967人。据不完全统计，到1983年，中央在京单位、解放军驻京单位和全市各机关单位举办的业余大学和各种辅导班近150个，有组织地参加学习的干部职工33000多人。新华书店接受预订自学考试用书达15万套。[1]

自学考试还是实现干部教育正规化的好办法，可以有计划地提高干部素质。干部坚持业余学习参加自学考试，如同进入全日制高等学校一样，也能达到大学专科或本科水平，为选拔和考查干部提供了条件。根据中组部、中宣部发出的《关于高等教育自学考试开考党政干部基础科的通知》要求，北京市决定从1983年起开考干部基础科。考试科目共12门，其中考查2门，考试计划要求考生学习马克思主义理论、经济管理、文学、法学以及某些自然科学等方面的课程。基础科的报考条件是，在京的中央单位和本市单位在职党政群干部，从1983年开始每年4月、10月考试，单科考试合格者发给单科合格证书，规定的全部科目考试合格者可获得大专毕业证书。[2]

为帮助广大干部自学，中国人民大学和北京电视台联合举办的电视讲座

---

[1] 《首都"学习热"出现新高潮，五万人非参加业务学习考试，两万多人参加高教自学考试，两万多人参加电大入学考试》，《北京日报》1983年4月18日第1版。

[2] 《市高等教育自学考试委员会决定，明年开考党政干部基础科工业与民用建筑专业》，《北京日报》1982年11月18日第1版。

1984年2月14日，北京市高等教育自学考试颁发毕业证书大会在人民大会堂小礼堂举行。

于 1983 年 2 月 19 日正式播讲，讲座安排了哲学、政治经济学、科学社会主义、中国革命史、逻辑学、写作、文学概论和法学概论等 10 门课的辅导，总计 500 个学时。《红旗》杂志把各科辅导教材整理编辑出版。党校、干校、业余学校还可就自学考试科目举办辅导班。

各单位领导和同事也给了参加高等教育自学考试的考生们很大支持。《关于高等教育自学考试开考党政干部基础科的通知》下达后，在县委书记支持下，大兴县 70 名机关干部报名参加。航天工业部机关党委制定了《航天工业部机关奖学金条例（试行）》，设立教育基金，表彰参加自学考试、夜大学的优秀生。

国家举办高等教育自学考试，极大地调动了广大干部群众的学习积极性，同时也调动了社会各方面的办学积极性，形成了一种个人自学、社会助学和国家考试相结合的新的教育形式。1983 年，自学考试开考课程 54 门，到 1984 年增加到 112 门，并调整了各门考试安排，改变了上半年课程多下半年课程少的不合理现象，并力争做到各专业专科阶段的课程在一年内都安排考一次。

1986年1月，北京市高等教育自学考试颁发毕业证书暨五周年大会在人民大会堂举行，会上向3025位自学考试专科毕业生和26位本科毕业生颁发了毕业证书。国务院副总理李鹏到会并讲话，李鹏指出："高等教育自学考试作为鼓励自学成才的学历检验制度是成功的。我们应给予充分的肯定。建立这项制度不是权宜之计，要长期坚持下去。"[①]

高等教育自学考试在学习费用、教育经费方面，国家、单位和个人等几方都相对投入较少：自学考试可以充分利用社会上的各种教育资源开展活动，一般不需要自己单独的校舍、教学设施设备等，也不需要很多的专职教师，国家在这方面的投入就少得多；许多自学考试社会助学组织的规模也很大，主要是各种社会团体、企事业单位、民间办学以及各类高等学校自发地开展进行，基本上也不需要国家的经费投入；参加自学考试学生学习的费用仅是普通高等学校毕业生的1/2或1/3。

高等教育自学考试培养的人才效果却十分显著：通过以考促学，调动社会各方面积极地投入助学活动中，形成社会化、开放式教育过程，促进社会助学活动广泛发展，为许多没有条件和机会进入高等学校学习、提高和深造的人提供了接受高等教育的机会，引导着成千上万的立志成才者奋发拼搏、刻苦学习。

高等教育自学考试是一种投资少、效益高的具有中国特色的教育形式，在国家经济发展起步阶段，帮助千千万万有志者走上成才之路，使其在社会主义建设事业的各个岗位上发挥了更大的作用。

二、实行学位制度

为满足社会主义现代化建设的需求，加速培养高级人才，国家在恢复高考的同时，着手恢复招收和培养研究生的工作。此时，中国还没有自己的学

[①] 《李鹏在我市高教自学考试颁发毕业证书大会上说要使高教自学考试这项好制度完善》，《北京日报》1986年1月14日第1版。

位制度，研究生就是最高学历，很少有人明确学历和学位的区别和意义。1978级研究生入学后，中国再一次开始酝酿建立学位制度。

"这一政策真是解放了不少人才"

1977年10月12日，国务院批转《教育部关于1977年高等学校招生工作的意见》，其中提出了有关高等学校招收研究生的内容，释放了恢复研究生招生的信号。此后不久，教育部和中国科学院于11月3日联合发出《关于1977年招收研究生具体办法的通知》（以下简称《通知》）。《通知》规定，采取"本人志愿申请报考，经所在单位介绍，向招生单位办理报名手续，经严格考试，择优录取"的办法[①]，并对报考条件、培养目标、学习年限做了具体说明。这完全不同于过去那种要严格考查出身背景的政策，体现了广纳贤才的风气。

《通知》公布后，受到许多科学家和高校教师的热烈拥护，也鼓舞了大批热切期待接受高等教育的学子踊跃报名。由于是时隔12年再次恢复招生，报考者范围跨度很大，包括1964年和1965年的大学毕业生以及1975年和1976年的工农兵学员，共十几届学生。1978年5月，高等学校招收研究生考试正式开始，中共中央和国务院各部委直属研究机构，以及中国科学院、中国社会科学院也开始试行招收研究生。据不完全统计，1978年研究生考试，全国210所高校、162所研究机构共录取研究生10708人，另外还有26所重点高校在港澳地区招收了研究生。中科院是1978年研究生招生的"大户"，据中科院原教育局研究生处处长郁晓民回忆，因为中科院选取的都是高端人才，不涉及高考，所以招收研究生比教育部所属高校准备要早，1978年中科院就成立了研究生院，第一期招生2400人，占全国录取总人数的近1/5。[②]

朱嘉明是"老三届"初中生，1966年被迫中断学业，1968年上山下乡到

[①] 郑浩：《我国研究生教育的发展历史研究（1902—1998）》，湖南师范大学2005年硕士学位论文。
[②] 刘英杰主编：《中国教育大事典（1949—1990）》（下），浙江教育出版社1993年版，第1579—1580页。

了西藏，第二年又转到黑龙江生产建设兵团，直到1975年12月离开东北，来到交通部航务工程局青岛工程处工作，被分配到了胶南县一个叫"小口子"的地方参加最早期的海军基地建设。这10年间，无论条件多么艰苦，朱嘉明都没有放弃读书，他尽最大努力多读书、读好书。1977年恢复高考的消息满天飞，这一年朱嘉明已经27岁了，身处偏僻之地的他觉得自己耽误的时间太多了，决定不考大学直接报考中国社会科学院的研究生。

因为1978年是首届研究生，报名时一是要求同等学力，二是把年龄放宽到了1935年1月1日以后出生。于是考生中年龄大的已经近40岁，最小的也有20多岁，并且其中多数是"文化大革命"前的老大学生和工农兵学员，底子比较好，但想要脱颖而出也实属不易。为了复习备考，朱嘉明反复学习马洪主编的《中国社会主义国营工业企业管理》，备考范围大大超过考试的题目和范围。通过考试、复试的层层筛选，朱嘉明最终拿到了录取通知书。

另一名考生马中骐出生于1956年，16岁进入兰州大学读物理系，毕业后留校任教。1964年，国家动员在职干部考研究生，马中骐考入北京大学物理系，师从著名理论物理学家、中科院学部委员胡宁。之后因政治运动学习生涯中断，马中骐又回到兰州大学继续任教。1977年，国务院批转教育部《关于高等学校招收研究生的意见》，研究生教育得以恢复，但是文件将研究生的招生年龄规定在了35岁以下，这时，马中骐已经37岁了。出现转机的是，1978年3月在全国科学大会上，胡宁等老一批学部委员向国家提交了一个提案，提出1964年与1965年入学的研究生有一批人才，他们因"文化大革命"中断学业，恢复研究生考试把他们排除在外实在可惜，希望适当放宽年龄限制。

恰逢此时国家求贤若渴，急需人才。于是1978年3月21日，《北京日报》第2版刊登消息，教育部决定凡是1964年、1965年入学后因故中断学习而分配工作的研究生，重新报考1978年研究生时，可优先录取。入学后经学校考核，如果基础课合格可以免修，直接进入专业课学习或进行科学研究工作，学习年限也可以适当缩短。

这时距离研究生考试只有50多天的时间了，好在马中骐担任助教这10

年从未离开自己的专业，专业课和基础课都没有荒废。5月5日，他同全国另外63500多名考生走进考场，参加了这次研究生入学考试。马中骐感慨地说："当时的这一政策真是解放了不少人才！"①

清华大学水利系教授张光斗说："培养研究生要有具体的培养计划，科研专题要尽可能与教研组科研任务相结合。研究生还要有指导教师帮助解决科研中的疑难问题，这样对指导教师也提出了很高的要求。"② 为做好人才培养工作，1978年，清华大学将长期从事教学、科学研究等工作并取得突出成绩的18名教师提升为教授。

1981年，首都30所高等院校和在京科研单位招收的1978级和1979级研究生共计4000余名相继毕业。清华大学360多名研究生毕业，这批研究生的数量大大超过了清华大学历史上的任何一年。在培养方法上，学校进行了一些改革，这届毕业的研究生不仅打下了比较扎实的理论基础，获得了比较全面的专业知识，而且在科学作风、实验技能等方面也得到了严格训练，不少研究生已经做出重要的科研成果。③ 北京大学从400名应届毕业生中选拔了十几个人继续攻读博士学位。该校物理系36名应届毕业研究生完成的54篇论文中，有7篇参加了国际学术会议交流。中国人民大学戴逸教授指导的一名研究生的毕业论文《论戊戌前后的社会思潮》，对当时社会思潮的性质、特征、内容、根源和历史作用进行了一系列颇有新意的分析和阐发，提出了一些独创性的见解。北京师范大学数学系一名研究生的毕业论文《有限马尔可夫过程》提出了新的概念，和国际上研究有关课题的已有成果相比，有独到之处，受到国际同行的重视。

一定要搞成学位制度

1978级研究生入学时，中国还没有自己的学位制度，这些研究生不分级

---

① 《中国博士诞生记》，《北京日报》2013年10月22日第17、20版。
② 《老教师艰巨而光荣的任务》，《北京日报》1978年4月5日第2版。
③ 《清华大学三百六十多名研究生毕业，对祖国未来充满信心，投身社会主义现代化建设》，《北京日报》1981年1月18日第1版。

别，没有硕士研究生和博士研究生之分，研究生就是最高学历。按照现代教育学概念的区分，研究生属于学历，指人们在教育机构中接受科学、文化知识训练的学习经历；而博士、硕士、学士是学位，标志被授予者的受教育程度和学术水平达到规定标准的学术称号。一个是学习的经历，一个是学术的水平，两者有着本质区别，但在当时的中国，很少有人明确学历和学位的区别和意义，都被笼统地称为"研究生"。1978级研究生入学后，中国再一次开始酝酿建立学位制度。

建立学位制度的提议是由时任中国社会科学院院长的胡乔木提出的。1979年2月24日，胡乔木就筹建我国学位制度问题给邓小平和中央其他两位领导呈交报告，报告中说："建立学位制对提高我国教育水平、科学水平十分必要。"邓小平看到报告后，提出：一是一定要搞成学位制度；二是建立学位制度要快，十年磨一剑不行；三是搞什么样的学位，要结合本国的国情。[①]

1979年3月，在教育部部长蒋南翔的主持下，教育部和国务院科技干部局联合组织了《中华人民共和国学位条例》起草小组，负责学位条例的起草工作。起草小组查阅了新中国成立以来两次起草学位条例的档案材料[②]，以及1966年高等教育部根据周恩来总理关于发给外国留学生学位证明书的指示所拟定的试行办法，调查研究了近年来国外学位制度的发展和我国高等教育的现状。在国家科委起草的1964年稿的基础上，拟定了《中华人民共和国学位条例（草案）》。拟定过程中，征求了国家科委、中国科学院、中国社会科学院和国务院科技干部局等20多个中央部门和省、市科委，以及30多所高等学校的意见。其后，又约请有关部门主要负责同志和人大常委会法制委员会部分委员举行座谈。前后参加座谈讨论的有将近千人，其中有不少著名教授和科学家。

这次学位制度的建立，的确如邓小平要求的，速度很快。《中华人民共和国学位条例》从起草到提交人民代表大会常委会审议，仅用了11个月的时

[①]《中国博士诞生记》，《北京日报》2013年10月22日第17、20版。
[②] 第一次是1954—1957年，林枫主持；第二次是1961—1964年，聂荣臻主持。

间。1980年2月，第五届全国人民代表大会常委会审议通过了《中华人民共和国学位条例》（以下简称《学位条例》）。依照《学位条例》，国务院学位委员会也随之成立，负责《学位条例》的贯彻和实施，以及授予单位和学科的审批等重要工作。12月18日，国务院学位委员会召开第一次扩大会议，讨论研究《学位条例》的贯彻和实施。学位委员会主任方毅说："实施学位制度，有利于激励人们在学术上的进取心，有利于提高我国的学术水平和教育质量，也有利于促进中外学术交流。它是我国教育界、科学界的一件大事。"[1]

《学位条例》规定，中国学位分学士、硕士、博士三级。高等学校本科毕业生，达到规定的学士学术水平者，可授予学士学位；高等学校和科学研究机构的研究生，或具有研究生毕业同等学力人员，通过硕士、博士学位的课程考试和论文答辩，成绩合格，达到规定的硕士、博士学术水平者，可授予硕士学位和博士学位。

为实施好《学位条例》，1981年，国务院学位委员会特地组织了由四五百人组成的庞大的学科评议组，成员都是由该学科最有学术造诣的老专家组成。评议组评议首批学位授予单位，范围涉及50多个大学科。为保证博士点资质审核的高质量、高要求，起初的通过率只有1/3。不少知名大学甚至被"剃了光头"，即申报的四五个学科竟无一通过。最后评议出首批学位授予单位145个，学科、专业点805个，可以指导博士研究生的导师1143人；硕士学位授予单位350个，学科、专业点2957个。[2] 北京地区有18所高校是首批博士学位授予单位，学科、专业点167个；34所高校是首批硕士学位授予单位，学科、专业点507个。[3]

---

[1] 《实行学位制 促进科学专门人才成长》，《北京日报》1980年12月19日第4版。
[2] 《国务院批转国务院学位委员会〈关于国务院学位委员会第一次（扩大）会议的报告〉的通知》，何东昌主编：《中华人民共和国重要教育文献（1976—1990）》，海南出版社1998年版，第1937页。
[3] 陈大白主编：《北京高等教育文献资料选编（1977—1992）》，首都师范大学出版社2008年版，第252页。

北京高等学校首批博士学位
及其学科、专业和指导教师统计表

学位授予单位	学科、专业数	指导教师数
北京大学	45	71
中国人民大学	9	9
清华大学	31	39
北京航空学院	11	17
北京工业学院	3	4
北京钢铁学院	8	16
北京邮电学院	2	3
北方交通大学	1	1
北京农业机械化学院	1	3
北京师范大学	17	20
北京外国语学院	1	2
中央音乐学院	1	1
北京农业大学	7	8
北京林学院	2	2
中国首都医科大学	8	19
北京医学院	13	27
北京第二医学院	3	4
北京中医学院	4	4

这在中国历史上是第一次

学位授予工作是一项新工作，涉及大量在校大学本科生、研究生和在职人员。1981届毕业的研究生入学时，《学位条例》尚未颁布，所以当时制订的研究生培养方案，有些不符合《学位条例》规定的硕士学位要求，各学科、专业的课程设置、科研能力的水平、解决实际工作的能力等方面也都存在差距。1981年11月25日，国务院学位委员会发出《关于做好应届毕业研究生授予硕士学位工作的通知》。北京各学位授予单位按照文件规定的原则和具体要求，结合本单位的学位授予工作实际，开始进行新中国成立以来首批硕士学位的评定和学位授予工作。在学位评定过程中，各学位授予单位始终坚持学位授予标准，实事求是地进行学位评定，对于确实达到硕士学位水平者，授予学位。1982年3月经过严格审核评定，在哲学、经济学、法学、文学、教育学、历史学、理学、工学、农学、医学等10个学科门类中，共向3052名毕业研究生授予了硕士学位。

唐翼明是我国著名的书法家、魏晋文化史专家，也是中华人民共和国第一届研究生中的第一位硕士。1980年12月，已读了两年半研究生的唐翼明拿到了美国签证准备赴美继续深造，签证有效期是3个月，他必须在有效期内赶到美国。当时，他一边向武汉大学提出毕业申请，一边写论文，用60天时间完成了6万字的毕业论文《从建安到太康——论魏晋文学的演变》。

唐翼明是"文化大革命"后第一届研究生，全国统一学制是3年，现在要提前半年毕业，学校做不了主。武汉大学把他的申请报到了教育部，教育部回复说，你们必须把这个学生的全部成绩单和论文寄过来审查。审查通过后，又专门叮嘱：这是我们国家第一个硕士毕业生，必须进行严格慎重的口试，口试委员会的教授不仅要有武汉大学的，还要有其他学校的，并且至少要有两名外地的。就这样，一个专门的答辩委员会组成了，一共有9位教授：武汉大学5位，武汉其他大学2位，外地的则有北京大学的陈贻焮教授和中国人民大学的廖仲安教授。但廖仲安教授后来因身体原因临时不能参加，实际上只到了8位。这是恢复研究生教育后，中国第一次研究生毕业答辩。

唐翼明回忆自己的答辩经历时说，口试在上午9点开始，到中午12点才结束。口试时，8位教授都坐在大礼堂的台上，他则坐在台下的最前排，有一张专用的课桌，在讲台的左下方，成45度角对着台上的教授们。那天，大礼堂里坐满了人，邻近学校的研究生和教师也有不少前来观摩。"考一个硕士，由9位教授（实到8个）组成答辩委员会，300多人旁听，这简直是天方夜谭，实在可以说是空前绝后。"

1982年4月5日，国务院学位委员会针对1978年、1979年招收的研究生，经过几年培养后确已达到博士学位的学术水平，要求进行博士学位授予工作的问题，给教育部、中国科学院复文。文中指出，"应该允许他们进行博士学位的课程考试和论文答辩，确已达到博士学位学术水平的，可以授予博士学位。"但是，对这些学校而言，真正的难题是如何判断授予博士学位的标准。为使意见更具代表性，在评阅毕业论文时，中国科学技术大学最多一次聘请了9位专家。

马中骐是幸运的，胡宁先生当年在北大和中科院高能物理研究所各设了两个研究生名额，高能物理研究所的研究生位置几乎就是为马中骐量身定制。而他的成绩也足以傲视同级，当之无愧。为了抢回时间，胡宁特批马中骐不用上基础课，直接进实验室搞科研。《学位条例》颁布后，中科院决定在研究生里挑选一批底子好的直接攻读博士学位，马中骐就是其中之一。

为了写出一篇高水平的博士论文，马中骐选定了当时的热门选题磁单极研究，并为此专程到上海复旦大学请教这方面的专家谷超豪教授。谷超豪认为选题和想法、原则都很好。回到北京后，马中骐用群论的方法，花了两个半月的时间完成了计算，并最终完成了论文。1981年11月交稿后，学校把这篇论文送给全国各地研究磁单极理论的教授审查，没有收到否定意见后，通知马中骐准备答辩。1982年2月6日，在中国科学院高能物理研究所的一间教室里举行了论文答辩。答辩委员会阵容豪华，由7位物理学界的顶级专家组成：主席是"两弹一星"元勋彭桓武，还有胡宁、朱洪元、戴元本、谷超豪4位学部委员和西北大学教授侯伯宇、中山大学教授李华钟。他们都是当时粒子物理和磁单极领域最出色的专家。

马中骐终于通过了博士论文答辩，核物理学家、时任中科院数理学部主任、学部委员的钱三强签发了他的博士学位证书，证书编号"10001"，马中骐成为新中国成立后，由我国自主培养的第一位博士，毕业后留在了中国科学院高能物理研究所工作。他始终从事理论物理研究，重点在群论方法及其物理应用，曾获评"做出突出贡献的中国博士学位获得者"，先后三次获得中科院科技进步二等奖。

"超豪华阵容答辩委员会"是首批博士的共同经历。和马中骐一样，中国科学技术大学数学系研究生李尚志也没有真正上过博士研究生的课程。他的博士学位论文原本是为硕士毕业准备的。当时，他做出了导师曾肯成布置的一个题目，又用这个题目的方法，做出了北京大学段学复教授从美国带回来的一些代数学的猜想，取得很大突破。曾肯成得知后非常兴奋，把李尚志的成果告诉了中国科学院院士丁石孙和万哲先，两位先生看过后说，如果这个东西没有错的话，那就不应该只是研究生毕业，应该是达到博士生水平了。为了给李尚志争取博士论文答辩的机会，曾肯成积极协调，最后论文答辩委员会主席由中国群表示论的奠基人段学复担任，中国科学院万哲先、北京大学丁石孙、华东师范大学曹锡华等教授任委员。

6月17日《人民日报》报道：在北京首次举行中国第一批博士学位论文答辩。中国科学院物理学部、技术科学部的马中骐、谢惠民等获得首批物理、工学博士学位。在这样严谨灵活的政策支持下，1982年2月至1983年5月，中国科学院6人、中国科学技术大学6人、复旦大学4人和华东师范大学、山东师范大学各1人共计18人被授予博士学位。

1982年6月，中国科学院进行新中国成立以来第一批博士论文答辩。图为谢惠民在博士学位论文答辩会上

1983年5月27日，国务院学位委员会和北京市政府在人民大会堂联合召开博士、硕士学位授予大会。国家领导人亲自为中国自主培养的第一批博士生颁发学位证书。这一庄严神圣的仪式，博士们应该穿什么衣服，引起了争论，焦点在于要不要像国外一样穿学位服。最后国家决定，首批博士不配备学位服，而是按照大型会议的惯例，每个人发200元置装费，让博士们自己决定着装。

新中国的首批博士，除一人在美国做博士后研究没有到场外，其余17人悉数参加。他们中有17人是理学博士，1人是工学博士，研究领域凸显了国家对现代化的向往。马中骐用置装费购买了一套蓝色的确良军便装，穿着这身衣服出席了仪式，并作为代表上台发言。他说："走上科研这条路，博士其实只是起步。""谁是第一批、第一个博士，这是历史的偶然。真正的意义在于国家恢复了对知识的重视和对人才的尊重。"17名博士在人民大会堂，从国家领导人手中接过了印有金色国徽的《博士学位证书》。虽然没有博士服和博士帽，也没有拨穗仪式，但是国家以自己的最高礼遇为首批自主培养的博士颁发证书，这一天注定被载入史册。

自此以后，北京高等学校和科研机构对毕业研究生的硕士、博士学位评定和学位授予工作全面展开。当时经国务院学位委员会首次批准的北京硕士、博士学位授予单位及学位授权学科、专业点不是很多，布局也不十分合理，无学位授予权学科、专业点的应届毕业研究生，在本单位通过论文答辩，准予毕业后，经培养单位同意和推荐，只能到专业对口的学位授予单位申请学位的现象较为普遍。此后，国务院学位委员会又分别在1984年、1986年批准了第二批、第三批学位授予单位及学位授予权学科、专业点，北京高等学校和科研机构中的学位授予权学科、专业点的布局也日趋合理，到对口学科、专业点的学位授予单位申请学位的研究生数量也随之减少。

相较于理科，第一批文科博士取得博士学位要晚一些。出生于北京的庄孔韶高中毕业后留校当了老师，1978年恢复研究生考试后考入中央民族大学，1983年硕士毕业，1984年成为人类学家林耀华的学生，但直到1988年中央民族大学有了博士点，林耀华成为博士生导师有了博士授予权，庄孔韶才正式获得博士学位。

实行学位制度以后,中国逐步建立起各级学位授予体系和研究生培养基地,使本科生和研究生的培养能力显著增强,且规模不断扩大。中共中央政治局委员、国务院学位委员会主任胡乔木在博士、硕士授予大会上做的《走独立自主培养高级专门人才的道路》讲话中说:"新中国建立以前,我国只培养过很少量的研究生,授过为数不多的硕士,没有授过一个博士。现在,我们有了学位制度,依靠自己的力量培养并授予了博士和大批硕士学位,这在中国历史上是第一次。这是我国教育史和科技发展史上的一件大事。研究生制度和学位制度是培养和选拔高级专门人才行之有效的制度。"[1]

三、社会力量办学的兴起

改革开放初期,国家底子薄,财力有限,教育投入不足,公办学校不能满足社会对教育的需要。中共中央实施公办和民办"两条腿走路"的办学方针。为鼓励和支持民办教育发展,1981年4月,北京市政府发布《北京市私人办学暂行管理办法》,这是全国第一个发布的私人办学政府法令。[2] 1982年12月,第五届全国人民代表大会第五次会议审议通过的《中华人民共和国宪法》规定:国家鼓励社会力量依照法律规定举办各种教育事业。社会力量办学以国家根本大法的形式固定下来。北京市委、市政府推动相关政策落实,倡导社会力量办学,推动全市社会力量办学逐步兴起。

私立培训学校创办热潮

就业难,是"文化大革命"结束后北京市面临的突出问题。为了寻找工作,一些待业青年想方设法提高自身技能。北京市出现离退休教师自发组织,

---

[1]《〈走独立自主培养高级专门人才的道路〉——在博士和硕士学位授予大会上的讲话》(1983年5月27日),《人民日报》1983年5月28日第1版。

[2]《北京市私人办学暂行管理办法》,北京成人教育局社会教育处编:《北京社会力量办学概况》,教育科学出版社1989年版,第1—2页。

为参加各类考试或就业人员开展考前辅导的补习学校和职业技能培训班。"文化大革命"期间被取缔的大生缝纫学校、希治女子绣花学校、日语研修学院、和平裁剪学校、声声打字学校等民办学校自行恢复招生。不到两年，北京就办起三类民办学校：一是私立文化补习学校，开办各类高考文化补习班，自学考试辅导班和外语班；二是私立职业技术培训学校，开办缝纫裁剪班、打字班、会计班；三是私立文艺学校，开办绘画、书法、音乐班等培训类非学历的教育机构。截至1981年，北京市教育行政部门备案的社会力量举办的学校共28所。

大生缝纫学校1949年由私人创办，至1966年共培养学员9400多人，在北京很有些名气。十一届三中全会后，4位年过半百的大生老师傅，受到加快四个现代化建设的鼓舞，决心恢复办学。他们四处奔走，1980年10月，经西城区工农教育办公室批准，大生缝纫学校终于重新建校，恢复招生。开学之初没有专门的办学地点，就借用新街口小学的几间教室授课。条件虽然简陋，吸引力却很大。老校长张秉诚，自打办学两年多没闲过一个晚上，没休过一个星期天，可是每月的报酬只有36元。是大生缝纫学校没有钱吗？不是，大生缝纫学校积蓄有1万多元。可那是用来办教育的，个人没有动用的权利，老校长也不例外。[1]

大生缝纫学校重新开办时，只有4个老师傅，年龄偏大，虽事业蒸蒸日上，但这么大一个摊子，光靠他们4位"元老"是不行的，需要新鲜血液的补充。他们决定从优秀学员中选拔老师，于是苏东霞等6人进入了"元老"们的视野。苏东霞高中毕业，待业在家，看到大生缝纫学校的招生启事，抱着试试看的想法，报了名，想着学一门技术，将来可以考大学或进国营单位。她在学习中，渐渐爱上这一行，毕业后留在大生缝纫学校担任教师。[2]

在老校长和"元老"们的帮助下，苏东霞等人密切合作，教师、辅导

---

[1] 王建刚：《热流——北京市民办学校巡礼》，《北京成人教育》1983年第12期。
[2] 苏东霞：《在现实的泥土中生根开花》，李燕杰主编：《自强者笔记》，北京出版社1985年版，第68—71页。

员、服务员一身三任；会计、出纳、保管、后勤等工作全包下来。大生缝纫学校的事业越来越红火。不到两年，在校学员就达到 2000 人，先后有 8000 多人毕业，分别有高档服装、基础服装、实用服装缝纫班等几个班。

1983 年 3 月 8 日，大生缝纫学校教务主任苏东霞作为民办教育代表出席首都 "三八" 节报告会，并作大会发言，引起中央领导同志的关注和重视。中央电视台、北京电视台和《人民日报》《光明日报》《北京日报》等媒体报道了苏东霞及大生缝纫学校。

走进灯市口大街 77 号的私立打字补习学校，"咔嚓、咔嚓、咔嚓" 的打字声此起彼伏，北屋内 10 多个 20 多岁的男女青年正聚精会神地练习打字。这是一所具有 50 多年历史的学校，它创办于 1928 年，中间因故停办一个时期。受到党的十一届三中全会精神的鼓舞，70 多岁的老校长李焕章想到，国家需要大量打字人员，办职业学校，对于解决待业青年就业问题，为 "四化" 培养人才有好处。他不顾自己已到暮年，和另外一位长期从事打字教学的年近 80 岁的盛耀章先生商量决定，恢复打字学校。

可要把它付诸实现，谈何容易！首先是设备问题，他们东奔西跑，才凑了 12 台中、英文打字机。其次是教室问题，北京市住房非常紧张，到哪儿找房子呢？李焕章就把自己仅有的那间 20 平方米的小屋腾出来，白天当教室、晚上做寝室。最后，没有教材怎么办？老校长千方百计联系国家外文图书进口机构，借了一本国际版本打字教材，结合自己的实践，自编了课本。就这样，在有关部门的支持下，他们因陋就简，于 1981 年 8 月 20 日正式恢复私立打字学校。消息传出，近至北京城区、郊区，远至青岛、广州等地前来报名的人络绎不绝。参加学习的大部分是待业青年，也有在职工人。学校按月收费，每月 8 元学杂费，每个学期 4 个月，如果学生自己带打字机，还可以免费学习。

就这样，学校开学了。两位老先生亲自授课，对学生的指法、姿势，打印考试试卷的规格、审美等方面不厌其详地讲解，力求使每个学生掌握最快最好的打字方法。有些学英语打字的学生，英语基础较差，老先生就在课后额外辅导，帮助他们提高英语水平。考虑到在职人员多，他们安排教学时，让学生在下午 3 点至 9 点分三个时段上课。

打字补习学校开办两年多，就先后培养 120 多名学生，大部分走上工作岗位，有的成为专职打字员。其中有名学生千里迢迢从广州来学习，次年就被第一军医大学录用为正式的英文打字员。①

为广泛宣传，鼓舞民办教育工作者，促进社会力量办学的发展，中央新闻电影制片厂摄制了一组包括民办大生缝纫学校、希治女子绣花学校、声声打字学校在内的民办学校新闻片。1982 年，全市私人办学校 4 所，1983 年上升为 122 所，1984 年增至 261 所。1984 年 4 月 5 日，北京市成人教育局、教育局、高等教育局制定《北京市社会力量办学试行办法》，提出鼓励和支持社会力量办学的具体措施和加强组织领导、财务管理、教学安排的具体要求②，全市社会力量办学进一步规范发展。

民主党派和人民团体办学培养人才

首都民主党派和工商联聚集大量专家、学者，他们既有强烈的爱国心，又有知识和专长。为响应中共中央和国务院提出"广开学路，多方办学"的号召，落实北京市政协第五次会议关于民主党派在办学方面发挥智力优势作用的精神，从 1980 年起，民革北京市委、民盟北京市委和北京市工商联分别开办北京市中山业余学校、北京市长征会计学校和北京市工商联业余学校等多所学校，形成多层次、多规格、多种形式办学培养人才的局面。

每天傍晚，那些身为教师、医生、演员、工人、营业员的求知者，刚刚离开工作岗位就急匆匆地走进北京市中山业余学校，向该校在市区东、南、西、北 4 所中学的教室会集，风雨无阻。一位部队工程师每次从 34 公里外骑自行车赶来上英语课，第二天一早又骑车赶回驻地。3 年来，累计行程 1.2 万多公里。

拾正规学校之遗，补正规学校之缺，适应社会需要，是中山业余学校成

---

① 《二老办学——访私立灯市口打字补习学校》，《北京日报》1983 年 6 月 16 日第 3 版。
② 《北京市社会力量办学试行办法》，北京成人教育局社会教育处编：《北京社会力量办学概况》，教育科学出版社 1989 年版，第 4—10 页。

功的密码之一。外贸、旅游部门职工南下广东、香港招商,想学广州话,无处可学,他们知道了,就办广州话班。待业青年迫切希望有一技之长以便就业,中山业余学校就办会计班、英文打字班、电视机修理技术班;高考毕业生想补习文化课继续升学,他们就办语文、数学补习班。

中山业余学校的办学方针是"收费要低、质量要高、效果要好"。学校招收学员层次高,学生中83%以上具有高中以上文化程度,其中大专文化程度的占30%多。要使他们继续得到深造,教学质量是关键。因此,学校聘请教师特别注意教学能力,凡试用不合格或教学效果不好的就辞退。一位大学西语系的资深学者,在中级英语班兼职任教,但是教学沉闷,质量不高。学校坚决予以辞退,不看是名家还是专家,只看实力。

学校11名管理人员,除一名打字员是年轻人外,其余全是六七十岁的中学退休校长、教师和机关行政人员。他们一门心思扑在教学管理上,一天十几个小时,把分散在四处的学校管理得井井有条,组织招生工作兢兢业业,还组织教师送学上门,受到所在单位职工好评。

尽管学校对考试合格者只发给结业证书,没有国家承认的文凭,但是因为能够满足社会需要,所以来学习的人络绎不绝。许多人通过学习,实现再就业;许多人通过学习,人生得以更上一层楼。民革北京市委机关一名司机参加德语班,结业后就考进某外国驻华贸易机构,拿到高薪,机关的人将其传为美谈。[1]

中山业余学校初期只有一个英语补习班,经过几年的发展,有十几个科目、161个教学班、6500多名在校生,结业学员达4000人,成为北京市职工教育先进单位中唯一由社会力量举办的学校。几年来,他们没有要国家一分钱,没有一间属于自己的教室,只有11名管理人员,却吸引着一批批莘莘学子前来学习。

北京长征会计职工中专学校,由民盟北京市委主办,是20世纪80年代

---

[1] 王元敬、顾卫临:《为正规学校拾遗补缺——记北京中山业余学校》,《瞭望》1984年第20期。

初期北京市职工职业中专中规模最大的一所，吸引了大批在职职工学习。

针对学生都是在职职工、有一定的实践经验，有年龄比较大、自学时间少等特点，学校坚持因材施教，让学生学以致用，力争当堂弄懂。学校还增加了学后咨询服务，对学员遇到的各种疑难问题，每周有6天安排专门时间给予免费解答，对一些较为复杂的问题，还可以预约登记，再由学校请外面专家进行咨询服务。

为了让学员在有限的时间集中精力学习，学校还免费开办托儿所。有些上课时间无法照看小孩的学员，可以把孩子带到学校，由专人为他们照看。考虑到学员下班后赶来上课常常耽误吃饭，学校又商请借用校舍的单位食堂，为学员们准备好饭菜，让他们吃饱后再上课。

北京长征会计职工中专学校创办3年多，培养了400余名中级会计人才，还有4300多名补习班、短训班学员从这里结业。据对该校第一批中专毕业生的调查，有90%毕业生能胜任本职工作，40%毕业生成为业务骨干。①

1985年上半年，北京市8个民主党派和工商联，共举办各种类型学校35所，累计招收学员62073人，已毕业35154人，在校26919人。有法律业余大学和职业大学各1所；工商、中药中专和业余建筑工程、美术、会计、医疗专科等学校8所；业余文化补习学校21所；幼儿师资进修学校2所；日语、英语学校各1所。专业内容多种多样，有数学、语文等文化课，有企业管理、统计、医学、电子计算机等高级技能课，有舞蹈、服装裁剪、家用电器修理、英文打字等实用技术课。学习期限有2年、3年、4年，也有1年、半年、3个月。②

这些学校、培训班，适应改革开放需要，尤其是为加强企业管理和发展第三产业而举办，培养的人才满足社会急需，在首都建设中发挥重要作用。民主党派办学以其专业性强、管理严谨、注重教学质量、讲求信誉而受到社

---

① 《北京长征会计职工中专　办学讲求质量成效显著》，《中国教育报》1987年9月5日。

② 《本市各民主党派和工商联发挥"智力集团"作用　几年来为首都培养各种人才八万余人》，《北京日报》1985年8月23日第1版。

会赞扬，成为首都民办教育中一支活跃力量。

兴办民办高等学校

首都教育界、科技界、经济界一些离退休老领导、老教授、老将军，关心首都高等教育事业，于是自筹办学经费，兴办高等学校。1982年4月，由聂真、张友渔、刘达和于陆琳等老教育家发起创办的中华社会大学正式成立。这是改革开放以后，首都兴办的第一所民办面授高等学校。

办民办大学难，每前进一步都困难重重。作为第一所民办大学，没有经验可借鉴。开办之初，白手起家，学校向中国人民大学借款1000元作为经费，几个校领导自掏腰包，加上学生所交学费勉强维持运行。没有校舍，就到处租中、小学校舍，人家白天上课用教室，他们就晚上办班、周末上学。没有干部、教师，就到各高校聘任兼职教师。[1]

学校明确提出"宽进严出"，"以质量求生存、求信誉、求发展"的办学指导思想。根据社会急需、市场导向设置专业，培养适应社会需要的具有大专以上水平的应用型人才，实行自费上学、国家不承认学历、不包分配、择优推荐的原则，定向培训，按需施教，学用一致。

正是"社会需要什么，我就培养什么"的办学方针，使中华社会大学的学员受到好评。食品营养系1984级学生未毕业以前，一部分工人和一般干部的学生便被所在单位调整为干部或领导职务。一名学生原来只是电工，学习了食品工业知识，试制成功"蛋黄酱—沙拉子"，经专家鉴定合格，填补了首都市场空白，投产后产品供不应求，经济效益明显，被任命为该厂技术开发办公室主任。一名学生把所学营养学知识运用到烹饪中，使她经营的"厉家菜"驰名中外，成为知名的营养烹饪大师。[2]

中华社会大学的成功，使其声名远播。党和国家领导人多次鼓励学校发展壮大。彭真题写校名，陈云题词"社会办学，培养更多有用人才"，赞扬

---

[1] 于陆琳：《永远跟党走　教育为人民》，《北京成人教育》2001年第7期。
[2] 于陆琳、齐鸣：《中华社会大学办学道路对深化教育改革的启示》，北京成人教育局社会教育处编：《北京社会力量办学概况》，教育科学出版社1989年版，第74页。

创办初期的中华社会大学

中华社会大学取得的成绩。

燕京华侨大学坐落在玉泉路南丰台区第五中学内,只有13间教室和几间教员办公室,开设有外语、法律、经济管理和秘书专业。1984年,该校由北京市归国华侨联合会支持创办,学员主要招收北京市归侨学生,也招收一定数量的应届高中毕业生。

国家不包分配,学员就业是一大难关。为此,燕京华侨大学在课程设置上注重社会需要和学生就业需要,保证学员走上社会能"送得出去"。学校派人走访北京市各高等院校和用人单位,掌握短缺专业所需的课程和社会急需人才的信息,抓住办学主动权。了解到中信公司、律师事务所等单位需要既懂经济法又会外语的人才,学校马上鼓励英语专业学生转学法律系,并在英语专业安排国际金融课。

燕京华侨大学的学生起点低,大多是从每年高考落榜生中经过学校自主命题考试录取的。学生们清楚地知道自己没拿到"铁饭碗",就一定要刻苦努力、自立自强。学校没有宿舍,学生必须走读。有的学生每天上课往返要穿越整个北京城。学校没有食堂,平时大家只能到学校附近的小饭馆买着吃。有的学生没有工作,靠家里资助上学,他们学习之余,到外面兼课,抄稿件,利用寒暑假当售货员,增加收入。有个在《中国日报》当英文打字员的39岁学生,白天到校上课,晚上回报社值夜班,年复一年地坚持着。

"没有'铁饭碗',反而成为我们的动力,丑小鸭最终不也变成白天鹅了吗?"中文系秘书专业的学生说道。燕京华侨大学学生以其综合素质适应社会需要受到用人单位好评。1987年学校调查了在25个单位工作的97名毕业生情况,其中从事涉外工作的有66人,刊物编辑7人,导游翻译15人,教师9人。用人单位反映,多数学生能够尽职尽责,有事业心和责任感,工作能吃苦耐劳。在中国电视国际服务公司节目进出口部工作的裴旭说,在学校学的,现在用上了。他在英语专业毕业后,参与公司对外介绍中国影片的工作,翻译介绍了《红楼梦》《努尔哈赤》等优秀影片,取得良好效果。[1]

民办大学的出现,受到社会广大知识青年及家长的普遍欢迎,得到北京市政府及成人教育行政部门的支持和肯定。北京市副市长白介夫提出,对社会力量依法办学的高等学校,"应采取放手支持的态度"[2]。燕京高等外语学校、北京自修大学、北京人文函授大学、中国农民大学等民办高等学校相继建立。

在国家教育经费不足的情况下,民办大学集学员之资办教育,有着花小钱办大事的特殊意义。20世纪80年代中期,公立大学培养一名本科生,国家每年要支付2000多元;广播电视大学每人每年由所在单位支出800—1000元,函授300—500元。而民办大学面授每人每年仅200—250元,一般学员自己就负担得起。

民办大学实行学员走读的办学形式,面授大都安排在夜晚和假日,租用

---

[1] 《燕京华侨大学根据社会需要培养人才》,《瞭望》周刊(海外版)1988年第10期。
[2] 《北京市社会力量办学试行办法》,北京成人教育局社会教育处编:《北京社会力量办学概况》,教育科学出版社1989年版,第4—10页。

一些部门提供的教学场所和实习基地,白天是小学教室,晚上是民办大学的课堂;有的借用公立大学开放的实验室和图书馆开展教学活动,没有沉重的后勤包袱。教师也大部分是兼职,有90%来自50多所公立大学,还有部分离退休专家。依托首都丰富的教育资源,民办大学有着一支高质量的教学队伍。

船小好掉头,民办大学开设的专业,大部分为普通高校尚未开设或培养数量不足的专业,能够及时跟踪社会需要,开设社会短缺专业。如中华社会大学在中国首先开设的食品与营养工业专业,填补了空白;文秘专业,除开设大学同类专业课外,学生还加学计算机、中英文打字等课程,可一人身兼数职,受到用人单位欢迎。毕业学员以过硬的专业素质跻身社会,为民办大学赢得声誉。每年录取新生时,这里总是门庭若市。报考中华社会大学的人一直是招生人数的3倍以上。

民办大学适应社会需要,培养了急需人才。但是创办大学绝不是一帆风顺的,国家不承认学历,学生忧心忡忡,社会上的疑惑、鄙夷也不绝于耳。他们克服着一个又一个难以置信的困难。一间15平方米的小屋里,10多个人使用4张办公桌,这是民办京华医科大学的校本部。虽然蓬门荜户,它却指挥着80多位教师和270多名学员,有条不紊地运转着,兢兢业业培育人才。[①]

中央领导同志高度关注民办大学的发展。1984年,邓小平为北京自修大学题写校名。《人民日报》《光明日报》《中国青年报》等报纸对此做了报道,极大鼓舞了民办大学办学人员的积极性,坚定了他们为发展民办高等教育的信心和决心。

创办海淀走读大学

"北京,尤其是海淀区的大学教育,已经跟不上改革开放的步伐。"1982年2月,春节刚过,室外乍暖还寒,海淀区第七届人民代表大会第二次会议的会场上济济一堂,清华大学工会主席、海淀区人大代表傅正泰正在慷慨发言。他指出,北京市有50多所高等院校,但绝大部分是本科院校(分校),

---

① 周大平:《民办大学的"命运交响曲"》,《瞭望》1988年第3期。

全市普通高校专科生与本科生之比为 1∶2，比例严重失调。本科毕业生又大都拥向科研院所、国家机关，到基层厂矿企业的很少。基层单位需要的专门人才严重缺乏，乡镇企业、街道产业、新技术开发公司和三资企业如雨后春笋般发展，可国家分配的毕业生绝大部分不到这些单位。因此，要大力发展社会力量办学，国家要承认学历。

傅正泰的发言得到北京大学一位人大代表的赞成，他说，北京市办了很多分校，靠市政府财政拨款，负担非常重，分校的路越走越艰难。依靠社会力量办学，发挥海淀区教育资源丰富、师资力量强大的优势，办学质量就会有保障。

说干就干，傅正泰在北京大学、清华大学、人民大学三所大学校长的支持下，正式向有关部门申请创办国家承认学历的民办大学。然而，这一申请直到1982年底仍未得到任何答复，原因只有一个，民办大学国家不肯承认学历。困境之中，有人打了退堂鼓，有人劝老傅死了这条心。可他坚决要干下去。

当年冬天，在中关村第二小学一间破旧的办公室里，傅正泰召集清华大学的陈宝瑜、北京大学的曾昭垫、人民大学的韵风等人，再次开"神仙会"，商讨办学良策。有人提出可以采用海淀区办的名义，加一个公家的牌子，采用公办校助的方式。于是老傅马不停蹄找到海淀区委书记贾春旺，得到热心教育改革事业的贾书记支持。1983年9月，海淀区人民政府正式向市政府提出创办海淀走读大学的请示。这一申请，又是半年多才有回应。终于在1984年3月，北京市第一所国家承认学历的公有民办综合性新型高校——海淀走读大学正式批准成立。此时，距离傅正泰最早申请办学的时间已经过去2年。

学校是批下来了，然而开办资金却一分钱没有，校舍也一间不见。原先答应帮忙的领导或退休，或调动，无法再给出帮助。傅正泰东奔西走借来5万元，租了成府小学分校的5间教室，从中国人民大学租借了廉价的课桌椅；求爷爷告奶奶地从三所高校聘请教师和工作人员，工资暂时欠着，总算把学校紧巴巴地办起来；所有的办公人员都挤在一间办公室，办公设备除桌椅外，只有一个财务专用保险柜和公用文件柜。

8个专业，287人，这就是1984年9月海淀走读大学开学典礼上第一届学生的阵容。然而他们秉持"改革探索、勤奋进取、艰苦创业、开拓前进"的精神，被学校热火朝天的氛围所激励，孜孜不倦开始学业征程。第一届开办有计算机应用、秘书及办公自动化、财务会计等8个专业。1985年8月，第二届招收11个专业、390人，租用万泉河中学的教室，建立第二个教学点。10月，图书馆在万泉河中学教学点正式开馆。

传统的办学模式，办大学全靠国家财政投资。学生、教师的教学用、吃喝住都要由国家负担，而海淀走读大学在办学经费上走出了一条学校民办公助、自筹经费、学生缴费走读、有偿推荐的新路。学校每年由海淀区政府补贴（公助）12万元，其余重点从4条渠道筹集资金。一是学费。全国统一高考达到录取分数线的学生，每学期向学校缴纳300—500元不等的学费。第二是毕业生培养费。用人单位决定录用的毕业生付给学校培养费，每个毕业学生2000—5000元不等。第三是自费生缴纳的学费。自费生人数较少，缴费略高，每学期700元。第四是社会各界给予的捐助。

学校还减少不必要的开支，学生全部走读上学，学校不包住宿。没有其他学校那样的食堂、实验室、体育场地等物质条件，积极与周围学校、企事业单位合作，利用别人的条件，为自己办学服务，后勤保障实现社会化。1984—1988年4年多时间，海淀走读大学共筹集办学经费722万元，其中政府补贴60万元、学费140万元、培养费126万元、自费生缴费235万元、社会捐助125万元，其他36万元。[①]

教师队伍兼专职结合，以兼职为主。学校利用办学点紧邻众多高校的优势，从重点高校聘请优秀教师来校兼课，任课教师绝大多数是教授、副教授。高级职称教师给学生上基础课，教学起点高、质量好。如国际语言文化学院请到许国璋教授任名誉院长。学校管理人手不够，就发动在校学生参与。学校的许多事情都由学生来办，如联系租校舍、实验场地等。组织、准备全校性大会、运动会、招生宣传、聘请兼课教师、找毕业生接收单位等，都有学

[①] 《北京海淀走读大学校志》，北京燕山出版社1998年版，第150页。

生参加，或由学生承办。这样做，既为学校分担了负担，又使学生得到实际锻炼。

学校实行毕业生不包分配的办法，设置什么样的专业，培养适应社会需要的毕业生，就成为决定命运的关键因素。每年确定上什么专业之前，学校广泛做社会调查，社会缺什么人才，学校就设什么专业。1984年，学校第一次招生，根据当时的社会需要，首先办起秘书及办公自动化、锅炉工程、实验技术等8个专业。第二年，了解到社会上办工业与民用建筑和图书馆学专业的学校较多，毕业生有饱和趋向，学校马上停设这两个专业，新增旅游饭店管理、风景建筑等6个专业。积极适应社会需求，根据实际设置专业，及时调整培养方向。第三年，又根据新得到的信息，停招了实验技术、锅炉工程等专业，增加食品工程等专业。

就这样，学校充分根据市场需要，发挥"船小好掉头"的优势，适时调整专业设置，有效填补了北京高校毕业生大专层次较少而形成的空缺。1987年，第一届有287名学生毕业，因为专业应时适用、学生素质较好，毕业生一时供不应求，有的进了三资企业，成为高管；有的独立创业，事业有成。经过几年苦心经营，海淀走读大学打造出毕业生就业率高、出路好的良好口碑，学校在社会上声名鹊起，招生人数也一路攀升。海淀走读大学从青苗成长为大树，1988年年底，不到5年时间，学校发展为4个学院：理工学院、经济管理学院、国际语言文化学院和中国传统文化学院，设置了工程、医学、艺术、经管、外语等37个专业，还成立了技术开发和服务公司。在校学生近2000名，专职教职工100余人，兼职教师约300人。

四、贯彻"三个面向"教育方针

党的十二大提出，要"全面开创社会主义现代化建设的新局面"，首次把教育作为经济社会发展的战略重点之一，初步确立教育在社会主义现代化建设中的战略地位。在中国教育改革和发展的关键时刻，1983年国庆节前夕，邓小平为北京景山学校题词"教育要面向现代化，面向世界，面向未来"。这短短的 16 个字,不仅为景山学校新一轮教改指明了方向,更是为中国教育事业的发展指明了方向。

邓小平为景山学校题词

北京景山学校作为教育教学改革实验学校,一直得到党和国家领导人的关怀和支持,学校在学制、课程、教材、教法、考试、劳动等方面,进行了一系列整体性、结构性的改革试验,取得突出成果。

邓小平十分关心支持景山学校的教改试验。1977 年,他有一次与外宾谈话,提到提高教育质量问题时,就举了景山学校小学数学教材改革的例子:中国的孩子并不笨,能够学习很多先进知识,比如北京景山学校搞的数学试验,小学生能学几何、代数。① 在邓小平关怀下,景山学校在 1978 年产生了全国第一批正式任命的中小学特级教师;1979 年在全国中小学中率先成立了教育科学研究室,主要了解研究国内外教育经验和发展趋势,规划全校综合性整体改革试验及各项教改试验。

进入 20 世纪 80 年代,世界范围内新知识、新技术、新发展层出不穷,为了迎头赶上世界先进水平,党的十二大提出中国要加紧社会主义现代化建设,邓小平在会上创造性地提出"建设有中国特色的社会主义"命题。中国教育发展此时到了一个重要关头,教育教学秩序基本恢复,各项事业走上了正轨。接下来,教育如何适应形势需要进一步改革和发展?这时,景山学校已经基本恢复了"文化大革命"前的各项改革试验,开始着手实行综合性整体改革试验,增设了新知识、新技术的课程。但是这些方向到底对不对,是不是要坚持下去,大家心里都没谱。学校党支部书记贺鸿琛,带领干部教师对党的十二大报告进行了深入学习,但依然觉得不得要领。有人提议:"能不能请小平同志为我们指指方向呢?"大家一致赞同说小平同志一直关心改革、关心教育,找他指路再合适不过了。

1983 年 9 月 7 日,在景山学校创始人之一、国家经济体制改革委员会副

---

① 贺鸿琛:《"三个面向"题词与景山学校的改革》,《人民教育》1998 年第 11 期。

主任童大林的大力支持和帮助下，景山学校师生精心措辞，给邓小平写了一封500多字的书信。信中报告了景山学校成立二十几年来"在集中识字、抓紧写字作文、编写数学教材新体系、儿童科学知识的启蒙、外语训练、思想品德教育、劳动技术教育，在高年级增设新知识、新技术的课程，以及学制年限（现在是小学五年、初中四年、高中三年）和教学方法等方面"不断探索的情况；提出学校存在"困难和缺点还不少，特别是师资水平、校舍和教学设备、管理制度等等，远远不能适应整个国家加速现代化的步伐"等问题，但"全体教职工决不在困难面前低头，我们将正视缺点，努力改正，为中国现代化培养新型劳动者的后备军"；书信也诚挚地提出请求，"希望您老人家能为我们题词，或向我们说几句话，指明我们继续前进的方向"。①

让大家没有想到的是，这封信很快就有了回应。信于9月8日送出，收到来信的第二天9月9日，邓小平在家中挥笔郑重写下了"教育要面向现代化，面向世界，面向未来"（以下简称三个面向），落款是"邓小平一九八三年国庆节书赠景山学校"。

9月10日，邓小平的题词送到景山学校。当天，学校临时通知召开全校大会，近200名教职员工悉数到场。大家齐聚一堂，喜气洋洋。学校党支部书记贺鸿琛激动地双手高高举起邓小平的题词，面对大家，用他略带山西口音的普通话，一字一句高声读出了题词内容。随后，大家展开了学习和讨论。师生们深受鼓舞，纷纷表示：小平同志的题词，为我国社会主义教育指出了新方向，我们要认真学习，积极实践，在总结过去经验的基础上，更加努力搞好今后的教学改革试验，争取新的成绩。②第二天，《人民日报》《北京日报》等全国各大主要报纸都在头版刊载了题词，并做了相关报道。"三个面向"迅速在全国教育界引起热烈反响。

经过一段时间讨论和酝酿，1984年7月28日至8月1日，中国教育学会在北京西郊中共中央党校组织召开学术讨论会，专题学习研究"三个面向"

---

① 舒风：《贺鸿琛传：悠悠景山教改情》，人民教育出版社2010年版，第152页。
② 《邓小平同志为景山学校题词教育要面向现代化，面向世界，面向未来》，《北京日报》1983年9月11日第1版。

方针。250 余名教师、学者、专家和教育部门的领导干部参会，中央政治局委员、中央党校校长王震、中央书记处书记胡启立等领导同志会见了全体代表。王震在讲话中指出："三个面向"是在新的历史条件下，根据我国的国情，从党的总路线、总任务出发，为适应世界新的技术革命的发展趋势提出的；它无论对于搞好普通教育的改革，还是对于培养社会主义现代化所需要的劳动后备力量和又红又专的人才，都具有非常重大的意义。代表们讨论提出，"三个面向"是一个统一整体，基础是面向现代化，要求教育要从国家的全局考虑问题，立足中国，面向世界，放眼未来；只有真正做到了"三个面向"，教育事业才能适应我国经济社会发展的需要；当前教育工作者的任务就是以"三个面向"为指导，加速普通教育改革，发展学生智力，培养创造才能。

会议明确，"三个面向"是邓小平同志关于科学、教育一系列重要论述的发展，是社会主义教育的战略方向，也是我国今后教育事业改革与发展的指针。①

景山学校教育改革新突破

收到题词以后，景山学校组织全校进一步深入学习研讨，总结汲取国内外和本校教育改革的经验教训，制订了以"三个面向"和党的教育方针为指导，"全面发展打基础，发展特长（后改为发展个性）育人才"的综合改革方案，进一步在教育理论、学制年限、课程设置、教材教法、考试制度、课外活动、思想教育、劳动教育、智力超常教育以及学校管理体制等方面，进行了全面的综合性整体改革试验。其中，重点和有影响的主要有 3 个方面，分别是小学和初中九年一贯、五四分段的学制试验、高中教育现代化的试验和管理体制改革试验。

景山学校一直在学制上尝试探索，先后试验过小学五年制、中小学九年制、中小学十年制等。改革开放前后，全国中小学学制经历了从十年制到十

---

① 《以"三个面向"为指导搞好普教改革》，《北京日报》1984 年 8 月 2 日第 3 版。

二年制的调整。学时延长后，面对中小学学段如何划分、中小学毕业标准确定等实践性问题，根据现实需要和政策支持，各地纷纷进行学制改革试验。1982年，北京市城区的小学开始改为六年制。景山学校根据20多年教改试验的结果，认为用5年时间可以完成小学阶段的教学任务，而初中阶段却存在着教学内容多、学习年限短、学生学业负担过重的问题。尤其是到初中二年级，课程增多，物理、几何等科目难度大，学生出现严重两极分化的现象。[1]为了提高初中教学质量，学校1982年在全国率先进行了学制改革试验，将小学、初中"六三"制分段改为"五四"制。

改革之初，许多家长不理解。有人问："三年上得好好的，干吗要改成四年？"有人说："人家那么多重点学校都是三年，升学率不也是高高的，就景山独出心裁。"甚至有的家长风风火火地找到校长，闹着要给孩子转学。学校顶着压力经过4年试行，1986年第一批四年制初中生毕业了。从第一批试验班来看，学校将促进学生德、智、体、美、劳发展的内容列入正常的教育教学计划，保证了学生全面发展的条件。而且，4年时间学习初中三年的课程，每年可比三年制学校少开1门功课，如初一的历史课放在初二开，初二应开的物理课放在初三开，化学课推到初四开，这样就克服了初中三年课程多、难度大、难点集中的矛盾，基本解决了初二两极分化严重的问题。[2] 学生们普遍感觉学业负担减轻，心情舒畅，4年初中生活留下了美好记忆。学生受到了德、智、体、美、劳全面发展的教育，学业水平普遍有较大提高。1986年参加北京市高中、中专和中技统一招生考试，试验班各科成绩及格率均达到100%，优秀率平均为92.5%。[3] 试验初步成功，得到国家相关部门的肯定。

1984年，针对教育中出现的片面追求升学率现象，推动教育适应现代化

---

[1] 陈心五：《北京景山学校的学制改革试验》，《东北师大学报（教育科学版）》1988年第2期。

[2] 刘然、郭洪波：《在"三个面向"题词指引下——记北京景山学校教改实验》，《人民教育》1993年第10期。

[3] 陈心五：《北京景山学校的学制改革试验》，《东北师大学报（教育科学版）》1988年第2期。

要求向"公民素质教育"转变，景山学校又在"五四学制"基础上，率先实行了小学、初中九年一贯制的改革试验。把小学和初中作为一个完整的教育阶段、统一的教育体系，统筹考虑九年的德、智、体、美、劳全面发展和教育教学计划；把小学和初中的语文、数学、外语3门课基础打扎实，使学生知识面宽一些、能力强一些；搞好小学和初中的衔接，取消小学升初中的统一考试竞争，减轻学生负担，使不同学习能力和成绩的学生，都能在自己原有基础上得到提升，并发展个性特长。改革以后，尽管学生就近入学，生源质量和普通中学没有区别，但由于3门基础课扎实，提高了学生学习质量，他们的中考成绩可与选优录取的重点中学相媲美，同时还通过丰富多彩的课外活动发展了多方面特长。

为配合学制改革，学校巩固和发展了一些试验项目，如：小学一、二年级集中识字，小学三年级开始在识字教育基本过关的基础上，使学生大量阅读，练习写作，抓住作文这个难点和主要矛盾，使语文教学满盘皆活。教材方面，小学语、数、外一直使用自编教材。学校根据"三个面向"要求，进一步考虑教材现代化和科学化的问题，对教材进行了重新改编。在原有《五年制小学语文试用课本》基础上，新编《五年制小学语文实验课本》，以集中识字为起点，以阅读名家名篇为主题，以作文训练能力为中心，读写结合，学用一致，发展智力，培养能力。同时，借鉴国外教材，学校和北京师范大学教育系合编《五年制小学数学试用课本》，建立以算术为主、代数初步与几何初步为辅的综合体系，重要的概念和规律按照前有蕴伏、中有突破、后有发展的顺序递进编排，加强与初中教材的联系。以上两套教材，都经过全国中小学教材审定委员会学科审查委员会审定，并推荐给全国条件较好的学校使用，使用范围不断扩展。小学一直开设英语课，为了更好地面向现代化、面向世界，学校更加注重应用性教学，而不是应考的"哑巴英语"，重视口语会话和情景教学，形式生动活泼多样。为提高学生外语交际能力，外语课采取了"开放、引进"政策，每当有外宾携夫人来校参观访问，外语教师就"手疾眼快"地把外宾夫人请过来，进入课堂，和学生交流，给学生讲课。

高中教育则以"四化"对人才多样化的要求为导向，适应新技术革命的挑战，进行现代化改革试验。景山学校认为，当下的高中教育不符合"三个面向"要求，而更多是一个面向，即面向升学竞争，导致标准化、同步化，学生能力单一，缺乏自主精神。为推动高中现代化进程，激发学生自主进取精神，培养多样化人才，景山学校从课程改革入手，改革必修课，实行必修、选修相结合，辅以学分制管理。

改革必修课，主要聚焦课堂教学，改变以教师传授为主的传统"满堂灌"形式，开展讨论式、答辩式和实验式教学，因材施教，分类指导；课堂上体现知识的发展和更新，注重对学生的训练、反馈，打破那种封闭僵死的教法，提高效率、发展智力、培养能力。高中部数学、化学教师在实践中创造了"知识结构单元教学法"，按照自学探究、重点讲授、综合练习、总结提高四个步骤进行教学。课前要求学生像老师备课一样，先自学预习、查阅资料，自己进行分析、归纳、综合，然后再由老师讲解辅导。教学中，不仅启发学生自己动脑，还注意让学生多动手，多做实验。这样，既有利于学生系统掌握基础知识，又能培养学生独立获取知识的自学能力。这一方法被本校和外校一些开展教改试验的教师吸纳借鉴。

为促进学生全面发展和个性发展，学校曾在减轻学生课业负担基础上开设了几十个课外活动小组和小范围的选修班，学生学到了很多课堂上没有的知识，兴趣很足。根据"三个面向"要求，学校决定更进一步，正式开设各门学科的选修课，更加系统、全面、及时地向学生介绍现代科学文化知识和各种新信息。相继增设了一些现代化的选修课程，如电子计算机、电子学实践、高级外语等基础性科目（前两科在高中实现普及），也开设生命科学、经济管理、自然辩证法、逻辑、哲学、艺术等专业性课程，还举办各种科技讲座。

值得一提的是，景山学校是全国第一个开展计算机教育的中小学校。1979年3月，学校接待了一个日本教育代表团，日本代表介绍了目前一些发达国家在中学开展计算机教育的情况。校长游铭钧决定在景山学校也尝试一下。几个月后，国务院副总理方毅听说景山学校在搞计算机教育，就把自己随邓小平出访美国时带回的一台电脑转赠给了景山学校。之后，景山学校在高一和六、七年级组建了计算机小组。

据当时担任计算机老师的沙有威回忆，为了推动计算机教学活动开展，落实邓小平"计算机的普及要从娃娃抓起"的指示精神，北京市教育局于1984年5月为景山学校配备了1台Apple Ⅱe原装计算机和12台Apple兼容计算机。学校在当时旧校舍条件艰苦、用房紧张的情况下，挤出两间教室建设机房，从此有了自己的计算机教室。高一、高二开设了计算机课程，同学们学习计算机知识的热情非常高，就连面临高考的高三年级学生，学校也满足他们要求安排了一周的计算机课。学校青少年计算机爱好者协会也在同年成立。此后两年，景山学校计算机教育进入大发展阶段，机房计算机数量达到30台，计算机普及教育轰轰烈烈开展起来，七年级、高一和高二年级开设了计算机必选课程。

由于起步早、普及面大、有实践经验积累，在1982年、1984年、1986年，由教育部、中国科协、北京市教委等举办的三次计算机教育经验交流会上，景山学校都作为典型做了经验介绍和公开授课。北京市1983年在5所中学开设电子计算机课程的基础上，于1984年加大力度，在45所中学建立了计算机房，装备微型计算机600台，30所小学装备微型机110台。[①]

景山学校将教学改革和管理体制改革视为一辆车上的两个车轮，二者相辅相成同步推进。结合课程改革，为培养激发学生进取精神，景山学校实行学分制成绩管理办法。必修课学分占3/4，选修课占1/4，凡是考试及格即可获得学分，拿到毕业所需学分即可毕业。同时，鼓励学习能力强、学有余力的学生超前学习，申请获批后在教师指导下自学，获得相应学分就可以跳级和提前毕业，打破了学习上的平均化。

为了形成强有力的改革领导系统和高效率的办事机构，学校减少中间层次机构的设置，实行直接领导，加强科学管理，设立教学、教育、总务3个委员会，分别负责领导全校的教学教改工作、学生思想教育工作、总务服务工作和

[①] 出自北京市计划委员会主任王军在1985年北京市第八届人民代表大会第四次会议上，做北京市1985年国民经济和社会发展计划草案的报告。

校办厂等，相应办事机构分别为教务组、教育组、总务组。建立日常教育教学、改革试验、教育科研三者结合的"三位一体"管理体制，学校根据整体改革方案提出试验课题，公开招标，教师根据本人工作和特长优势自愿认领，批准后列入学校教改计划。据不完全统计，1985—1989年全校教师有704人次认领课题540项，相关成果获全国优秀教育论文奖12项，获市、区相关奖项40余项。[①] 为调动教职工的积极性和创造性，学校还改革劳动、人事、工资制度，实行岗位责任制，搞好考核奖惩，打破平均主义，体现按劳分配、多劳多得原则。在中小学较早实行了岗位津贴、职务津贴、教龄津贴，班主任由于工作辛苦其津贴标准最高，还设有成果奖、鼓励知识更新奖等。

在"三个面向"题词鼓舞下，景山学校在教改试验的道路上阔步前进，也有力推动了北京市基础教育的改革发展，为开创全面改革中小学教育新局面做出重要贡献。1985年，被教育部确定为联合国教科文组织"亚洲教育发展革新计划"联系中心之一。

推进教育事业改革与发展

景山学校的实践是当时教育改革大潮的一个缩影。党的十一届三中全会后，伴随着改革的前进，提高质量和促进中小学生全面发展的需要对普通教育改革提出了新的要求。1980年后，北京市中小学各学科、各学段的教改活动就开展起来，教改成果如雨后春笋接连涌现。到1985年全市有40所小学进行了整体改革实验，小学学科教改实验达78项，教育改革内容进一步丰富、范围进一步扩展。[②]

始建于1883年的北京西城区宏庙小学，是一所历史悠久的学校，先后走出了像冯牧、于是之、杨伯箴等国内外著名学者和艺术家。1974年，学校科技小组以10元为本钱研究出了幻灯片，到1980年一举成为全国首家规模最

[①] 刘然、郭洪波：《在"三个面向"题词指引下——记北京景山学校教改实验》，《人民教育》1993年第10期。
[②] 北京市教育局：《北京市普通教育十年改革回顾》，段柄仁主编：《北京市改革十年（1979—1989）》，北京出版社1989年版，第702页。

大的机械化生产幻灯片的专业厂家。1983年,这所百年名校又迎来了教育改革实验的新阶段。同年9月新学期起,学校和北京市教育科学研究所开始进行"小学生全面发展教育实验"。

一开始,学校领导、教师存在种种顾虑,觉得改革内容多、任务重、周期长,担心搞不好会影响教学质量。但他们先后赴上海、浙江等地参观学习后,认识到转变教育思想、更新教育观念是关键,加强了对马克思关于人的全面发展理论、邓小平"三个面向"指示、教育学和教育心理学等理论学习,通过统一思想,充分调动积极性,在思想上为实验开路。

在此基础上,学校遵循儿童发展与全面育人规律,全面安排校内各项工作,突出课堂教学改革这个重点,作为促进学生全面发展、提高质量的主要途径。如:初入小学的儿童,生活由"游戏为主"转变为"学习为主",开始很不适应。学校就在一年级第一学期重点抓"幼小过渡",减缓这个"陡坡";第二学期把握儿童对加入少先队荣誉感的向往,以建队为重点推动全面工作。根据二年级儿童思维发展、创造性思维非常活跃的特点,开设思维训练课、开展创造性活动等,各种教学都着重加强思维训练。三年级进入品德心理发展的重要时期,思想品德教育以爱国主义和集体主义为重点,开展"我是中国人"读书活动与"是非分析课"等实验。[1] 学校抓好计划、实践、总结三个环节,把实验方案落到实处。六个年级按低、中、高分阶段制订实验计划,在实践中根据整体实验需要着重开展纵横结合的教研活动,横向由同年级不同学科教师一起参加,解决横向联系问题,纵向由同学科不同年级教师一起参加,解决加强前后衔接问题。学期、学年和学段末,实验研究组做全面总结,各科教师做局部或专题总结,以评价反馈来改进和推动实验。

思想通了,方法明了,实验次第有序开展。1983年学校只有1个实验班,第二年增设1个,对已有实验方法进行验证、补充、创新、提高。1985年、1986年,又在两个年级进行推广,直接参与实验的教师达到总数的69%。学

---

[1] 北京西城区宏庙小学:《整体改革实验的领导与管理》,徐晓峰、刘芳编:《教育教学改革新篇》,教育科学出版社1990年版,第24页。

校结合长期以来教学幻灯片研制的特色优势，研发电化教学模式，推进电化教育事业，在全国、市、区电化教育和现代信息技术教育方面，起步较早、成效突出，被认定为北京市"全国首批中小学现代教育技术实验学校"。

这一时期，北京市根据中央要求，开始探索教育体制改革。1984年北京市政府工作报告提出，要按照"三个面向"方针，改革教育和学校管理制度，调整教育结构，改革与现代化建设不相适应的教育思想、教育内容和教育方法。1985年5月，中共中央作出《关于教育体制改革的决定》，明确"教育必须为社会主义建设服务，社会主义建设必须依靠教育"的指导思想，确立了教育与经济社会发展之间的正确关系，是深化教育改革的重要里程碑，为北京市教育事业改革进一步指明了方向。北京市在全国率先进行了中小学学校内部管理体制改革，实行校长负责制，建立教代会制度，试行聘任制和结构工资制。1985年11月，北京市发布《关于实行乡（镇）人民政府领导和管理中小学教育的通知》，对基础教育实行市、区、乡三级管理，使教育纳入了区、县、乡的经济和社会发展总体规划，有力推动了基础教育与经济社会发展的结合。1986年4月，《中华人民共和国义务教育法》颁布后，北京市根据1983年制定的《中小学教育五年设想》及义务教育法要求，1987年实现城市及各县城关地区普及，1990年在农村地区普及。中等教育结构的改革步子加快，到1985年，普通高中由原来的900多所调整到299所（其中郊区71所），已经达到适度规模；普通高中招生人数和中专技校职业高中招生人数的比例，由1979年的20∶1降为1∶1.1。[①] 经过几年努力，已经初步建立起由中等专业学校、技工学校、职业高中组成的中等职业技术教育基地。

北京高等教育这一时期在教育管理体制、学校内部管理体制和招生、毕业生分配制度等方面进行了许多改革试验，也开始了教学内容、教学方法和科研体制的改革，促进了高等教育的发展和提高。北京是全国率先开展高校内部管理体制改革的地区之一，其目的是进一步扩大高等学校自主权，通过

[①] 《汪家镠同志访谈录》，李学信、张熙增主编：《北京市人民政府文教办公室工作追忆（1980—1995）》，北京出版社2015年版，第8页。

改革劳动、人事、分配和管理制度等，调动广大教职工的积极性，满足经济社会发展对人才智力的迫切需要。在北京市委、市政府的支持下，北京工业大学率先开展了内部管理制度改革试点。

北京工业大学（以下简称北工大）是一所理工科市属重点大学，设有机械工程学系、工业自动化系、无线电电子学系等10个系23个专业。改革开放前夕，学校在恢复整顿基础上，把握中国和世界科学技术发展的趋势，注意加强新学科的建设，相继建立了计算机科学及工程、化学与环境工程、应用物理和应用数学4个系，对原有老专业进行了一系列改造。1979年学制改为5年后，加强了教学实践环节、外语教学和学生计算机使用能力等方面工作，使学校教学工作有所改观。但也发现存在一些弊端，如：10多年来，全校在基础理论研究和应用研究方面取得600多项成果，但大多数仍停留在实验室内；管理制度不健全，工作无定量、成果无考核、报酬无差别的状况抑制了教职工的积极性，不少骨干教师纷纷到校外兼职兼课，从事"第二职业"，使学校正常工作受到影响。面对这些情况和问题，校党委认真进行了研究讨论，决定进一步实施改革。

1983年年初，北工大结束了整党工作，提出改变学校面貌、争取成为全国一流地方高等学校的目标。为此，校党委提出并经全校教职员工充分讨论，确定了以学校内部管理体制改革为突破口推动实现学校发展改革的方案。4月14日，北京市委、市政府召开现场办公会，决定支持北工大进行改革，并将其作为北京市属院校内部管理制度改革的试点，明确了改革方针是"充分调动教职工的积极性，加速人才培养和科学研究的步伐，更好地为首都的四化、建设服务"。并向学校下放了一定的人事权、财权和管理权，允许学校将预算外收入作为学校发展基金和教职工福利基金，其中一部分还可以用于发放岗位津贴和奖金。[①] 据此，学校从农村改革的成功经验和校内局部改革的尝试中受到启示，结合高校实际，试行了"岗位职责、考核制度、浮动津

[①] 《北京工业大学改革试点工作会议纪要》（1983年4月29日），段柄仁主编：《北京市改革十年（1979—1989）》，北京出版社1989年版，第753页。

贴"三位一体的责任制改革。

首先是明确岗位职责。根据教学、科研、实验室管理、后勤和党政机关等部门的具体特点，分别制定各部门的岗位责任条例，对每项任务都规定了数量与质量要求。如教师的岗位职责中，对讲课、辅导答疑、作业批改、指导学生学习以及教学各个环节，都有具体的要求和规定，使全校教职工都明确了各自的职责和完成工作的客观标准。在明确职责基础上，建立考核制度。对教学、科研、后勤、行政各部门如何实施岗位职责，都明确规定了考核条例，并力争做到科学化、数量化。例如，教师教学工作考核条例规定，必须要考查每个教师的教学工作量、执行教学大纲情况以及学生掌握知识的效果、育人情况等。考核采用评定打分的办法，考核标准具体划为5个等次。

改革的最关键一环，就是以考核等次为主要依据，发放浮动岗位津贴。根据各部门的不同性质和特点，学校分别制定相应的津贴发放标准和办法。这些办法最突出的特征，就是体现"浮动"二字。贡献大、成绩突出的个人，津贴不封顶，考核积分很低的个人，不保底，兑现奖勤罚懒、按劳分配的原则。以1983年下半年为例，全校发放浮动岗位津贴每月人均为25元，其中最高津贴每月为50元，最低的每月只有7元。[①]

改革给北工大带来了新气象，初步做到人人有职责，遇事有人管，工作积极性和效率均有所提高。据光学仪器等9个实验室统计，1983年下半年实验开出率提高17%。教学质量有了提升，本科一年级任课教师中，副教授以上教师所占比例比过去增加17.5%。为教学、科研第一线部门服务的观点有所增强，例如，图书馆改变了"你上班我开馆，你下班我闭馆"的状况，借书处、阅览室等每日连续开放14个小时。科研管理提高了立项学术水平，而且通过建立科研开题评审制度，优先安排了过去少人问津的国家急需和有重大学科发展意义的项目。1983年与上一年相比，科技协作项目由57项增加到75项，通过鉴定项目由13项增加到31项，获市科技奖项目由5项增加到15

[①] 韩秀峰：《试行三位一体的岗位责任制——北京工业大学改革情况调查》，《前线》1984年第9期。

项，首次有4项获国家发明奖。

　　改革激发了校内活力和积极性。北工大充分发挥科研力量和设备优势，推动教学、科研与首都经济和社会发展相结合。1983年4月，在市科委支持下成立了为中小企业提供科技服务的北工大科技开发公司，采取技术培训、技术服务、科技协作、有偿转让科技成果、研发新产品为社会提供先进技术改造手段等多种形式，更好为经济建设服务，较好解决了"人心向外"的问题。公司成立后，3年内为外单位举办各种技术培训班102期，培训8000余人次；为企事业单位提供各种机件加工和测试近百项，为社会成人教育提供教学实验2万余人次；向社会转让科技新成果20余项，尤其是通过引进改造美国单板机，北工大研发了更优越的TP801微型机，并研制开发有20多个品种的系列产品，畅销国内外市场，在全国20多个省市1000多个单位广泛应用。通过研制生产单板机和科技服务，北工大3年内创收2500多万元，其中为国家提供税利1300万元，学校留利1200万元（相当于同期国家拨发教育经费总数的70%），创外汇收入15万美元。学校拨出部分自有资金更新实验设备，添置急需教学设施，也为学校内部管理改革提供了物质基础。[①]

　　北工大改革的明显成效，得到北京市和教育部高度重视。1983年4月至1985年3月，北京市政府三次召开现场办公会，对改革进行检查指导。1984年4月，北京市委教育工作部召开北京高校改革座谈会，请北工大介绍了改革经验。教育部部长何东昌到该校调研后，肯定了他们的做法。6月，教育部和劳动人事部联合在上海召开高校管理改革座谈会，北工大向全国兄弟院校介绍了学校内部管理改革的试验。到1985年，北工大的内部管理体制改革，已形成比较完备的体系，其经验在北京高校和外省市兄弟院校产生了良好影响，先后有四五百所高校前来参观并交流改革经验。北京其他高校也先后参照北工大的经验，借鉴外省市高校做法，结合本校实际建立了各种形式的责任制，如实行课时津贴、岗位任务津贴等，推动内部管理改革。

---

　　① 中共北京市委研究室：《高等院校的两项重要改革——北京工业大学改革调查》，段柄仁主编：《北京市改革十年（1979—1989）》，北京出版社1989年版，第754—756页。

其间，北京市教育改革也逐步向深入推进。1984年12月，教育部开始着手职称改革试点，第一批8所高校中北京地区有清华大学、北京大学、北方交通大学、北工大4所，1985年北京地区又增加16所作为第二批试点单位。北京市高等教育局受市职称改革领导小组委托，负责北京地区高校教师和其他系列专业技术人员支撑改革工作，至1986年8月，20所高校改革试点基本结束，1986年开始在其他高校全面展开。按照中央部署，各高校普遍实行了按岗定职、评聘结合的教师职务聘任制度，改变了过去长期形成的教师职称评定和职务聘任"两张皮"及教师职务"终身制"等情况。招生制度方面，主要是由过去单一的国家计划招生，改为以国家计划招生为主，辅以定向招生、用人单位委托招生、自费生等调节性计划的管理体制。北京高校从1983年开始招收定向生、委培生等，1986年起试招自费生。一些学校试行主辅修制。1984年，清华大学、北京钢铁学院、北京师范学院开始招收思想政治教育专业第二学士学位，试行主辅修制和双学位制，培养"复合型"人才。

教育教学和科研方面的改革还包括调整学科结构和专业设置，加强教材和课程建设等。北京大学按照"加强基础，适当扩展知识面，注重培养实际能力和创造精神，增强适应性"的学科改革原则，增设了计算机软件、计算机系统结构、微电子学和遗传学等专业。清华大学增设了经济管理数学及计算机和计算机程序系统等专业。中国人民大学增设了系统科学论、经济控制论、涉外企业管理等100多门新课。教学管理制度方面，试行学分制。清华大学试行的是有计划的学分制，设有必修课、指定性选修课和任意选修课，既保留了学年制的计划性、系统性的优点，又吸取了学分制的灵活性和有利于因材施教的优点。

总的来看，从"三个面向"方针提出到党中央关于教育体制改革的决定颁布前后，北京市贯彻落实中央部署，从体制改革入手，改善和加强政府宏观管理职能，改革教育和学校管理制度，调整教育结构，开始扩大高校办学自主权，学校内部管理体制改革不断深入，各项教育教学科研改革也相应展开，教育事业取得较大发展，进一步适应了社会主义现代化建设的需要，为此后教育事业进入深化改革和全面发展阶段打下良好基础。

第四章
科学春天的到来

第二次世界大战后，科学技术越来越成为发展经济和国家竞争的主导因素，特别是随着电子计算机技术的兴起，全球新技术革命迎来高速发展。而此时的中国，在历经20世纪五六十年代"向科学进军"的初步发展后，由于十年内乱受到严重破坏，同世界先进水平本来正在缩小的差距又拉大了。内乱结束后，在中国向何处去的重大历史关头，党和国家领导人深刻认识到世界新技术革命日新月异的重大意义，掀开了中国科技发展的崭新一页。北京市落实党中央、国务院决策部署，转变科技工作导向，培育崇尚科学的价值理念，推动科技与生产相结合，构建适应向科学技术现代化进军、向市场转型发展的科技工作体系，推动科技成果逐步进入经济建设、城市建设和管理，多方面改善人民生活，科学的春天在京华大地开出了五彩缤纷的绚丽花朵。

一、贯彻全国科学大会精神

粉碎"四人帮"后，为了加快工农业生产的恢复与发展，党中央分别于1976年12月、1977年四五月间，召开全国第二次农业学大寨会议和全国工业学大庆会议。工农业的发展给科学技术工作提出了越来越多的要求，举办一次全国性科学大会被党中央提上了日程。

迎接全国科学大会

1977年6月，全国科学大会筹备工作领导小组成立，中国科学院党组负责人方毅任组长。筹备小组分批传达中央领导人关于重视科技工作和翌年举行全国科学大会的指示，6月11日至12日，向包括北京在内的华北、东北、西北等13个省、直辖市、自治区主管科技工作的省、市委领导和科技部门负责人传达。

收到筹备小组指示的第二天，即6月13日，市委科教组便向市委领导撰写了传达贯彻中央领导人关于科技工作指示的请示报告，建议市委常委最近听取一次科教组关于科技工作的汇报，研究贯彻中央精神，召开全市科技工作会议，提出北京市科技发展三年规划、八年设想，并建议成立以市委书记黄作珍为组长，徐运北、刘祖春、肖英、白介夫为副组长，计委、建委、农林组、文卫组、财贸组、科技局等为成员单位的北京市参加全国科学大会准备工作领导小组。[①]

6月22日，《北京日报》邀请科技、工业、农业、财贸、高等院校等战线的部分科技人员和领导干部就如何把科学研究搞上去举行座谈会。大家纷纷表示，广大科技人员精神大振，决心努力做好工作，一定要把科研搞上去，在20世纪最后23年内，即到2000年，赶上和超过世界先进水平，使科学技术走在生产建设的前面，在实现四个现代化的斗争中做出大贡献。

北京市农业科学院林业研究所党总支书记在会上发言：我们研究所虽然单位不大，但深深感到，我们的科研工作，同实现四个现代化，在20世纪内把我国建设成为社会主义现代化强国的宏伟目标，关系极大。这几年，我们科研工作人员顶着"四人帮"的压力，深入工农，同群众结合，针对生产需要，在山区建设、果树育种、蜂具改革等方面做了一些工作，取得了一些成果。这些对发展林业生产，都起了一定作用。实践证明，科研工作必须走在

[①] 《当代中国的北京》科技分编委编：《北京科技工作发展史（1949—1987）》，北京科学技术出版社1989年版，第169页。

生产建设前面，工业、农业、国防要现代化，没有科技现代化是不行的，把科研工作搞上去，是刻不容缓的任务。

平谷县王辛庄公社岳各庄大队科技组组长说，在大队党支部领导下，几年来，大队实行领导、科技人员和群众三结合，使科学实验活动热火朝天地开展起来，有力促进了农业生产的发展。1976年粮食平均亩产量达到1600多斤，相当于"文化大革命"前的3倍。建设社会主义新农村，把我国建设成为社会主义现代化强国，科学实验运动是必不可少的。我们要深刻理解实现科技现代化的重要性和迫切性，大搞科学实验，把大队科学种田的活动更加蓬勃地开展起来。

中国科学院北京动物研究所研究员陈世骧已有73岁高龄，他回忆此前研究遗传变异问题时由于受"左"的思想影响，不敢理直气壮从事科研工作，说现在"四人帮"被打倒了，在党中央的重视和关怀下，我们的科学事业必将大放光彩。他表示，虽然自己年岁不小了，但很受振奋，感觉越活越年轻，决心为国家的科学技术现代化努力做出自己的贡献。[①]

3天后，即6月25日，北京市委召开常委扩大会，听取科技组关于科技工作的汇报。会议讨论研究了贯彻中央领导人关于科技工作的指示、迎接全国科学大会和加强科技工作等问题。会议决定成立北京市委科技领导小组，加强对科技工作的领导，加紧筹备召开全市科学大会。北京市委第三书记丁国钰讲话，指出之前的科技工作取得很大成绩，如北京市过去由消费城市，已经变为大工业城市，这同科学技术是分不开的。北京科技队伍有2万人，是很大的力量，也有些骨干，基础是好的，但离科技现代化要求还很远，需要加倍努力。各部门各条战线都要抓好科技工作，使科技工作的群众运动和专业队伍结合起来，以实际行动迎接全国科学大会的召开。[②]

中共中央和北京市委重视科技工作，激发了各行各业向科学技术现代化进军的热情。74岁的汤佩松，是中国科学院北京植物研究所植物生理生化研

[①]《一定要把科学研究搞上去》，《北京日报》1977年6月24日第1版。
[②]《当代中国的北京》科技分编委编：《北京科技工作发展史（1949—1987）》，北京科学技术出版社1989年版，第171—172页。

究室研究员，他结合国内外科研动态，总结了自己多年的研究工作，并开展学术报告，受到科研人员的欢迎。徐荫祥是北京市耳鼻喉科研究所的老专家，他带领科研人员从12个方面总结科研成果，撰写学术论文，决心进一步搞好科学研究。北京市眼科研究所眼科专家张晓楼激动地说，以前"我们有劲也使不出来，现在是我们贡献力量的时候了，不怕慢，就怕站，我们要急起直追，赶超世界先进水平"。

为了帮助青年科技人员提高外文水平，阅读外国文献资料，北京植物研究所的植物化学研究室和生物固氮研究室都举办了外文学习班，青年科研人员争先恐后地参加学习、开展科研，经常出现图书馆里座无虚席、实验室里排队使用仪器的景象。[①]

9月23日，全国科学大会筹备工作领导小组向全国发布召开全国科学大会的通知，发出"向科学技术现代化进军"的号召，全国迅速形成了大办科学的热潮。同月28日，北京市委向全市发出召开全市科学技术大会的通知。为此，北京市相关部门认真开展筹备工作，组织各系统推荐科技战线的先进集体和个人。经过层层推荐和评选，全市筛选出1340项具有国内外先进水平的优秀成果，并围绕北京此后3年（到1980年）、8年（到1985年）和23年（到2000年）的科技发展制定奋斗目标。

经过充分准备，10月8日，北京市委隆重召开全市科学技术大会。工人体育馆里喜气洋洋，会场挂着巨幅画像和大字标语："全党动员，大办科学，树雄心，立壮志，向科学技术现代化进军！"来自区县局、高校和科研院所、重点厂矿企业和农村社队以及特邀知名科学家、技术人员、工农技术革新能手共1500人参加大会。方毅和国防科委政委李耀文出席了大会开幕式。

大会期间，各位代表认真学习中央领导人关于科学工作的一系列重要指示，学习《中共中央关于召开全国科学大会的通知》（以下简称《通知》）。大家一致认为，中央领导人的指示和中共中央的《通知》，吹响了向科学技

[①]《向科学技术现代化进军——北京市科技战线巡礼》，《北京日报》1977年7月4日第2版。

术现代化进军的号角,鼓舞着首都广大科学技术人员树雄心、立壮志,在向科学技术现代化进军的征途上阔步前进。大会交流了经验,有30多个单位的代表和个人做了口头和书面发言,从不同方面介绍他们不顾干扰破坏,为革命搞科研取得的初步成绩。全市科学技术大会表扬了238个先进集体、556名先进个人,表彰了1340项具有国内外先进水平的优秀成果。

10月14日,大会举行隆重的闭幕式。方毅、李耀文和北京市委第一书记、市革委会主任吴德,市委第二书记、市革委会副主任倪志福,市委书记、市革委会副主任黄作珍、刘绍文、王磊、郑天翔等出席。

下午2时40分,工人体育馆里华灯齐放,主持闭幕式的北京市委常委刘祖春宣布闭幕大会开始。伴随着欢迎乐曲,238名科技工作先进集体的代表胸戴大红花,迈着整齐的步伐,进入会场。他们同556位先进科技工作者一起,受到了1万多名全市各条战线代表的热烈欢迎。乐队高奏《东方红》乐曲,方毅、李耀文、吴德、倪志福、黄作珍、刘绍文、王磊、郑天翔等领导向先进集体的代表颁发了奖状。

闭幕式上,黄作珍代表北京市委和市革委会向大会做"全党动员,为把北京建成具有世界先进水平的科学技术基地而奋斗"的讲话,指出北京市科技建设的成绩和不足,并对未来的发展提出要求。参加大会的代表,深切感受到党的关怀和期望,决心大干快上,为把首都建成具有世界先进水平的科学技术基地贡献一切力量,以科技的优异成绩迎接科学技术事业的繁荣春天。大会在欢快热烈的掌声中落下帷幕。①

为了扎实推进向科学技术现代化进军的群众运动,北京市委提出全市科学技术大会之后,重点抓好5项工作。

一是紧紧抓住揭批"四人帮"这个纲。由于"四人帮"的肆虐,造成干部不敢抓科技工作,不敢学习科技业务知识,严重削弱了党对科技工作的领导,因此要深入揭批。

---

① 《为把首都建成具有世界先进水平的科技基地而奋斗 北京市科学技术大会胜利闭幕》,《北京日报》1977年10月15日第1、4版。

二是抓紧制订科学技术规划。即三年大治，治中有赶；八年大发展，赶中有超；20世纪内把北京建成一个具有世界水平的科学技术基地。"三年大治，治中有赶"，就是要搞好机构队伍的整顿，加强研究试验基地的建设，大力培养科技人才，攻克一批生产建设中急需解决的科技难关，取得一些接近或赶上世界先进水平的重要研究成果。"八年大发展，赶中有超"，就是要基本形成一个专群结合的、又红又专的、能打硬仗的科研队伍，培养出一批优秀的科学家、工程技术人员和革新能手。在半导体、激光等新科技和城市建设方面，建成几个具有现代化手段和水平的科研机构和基地。在一些能带动北京市实现四个现代化的重大科技领域，取得具有国内外先进水平的成果。在20世纪内，要拥有一支宏大的工人阶级科技队伍，拥有一批第一流的科学技术专家。为实现上述目标，要突出抓好6大重点任务：大力开展半导体、计算机和激光等新兴技术的研究；狠抓石油化工技术；研究城市建设和公共设施现代化技术；加强农业科学研究；积极开展环境保护、劳动保护；加强医学理论的研究。

三是立即抓好科研机构队伍的整顿。年底以前恢复一批研究所。研究所要加强管理，建立和恢复必要的规章制度。高等学校要大力开展科研工作，恢复、建立必要的科研机构。工矿企业要普遍建立技术革新组织，并紧密结合生产需要，积极建立科研机构。农村四级科技网要巩固、提高。市科学技术协会和各种专门学会要立即恢复，并开展活动。

四是正确地贯彻执行党对知识分子团结、教育、改造的政策。对于确有真才实学、用非所学的专业人才，要有步骤地调回科学技术岗位。有成就的或有突出才能的科技人员，要在工作条件上给予保证，生活上的困难要逐步解决。技术职称要立即恢复，并建立考核提升制度。改进科研单位的政治工作和后勤工作。

五是切实加强党对科技工作的领导。北京市委决定成立北京市科学技术委员会，作为北京市委和市革委会领导科技工作的职能机构。

全市科学技术大会初步确定了北京科技工作的目标和方向。1978年2月，刚恢复成立的北京市科委与北京市计委从北京科技工作的实际出发，经过认真分析和研究，联合下达北京市 1978 年科学技术发展计划，共安排项目 245 项、317 个课题；重大新产品试制 64 项、64 个课题；中间试验 10 项、10 个课题；重大科学研究 171 项、243 个课题。较之于 1977 年度北京市科技发展计划规定的重点项目 97 项、一般项目 173 项，① 计划项目比去年不仅数量倍增，还有了更为科学细致的分类和安排。

规划北京科技发展

1978 年 3 月 18 日至 31 日，党中央在人民大会堂隆重举行全国科学大会。邓小平出席开幕式并作重要讲话，强调：四个现代化，关键是科学技术的现代化。没有现代科学技术，就不可能建设现代农业、现代工业、现代国防。没有科学技术的高速发展，也就不可能有国民经济的高速度发展。他着重阐述了科学技术是生产力的观点，明确肯定中国知识分子是工人阶级的一部分，提出建设宏大的又红又专的科技队伍，并在科技部门中实现党委领导下的所长负责制。② 大会讨论了关于发展科学技术的规划和措施的报告。③

大会制定《1978—1985 年全国科学技术发展规划纲要（草案）》（以下简称为《纲要》），提出我国科学技术工作 8 年奋斗目标：部分重要的科学技术领域接近或达到 20 世纪 70 年代的世界先进水平；专业科学研究人员达到 80 万名；拥有一批现代化的科学实验基地；建成全国科学技术研究体系。《纲要》对自然资源、农业、工业、国防、交通运输、海洋、环境保护、医药、

---

① 《当代中国的北京》科技分编委编：《北京科技工作发展史（1949—1987）》，北京科学技术出版社 1989 年版，第 176、166 页。

② 中共中央文献研究室编：《邓小平年谱（一九七五——一九九七）》（上），中央文献出版社 2004 年版，第 281—282 页。

③ 报告指出，1978—1985 年是建设社会主义现代化强国的关键 8 年，强调农业、能源、材料、电子计算机等 8 个带头学科的突出地位，还提出当前科技工作的 10 项具体任务：整顿科学研究机构，建成科学技术研究体系；广开才路，不拘一格选人才；建立科学技术人员培养、考核、晋升、奖励的制度；坚持"百家争鸣"；学习国外的先进科学技术，加快国际学术交流；保证科学研究工作时间；努力实现实验手段和情报图书工作的现代化；分工合作，大力协同；加强科学技术成果和新技术的推广应用；大力做好科学普及工作。

财贸、文教等 27 个领域和基础科学、技术科学两大门类的科学研究任务做了全面安排，从中确定 108 个项目作为全国科学技术研究的重点，并把农业、能源、材料、电子计算机、激光、空间、高能物理、遗传工程 8 个影响全局的综合性科学技术领域、重大新技术领域和带头学科，放在突出地位，要求集中力量，做出显著成绩，以推动整个科学技术和整个国民经济高速发展。[①]

会议期间，全国科研成果展览会在北京举行，展出新中国成立以来取得的 600 多项重大科研成果。其中，北京地区有 1340 项重大科技成果和 320 个先进集体、1189 名先进个人受到奖励和表彰。

31 日下午，全国科学大会举行闭幕式，隆重授奖仪式之后，大会宣读了中国科学院院长郭沫若的书面报告《科学的春天》，发出了激情澎湃的号召：

> 我们民族历史上最灿烂的科学的春天到来了。"日出江花红胜火，春来江水绿如蓝。"这是革命的春天，这是人民的春天，这是科学的春天！让我们张开双臂，热烈地拥抱这个春天吧！

全国科学大会的胜利召开，成为中国科学技术发展史上的一个重要里程碑，被邓小平誉为"我国科学史上空前的盛会"。大会做出的"向科学技术现代化进军"的战略决策，做出的"科学技术是生产力""知识分子是工人阶级的一部分"的重要论断，做出的科技队伍红与专的标准以及杰出人才的选拔和培养等一系列决策部署，标志着中国科学技术事业历经曲折后迎来了"科学的春天"，进入一个崭新的历史阶段。

4 月 4 日，北京市委向各区、县、局党委发出《关于贯彻落实全国科学大会精神的通知》，指出：党中央在全国科学大会上发出的"提高整个中华民族的科学文化水平"的号召是全国人民的一项重大战略任务，邓小平的讲话打碎了长期以来"四人帮"套在人们身上特别是知识分子身上的精神枷

---

① 袁振东：《1978 年全国科学大会：中国当代科技史上的里程碑》，《科学文化评论》2008 年第 2 期。

锁。为贯彻落实全国科学大会精神，北京市委提出3点要求：认真组织广大党员、干部、群众深入学习大会的重要讲话和报告；把开展科学实验运动放到各级党委重要的议事日程上，采取切实有效的措施加强对科技工作的领导；为更好地学习和贯彻落实全国科学大会精神，市委要迅速召开工作会议，研究提出加强科学技术工作的具体措施。

4月中旬，北京市委召开科学工作会议。会议采取大会小会、会内会外相结合的方法，分两个阶段进行，第一阶段，4月10日召开扩大会，向各级领导干部和科技人员共2700人传达全国科学大会精神，各单位分头进行学习讨论，结合本单位、本系统情况制定贯彻落实的具体措施。4月18日转入第二阶段，集中北京市委各部委、办和区、县、局、高等学校主要负责人共300余人，进一步学习文件，审订北京市科技发展8年规划，研究布置必须抓紧的几项工作。

与会者认为：一年多来北京科技工作已得到很大改善，之前不敢理直气壮地抓科技，不敢充分发挥科技人员的作用，现在科技工作者精神振奋，为赶上世界科技先进水平而跃跃欲试。目前科技工作仍是薄弱环节，亟待加强，北京市委和各级党委从思想认识到工作部署、从工作方法到工作作风，都要有所转变，一定要下决心，学习、学习、再学习，使自己逐步成为内行，领导好社会主义现代化建设。

大家进一步讨论修改了北京市科技发展8年规划，提出经过23年努力，到20世纪末，要把北京发展成为具有世界先进水平的科学技术基地的设想，并强调实现设想的关键是前8年。这8年要侧重于应用科学和技术科学的研究，逐步加强基础科学的研究。规划安排了58个重要项目，明确规定了6个主要研究方面，即半导体、电子计算机和激光技术，石油化工技术，城市建筑和公共设施现代化关键技术，农业科学技术，环境保护和综合利用，医学理论研究。

全体会议上，公交、财贸、教育、组织、计划、宣传、城建、农林、卫生体育等系统和清华大学、北京市科协的负责同志先后发言，介绍本系统、本单位的规划和工作安排，以及落实党的知识分子政策、培养人才、改进政治思想工作、做好科研后勤工作等许多方面的有力措施。与会代表畅所欲言，憧憬北京未来科技发展，会议开得生动活泼，热气腾腾。

为实现规划任务，会议提出必须切实抓好5个方面工作。

一是大力加强科研地方军建设。要逐步增加和提高市属科研所科技人员的数量、质量，原来的研究所改为工厂或改为以生产为主要任务的都要尽快改回来。要首先搞好重点研究所的建设。

二是进一步贯彻落实知识分子政策。对全市8500多名用非所学的科技人员于1978年国庆前完成调整归队；抓紧对"文化大革命"中受过审查的科技人员进行复查，搞错的平反，结论不当的改正；鼓励科技人员刻苦钻研；对科技人员的考核、提拔和审批手续要尽快定出全市统一的标准、办法。

三是采取有效措施，缩短从研究到生产的周期。在工业体制调整中，划出若干工厂，或在企业中拿出车间或一部分设备，作为研究所的中间试验基地。尽快实行有利于科研成果的推广，促进采用新技术、新工艺的政策。

四是广泛深入开展向科技现代化进军的群众运动。农业系统要认真建立和健全四级科学实验网；工矿企业要在加强厂办研究所、室建设的同时，广泛开展群众性的技术革新活动；北京市科协要把全部学会组织恢复起来，北京市科协和北京市技术交流站要在全市积极开展科学普及和学术、技术交流活动。

五是加强党对科技工作的领导。从北京市委到各区、县、局党委都要由一位书记主管科技工作，切实加强领导。各级党组织要改进和加强政治思想工作，科研单位党组织的一切工作都要以科研为中心，保证出人才、出成果。[①]

规划目标确定后，科技人才是关键。为落实北京市委科学工作会议精神，5月19日至20日，北京市委组织部、市科委、市计委、人事局4部门联合召开落实知识分子政策、加强科技干部管理工作会议，对当时存在的突出问题

[①] 中共北京市委党史研究室：《社会主义时期中共北京党史纪事》第八辑，人民出版社2012年版，第214—216页。

提出具体意见：尽快进行用非所学科技人员的调整、归队工作，研究拟订工程技术干部晋升条件和办法的试行意见，明确规定科技干部实行分级管理。6月24日，北京市委批转上述会议报告，要求采取切实有力措施尽快落实，有力地推动了科技人员的调整和归队，为探索新形势下北京科技事业如何实现突破，迈出了坚定步伐。

二、市科委和科协恢复工作

市委科学工作会议后，科技领域的工作机构和群众团体随之活跃起来。1978年2月，北京市科技局撤销，北京市科委正式恢复成立，北京市委科教部副部长白介夫任主任，科教部所属科技小组整个编制归并市科委。随后，市属各业务局、公司陆续恢复科技（教）处，有的还设立了科技质量处和生产技术处。各区县相继设立科学技术委员会，市、区两级科技管理体系得以完整重建。作为负责全市科技工作的职能部门，科委制订实施全市科技发展规划、管理科研院所，围绕科技政策、科技成果、科技人才做了大量工作。

落实政策与解决实际困难

邓小平在全国科学大会上强调科学技术是生产力、明确知识分子是工人阶级一部分的讲话，如和煦的春风，温暖了亿万知识分子的心。北京市科委以落实知识分子政策为重点，解决科技人员实际困难，推动各项工作陆续开展。首先做的是拨乱反正工作，在恢复知识分子名誉的同时，注意在工程技术人员之中发展党员，并培养优秀骨干。1979年，北京市各级党组织共发展各类专业技术人员2600多人入党，约占全市当年发展党员总数的15%，成为十几年来发展知识分子最多的一年。[①] 这一年，北京市经委扩大科技人员入党，共有150名工程师以上专业技术人员入党，其中总工程师2人、副总工

---

① 《本市两千六百多名知识分子入党》，《北京日报》1980年2月16日第1版。

程师 11 人、工程师 131 名，总会计师 3 人，主治医师 3 人。[①]

韦加宁是北京积水潭医院创伤骨科主治医生。他刻苦钻研业务技术，勤勤恳恳地为人民服务，1972 年在世界上首次成功进行同体断足移植术，1975 年又在国内首创"同体拇指移植"，工作上做出了杰出成绩。多年来，韦加宁积极要求入党，但受"左"的影响，他被认为是走"白专道路"，没有成功。十年内乱结束后，韦加宁迎来了事业的春天，他的移植术于 1977 年获得北京市科技成果奖，1978 年他又被誉为北京市白求恩式医务工作者。1979 年，韦加宁被吸收入党，他干"四化"的劲头更大了[②]。发生在韦加宁身上的变化，是当时卫生系统发展知识分子入党的一个缩影。1976 年 10 月至 1979 年年底，市卫生系统下属院、所积极发展知识分子入党，提拔了一批优秀技术干部。各院所共发展 91 名知识分子入党，多数是中青年业务技术骨干，共提拔 195 名院级业务干部、正副教授、正副科主任和正副研究院院长。

北京市水利局党委 1979 年年初恢复了局总工程师室，5 位高级工程师都是局务会议的成员，列席局党委的有关会议，阅读行政领导的有关文件。到 1980 年 7 月，党委已选拔 46 名优秀科技人员充实到各级领导班子。局、处、科三级领导班子中，已有 110 名科技人员，占总数的 28.2%。[③]

然而，长期以来知识分子被称为"臭老九"，要改变这种固有认知，还有着较大阻力。1980 年 10 月 15 日，《北京日报》登载一封来自北京市化肥农药工业公司组干科的党员来信。信中反映有一名老工程师从 1956 年就开始申请入党，20 多年来工作积极，为科研工作做出较大贡献，其所在党支部先后 4 次报请上级组织部门要求发展，都以种种理由被回绝。后来支部书记向上级领导全面介绍了这位工程师的情况，才勉强同意让他填写入党志愿书，

[①] 《去年市经委系统有 150 名工程师以上专业技术人员入党》，《北京日报》1980 年 2 月 9 日第 1 版。

[②] 韩长林、陈绪豪：《本市卫生系统提拔一批优秀技术干部》，《北京日报》1980 年 1 月 13 日第 1 版。

[③] 《市水利局党委重视发挥知识分子作用，选拔科技人员充实各级领导班子》，《北京日报》1980 年 7 月 11 日第 1 版。

但最后还是没有批准他入党。这封信明确提出：不要对科技人员入党多设一道卡，应该按照党章要求，把够条件的科技人员吸纳入党，让他们为"四化"更好贡献自己的聪明才智。①

这封信反映了当时知识分子政策的落实情况，"不要对科技人员入党多设一道卡"的观点也赢得了更多人的认同。北京市科委为此加大了宣传知识分子为"四化"做贡献的力度，广泛宣传优秀科技人员被吸纳入党、提拔使用的事迹。

中国电子技术研究院重视发挥知识分子作用，对知识分子政治上一视同仁、工作上放手使用，自1979年至1982年5月，共发展54名党员，其中科技人员和业务骨干31人，占57.4%。②

北京市畜牧局集中选拔了一批年富力强的优秀科级干部，15个生产场（厂）长都是20世纪60年代初的大学毕业生。这些科技干部带领职工积极推行科学的管理和经营方法，使生产面目焕然一新。1981年年初，畜牧兽医师刘江、欧景钧被派到红星鸡场担任党支部书记和场长。他们吃住在场里，夜以继日、废寝忘食地工作，带领干部和工人总结推广了一套科学饲养管理制度和免疫程序、免疫方法，使场里的生产面貌在短短一年中发生了显著变化：1981年的鲜蛋产量比1980年增加了68万斤，盈利比上年增长92%。1982年1月至5月与去年同期相比，鲜蛋产量又增加42万斤，盈利增长66%。与此同时，畜牧兽医师赵继善担任东沙种鸡场场长后，带领科技干部认真钻研孵化技术，大胆改革孵化设备，使这个场的种蛋受精率、受精蛋孵化率和雏鸡雌雄鉴别准确率三项生产指标达到国际先进水平。③

针对科技人员关心的职务职称问题，根据中央1977年9月关于恢复技术职称、建立考核制度的精神，北京市积极开展定职晋升工作。到1978年年

---

① 《不要对科技人员入党多设一道卡》，《北京日报》1980年10月15日第3版。
② 《中国电子技术研究院重视发挥知识分子作用 近几年发展的党员中科技人员占半数以上》，《北京日报》1982年5月13日第1版。
③ 《15个生产场（厂）长都是60年代初大学毕业生》，《北京日报》1982年7月4日第1版。

底，全市共晋升 5119 名科技人员，职称有总工程师、副总工程师、工程师、工艺美术师、技术员、副总农业技师、教授、副教授、讲师、副研究员、助理研究员、主治医师等。北京重型机器厂 1978 年提升了 50 多名工程师，科技人员积极性大涨，搞了 200 多项技术革新，其中比较重要的有 20 多项。①

各系统、各区县陆续推进考核晋升工作。房山县通过考核做好农林、农机、水利、畜牧、工业、城建等方面科技人员的定职晋升工作，1979 年定职技术员 169 人，助理技术员 70 人，农技师、工程师 31 人。② 1980 年年初，平谷县对全县农业战线上的科技人员进行考核，为 229 人分别定了技术员或助理技术员的职称，改变了科技人员无职、无权、无责的状况。③ 1980 年 6 月，北京市长城农工商联合会为农林牧渔各业科技人员定职晋职，1469 人参与考试，通过复查和审批，304 人得以定职或晋职，其中农艺师 150 名、畜牧兽医 101 名、工程师 45 名、主治医师 8 名。④

到 1981 年 3 月，全市共对 124521 名科技人员进行了职称的评定、晋升和工程、农业科技人员的套改工作。全市有高级技术职称人员 990 名，中级职称人员 22628 名。⑤

北京市科委高度重视科技人员在生活与工作中遇到的各种实际困难。经北京市委、市政府批准，市科委推动相关部门克服财政紧张问题，采取切实可行办法，通过分层、分类、分级推进，1978—1979 年，解决了困扰科技人员多年的诸多困难：争取到 10 万平方米的宿舍指标，解决科技骨干的住房问题；解决近 1000 名科技人员的夫妇两地分居问题；解决约 5000 人的用非所学问题；安排一批科技人员就业。⑥ 北京市卫生系统 1977—1979 年为 148 名

---

① 《本市去年有五千多名科技人员晋升》，《北京日报》1979 年 3 月 2 日第 1 版。
② 《房山积极做好科技干部考核晋升工作》，《北京日报》1980 年 4 月 4 日第 1 版。
③ 《平谷县为两百多名农业科技人员定职称》，《北京日报》1980 年 2 月 20 日第 1 版。
④ 《市长城农工商联合企业为 304 名科技人员晋职、确定职称》，《北京日报》1980 年 6 月 23 日第 1 版。
⑤ 《当代中国的北京》科技分编委编：《北京科技工作发展史（1949—1987）》，北京科学技术出版社 1989 年版，第 193 页。
⑥ 北京市科学技术委员会主编：《北京科技 70 年（1949—2019）》，北京科学技术出版社 2020 年版，第 34—35 页。

知识分子解决了夫妻长期两地分居，或身边无子女照顾的困难，还解决了一部分医务人员的住房问题。[①]

根据中央组织部1982年1月《关于检查一次知识分子工作的通知》精神，北京市委组织了一次较为彻底的知识分子工作检查，为解决知识分子在学习、工作和生活上的实际困难创造了积极条件。北京市科委为此组织调查，围绕发挥中级科技人员的作用，先后召开8次座谈会，发出几百封调查信，走访几十名科技工作者，了解到北京市科技工作者面临的诸多现实困难。

住房问题依然是大家关注的焦点。1982年6月22日，《光明日报》刊登了一封来自北京市科协市机械工程学会两名干部的读者来信，并载有调查附记。信中提到北京工业大学金属材料系焊接教研室主任、全国焊接学会常务理事徐碧宇教授，他是我国焊接学术方面较有影响的老前辈。十年内乱中，他原有3间住房被人占去2间。1979年3月，北京市委分房领导小组拨给北工大劲松住宅区新建楼房15套，明确指出分配对象是房子被挤占的高级干部、高级知识分子，以及属于落实政策范围内的华侨。经学校讨论上报，北京市委教育工作部签发了住房证，分配给徐碧宇住房3间，房屋面积接近于被占前的居住面积，且离学校较近，其他条件也好。

然而，学校领回住房证后，却把3间改为2间。这一改动既未征求徐碧宇本人意见，也未经上级签发部门同意。此外，徐碧宇的职称在上报表格中被填为副教授，全家6口人被写成5口人。此后两年，北京工业大学住房紧张情况得到缓解，但徐碧宇的住房问题仍没有彻底解决。当时，他一家三代挤在两间共计24平方米的房子中，给工作带来诸多不便。徐碧宇的住房困难情况一经登载，便引发了广大科技工作者的共鸣，人们纷纷给徐碧宇写信或者打电话表示支持，推动了北京工业大学解决徐教授的住房问题。[②]

知识分子检查工作不仅有利于解决科技人才的实际困难，还在贯彻干部

[①] 韩长林、陈绪豪：《本市卫生系统提拔一批优秀技术干部》，《北京日报》1980年1月13日第1版。
[②] 《北京市科协1982年上半年工作报告》，北京市档案馆馆藏，档案号010-003-00163-0001。

队伍"四化"（革命化、年轻化、知识化、专业化）的过程中，进一步推动了技术干部的选拔使用。到 1982 年 10 月，全市具有大专及以上文化程度的知识分子干部共 24 万人（不含中央和北京市共管单位的知识分子），约占全市干部总数的 52%，其中各类专业技术干部 18 万多人。

制定政策引导科技发展

北京市科委 1978 年 2 月恢复成立后，围绕全国科学大会和北京市委科学工作会议精神，北京科技事业终于紧锣密鼓地开展起来。首先做的是发挥北京地区科技资源丰富的优势，积极推动重点科技项目。3 月，北京市科委与中国科学院、北京市有关部门联合召开北京市光导纤维多路通信科研工作会议。会议强调：首都是中共中央所在地，是我国政治、科学、文化的中心，城市大、人口多，对通信的要求比任何地方都紧迫和重要。经过 3 年多努力，北京市已经形成一支掌握激光光纤通信的科技队伍，有条件把工作做得更好。会议决定，成立 4 个攻关小组，即器件组、耦合组、光缆组和端机组，提出 1979 年实现 3 公里、传输 120 路脉冲编码电话并网试验的总任务，并要求 1979 年 7 月 1 日前开始在市话 86—89 局间联机调试。

4 月 2 日，北京市科委下达 1978—1985 年北京市科学技术发展规划纲要，提出奋斗目标是：在新兴技术、石油化工、城市建设与公共设施、农业、环保劳保、医学 6 个重点科技领域的主要方向，达到 20 世纪 70 年代的世界先进水平；建成 25—30 个具有国内先进水平的科学研究机构和试验基地、市属专业科研机构的科技人员达 15000 人；形成专业科研机构、高等学校与生产第一线科技组织相结合的科学体系；科技研究成果能有效地形成生产能力，大幅度提高劳动生产力，大量发展"高、精、尖"产品。纲要还明确了 12 个主要科研方向：发展半导体，电子计算机技术和激光技术；石油化工技术；城市建设现代化关键技术；农业科学技术；环境保护、劳动保护和综合利用；加强预防医学和医学理论研究，发展新医学、新药学；电力技术和新能源；冶金新技术和新材料；发展机光电新产品；轻工新工艺、新产品；机械化自动化；防震抗震。可见，北京市的科技发展既注重与世界科技前沿接轨，又注意加强此前的科技优势，为全市科技发展指明了方向。①

为加强北京地区科技力量，5月12日，北京市科委与市建委、工交办公室、农林办公室、卫生体育部共同召开会议，专题研究12个北京市重点研究所的工作，分别对北京市半导体器件研究所、北京市新技术应用研究所、北京市玻璃研究所、北京市冶金研究所、北京市机电研究院、北京市光电技术研究所、北京市建筑材料研究所、北京市塑料研究所、北京市化工研究院、北京市肿瘤防治研究所、北京市农林科学院和北京市科技情报研究所的工作情况进行认真分析，明确了要抓紧的几项工作：一是抓紧配好各所的领导班子，注重配备有专业背景、懂技术知识的领导干部；二是重点所的工作方向、任务问题、服务对象等，都应该面向全市，当年7月底前制订包括方向、任务、课题规模、基建、经费、设备和年度计划的事业发展规划；三是加强科技队伍建设，抓紧现有科技人员的培养和提高。

北京市科委在谋划市级研究所工作的同时，又于7月召开区县科技工业座谈会，听取各区县贯彻全国科学大会和市委科技工作会议情况的汇报，交流区县科委工作的经验，布置编制明年科技发展计划，研究改进科技管理工作。

经过多方调研和充分准备，北京市科委于1979年1月下达1979年科学技术发展计划，计划共安排284个项目、384个课题。分别是：重大新产品试制74项、77个课题；中间试验22项、31个课题；科研188项、276个课题。

同月，北京市科委下达年度重点新产品试制、中间试验、重大科研项目共14项，分别是高效太阳能热水器；大规模和超大规模集成电路用超纯气体、超纯试剂和高纯度大直径单晶；半精梳毛纺产品；北京市区域环境污染综合防治；水泥刨花板及龙骨生产工艺及设备；玻璃钢透明板材及全玻璃钢温室；适合工厂饲养的鸡猪新品种的选育；蔬菜杂种优势利用技术和温室结构；蔬菜病虫害生物防治；大气污染自动监测站关键仪器；蒸发冷却汽轮发

---

① 《当代中国的北京》科技分编委编：《北京科技工作发展史（1949—1987）》，北京科学技术出版社1989年版，第177—178页。

电机；30万吨乙烯成套装置关键技术和设备；地震预报预测传输分析中心；声光器件及激光全息存储。① 这些项目，兼顾了工农业生产、环境保护，也与人民生活息息相关，引导北京科技工作走上健康发展的轨道。

根据中央调整国民经济精神，特别是中央书记处1980年4月下达的关于首都建设四项指示，北京市的科技工作不仅围绕发展"高精尖的轻型工业和电子工业"做文章，也加大了满足社会需要、服务首都人民的力度，持续采取有效措施，加快了科技成果的转化应用工作。

同年8月，北京市科委发布科学技术成果奖励暂行条例，规定了成果奖励的范围和条件，明确提出应用科学技术成果是重点，其中，新的诊断技术、手术操作、医疗抢救措施和防治方法，农作物的新品种，畜、禽、蛋、蜂、水产等新产品是奖励重点。②

1981年1月，北京市计委、市科委联合下达1981年度北京市科学技术发展计划。内容包括农业、轻纺、能源、城市建设、环境保护、新兴技术、医药卫生等领域。全部项目中，开发研究220项，占57%；应用研究149项，占38%；基础研究18项，占5%。北京市科技费用90%以上用于应用研究和开发研究，较多地安排了与人民吃、穿、用、住、行直接相关和城市建设、环境保护、能源、医药卫生以及旅游出口等方面的研究项目。③

为鼓励全市各行各业加大成果转化力度，1982年3月，北京市召开1981年度优秀科技成果授奖大会。段君毅、焦若愚、叶林、白介夫、陆禹、张彭等北京市委、市政府主要领导出席大会，向获奖单位和个人发奖。406项优秀科技成果获得奖励，总数比1980年多11%。这些获奖成果有两个特点，一是注重经济效益和社会效益，把科技水平、创新程度和经济、社会效益统一起来，多数成果已进行扩大试验或批量生产，不少成果已形成生产能力。二是注意为人民生活服务，多数与人民生活直接有关，体现了北京市既抓"高、精、尖"，又抓"吃、穿、用"的方针。北京市政府在会上宣布，决定推广

---

① ② ③ 《当代中国的北京》科技分编委编：《北京科技工作发展史（1949—1987）》，北京科学技术出版社1989年版，第182—183、189、190页。

20项经济效益显著的科技成果,确定了经济发展和社会急需的60个协作攻关的科研项目。①

从1979年到1982年10月,据北京市科委已推广应用的42项成果的统计,年产总值2.1亿多元,为科技总投资的15.8倍。北京市科委为此选编《北京市科技成果应用推广效益显著100例》一书,进一步总结和推动科技成果的转化利用。②

学会组织积极发挥作用

作为首都科技工作者的群众团体,北京市科学技术协会是党和政府联系科技工作者的重要纽带和得力助手。1978年3月,北京市委决定恢复市科协。截至8月,43个自然科学学会恢复活动。此后,北京市科协通过学会组织、区县科协、直属事业单位,联系广大科技工作者,开展了大量学术交流、科技普及、科技协作和咨询服务、科技人员的继续教育、国际民间科技交流及青少年科普活动,为首都的物质文明建设和精神文明建设做出了贡献。

改革开放之初,全市16万多名科技人员中,中高级研究人员不足18%。市里102个研究所中,70所没有高级研究人员,30所连中级研究人员都没有。科技队伍存在着知识老化、新专业知识少、青年基础理论知识不够扎实等问题。为此,北京市科协高度重视提高科技人员的业务能力,各类学会持续举办培训和讲座。1979年全市学会共举办系统讲座和专业培训学习班240多个,有6万多名科技人员、管理干部、教师参加。③ 1980年,北京市科协举办科技培训进修班和系统讲座701期,参加者达12万人。④

1981年,受北京市科委委托,学会开设数理化3门基础课,培训内乱期

---

① 赵文翰:《注重经济效益和社会效益 注意为人民生活服务 本市去年406项优秀科技成果获奖》,《北京日报》1982年3月24日第1版。
② 《本市大量科技新成果应用推广》,《北京日报》1982年10月2日第1版。
③ 北京市科学技术协会:《千方百计发现和培养人才》,北京市档案馆馆藏,档案号010-003-00054-00001。
④ 《北京市科协1980年工作情况和1981年工作意见》,北京市档案馆馆藏,档案号010-003-00049-00001。

间大学毕业生 1337 人。学会聘请具有丰富教学经验的高水平专家，通过集中授课，为这些基础知识薄弱的科技人员系统补课。这些人员克服工作和生活诸多实际困难，抓紧每分每秒刻苦学习，最终结业考试成绩令人满意，三课及格率分别为 70%、71%、83%。

随着现代化建设和对外开放的深入推进，各系统、各区县广泛开展学术交流和培训讲座。1982 年上半年，据 33 个市学会统计，举办各种系统讲座和培训班 136 期，1.58 万人次参加。各区县共举办培训活动 1131 次，7 万多人次参加。①

北京市科协联系着一支涵盖各领域各学科、充满勃勃生机的专、兼职科普工作人员队伍。他们围绕党和国家中心工作，在城乡各地广泛开展丰富多彩的科普活动。工业生产技术知识讲座、农业实用技术培训、青少年科技竞赛、领导干部高科技讲座、"优选法"和"统筹法"普及、哈雷彗星观测及破除封建迷信的展览等，给首都人民留下了深刻印象。

1985 年 10 月至 1986 年 5 月，是 76 年回归一次的哈雷彗星接近地球的时期。为宣传科学知识，防止有人利用哈雷彗星的出现散布迷信，扰乱社会秩序，1985 年 3 月 7 日，北京市科协向北京市委宣传部报送《关于在我市开展对哈雷彗星宣传和观测的请示》。北京市委宣传部、市委农村工作部、市文化局、市公安局、团市委、市农办等单位多次研究，制订群众观测计划，召开 60 家新闻单位参加的新闻发布会，要求新闻媒体宣传哈雷彗星的知识，报道专业人员和群众业余观测哈雷彗星的情况。

经过认真准备，1985 年 5 月，中国天文学会普及委员会、北京天文学会、北京天文台、北京天文馆、北京市科协、北京市教育局、团市委等 16 家单位联合举办"哈雷彗星天文知识竞赛"，各区近 2000 名中小学生参加竞赛。经过专家的初评和面试，评选出一、二、三等奖共 80 名。一等奖获得者王正英早在幼儿园时就爱上了天上的星星，这次天文知识竞赛，他不仅运用自己扎

---

① 《北京市科协 1982 年上半年工作报告》，北京市档案馆馆藏，档案号 010-003-00163-0001。

实的天文知识，很好地答出了试题，还独立思考，提出了新的问题和见解。另一名一等奖获得者黄茂海则是西城区少年宫天文小组的成员，初中时就搞了流星记录，每周日都要到天文馆去观测。①与此同时，有关方面编辑《哈雷彗星观测指南》，制作宣传哈雷彗星的天象节目、宣传画和幻灯片，举办哈雷彗星图片展览，放映有关哈雷彗星的科普电影。

7月，北京市青少年天文爱好者协会组织"哈雷彗星观测夏令营"，培训了一批小观测能手。北京市政府和区县政府为观测哈雷彗星拨出专款，配备了一批天文望远镜。1985年11月至1986年1月，是北京哈雷彗星观测期。北京天文馆、北京天文台沙河观测站、密云观测站和兴隆观测站接待了一大批青少年天文爱好者。东城、西城、崇文、宣武、海淀、丰台、朝阳、大兴、顺义等区县和地坛、天坛两个公园设置了数十个观测点。这期间，中科院北京天文台和北京市科协邀请李锡铭、宋健、焦若愚等领导到兴隆观测站用天文望远镜观测哈雷彗星。1986年，北京市还组织参加了全国青少年赴海南岛观测队。据不完全统计，在哈雷彗星观测期间，全市有13万人观测到哈雷彗星，科技工作者和天文爱好者取得了重要科研成果。②

这一时期，城乡开始举行科普市场。1981年10月15日，大兴县科协举办首次科普赶集活动。集市展出小麦管理、鸡猪防疫等方面宣传板面40余块，同时展销有关科技、科普图书。中国科协副主席裴丽生参加活动，小麦专家曾道孝、兽医专家王树信应邀参加活动并现场传授技术。③1985年5月，北京市科协举办首届"北京科普市场"，普及科学知识，提供科技信息，开展咨询服务，展销科技商品。各区县科协及所属学会、部分科研院所、公司、企业、出版社等90余家单位参加。④

北京市科协各学会组织充分利用首都有利条件，有重点地开展国际科技交流。1980年共接待美、日、澳等十几个国家和地区的165位专家，组织报

---

① 满桂芳：《市青少年哈雷彗星天文知识竞赛昨揭晓》，《北京日报》1985年7月13日第2版。

②③④ 北京市科学技术协会编：《北京市科学技术协会志》，北京出版社2002年版，第92—93、105—106、90页。

告、座谈 100 多次，参加者 1 万多人次。① 1980 年 5 月 19 日至 22 日，由北京市科协和中国光学学会及北京光学学会筹办的"国际激光会议·北京会议"在北京科学会堂举行。参加会议的外国代表 41 人，中方正式代表 70 人、列席代表 30 人、旁听的中方外地代表 70 多人。会上，中方宣读论文 24 篇，外方宣读论文 30 篇。会议举行的同时，还举办了外国激光仪器展览会，10 家公司展出 1000 多件展品，接待 4000 多人次参观，并组织了多次座谈。5 月 19 日，邓小平和方毅会见了与会的中外科学家。②

北京金属学会 1982 年共邀请 6 位外籍专家来京讲学交流。6 月，日本知名磁性物理学专家增本健和材料学专家藤森启安受中国政府邀请来华讲学。北京金属学会抓住机会，主动联络两位教授在北京做了 8 场学术报告、2 次实验指导和 5 次专题讨论，介绍美国、日本在非晶合金领域的开发动向、成分设计、制备、性能及物理实验方法和应用情况。来自全国 29 个研究院所、大学和工厂的 100 多名科技人员参加，让大家了解到美国、日本在此领域的最新动向，受到许多启发。随后，北京金属学会依样画葫芦，在德国西柏林大学奥特斯教授，美国空气物理公司经理、美籍华人法兰西斯·冯，日本东京大学江见俊彦教授等人访华时，专门组织他们为在京科研人员做学术报告，开阔了大家的眼界。③

北京燕山石化为适应国际、国内石油化工发展的需要，广泛进行国内外学术交流。燕山石化 1979 年成立科学技术委员会，负责组织研究和提出公司的重大技术决策意见、技术路线及新技术开发方案，审定科学技术发展规划和重大技术改造计划，审批重大发明创造和技术革新的奖励等事宜。同年，还成立了北京化工学会石油化工分会、北京市环境科学学会燕山分会，以及

---

① 《北京市科协 1980 年工作情况和 1981 年工作意见》，北京市档案馆馆藏，档案号 010-003-00049-00001。
② 北京市科学技术协会编：《北京市科学技术协会志》，北京出版社 2002 年版，第 60 页。
③ 《北京金属学会 1982 年工作总结及 1983 年工作要点》（1982 年 12 月），北京市档案馆馆藏，档案号 010-003-00190。

能源、电力、机械等学术团体。这些学会经常举办科技活动和学术交流，充分发挥科技人员聪明才智，组织科技人员参与制订规划、技术方案和技术经济论证，做到了广开思路、集思广益。

通过学会组织出国考察、邀请外国专家来公司进行技术讲座等形式，燕山石化与日本三井油化、日挥株式会社、美国联合碳化物公司、意大利斯梯普公司等几十家大公司保持着技术交往，开阔了视野，掌握了动态。1981年10月7日至10日，燕山石化公司首次主办"国际乙烯技术交流会"，中国几家石化企业和美国鲁姆斯公司、日本东工物产株式会社等公司的中外专家参加会议，广泛进行技术交流，制定技术改造项目。1982年完成技术改造35项，完成投资2840万元。改造项目投产后当年净收益即达2025万元，为当年投资的81.7%。①

学会组织为首都的科技进步和经济发展发挥着越来越重要的促进作用。到1984年，北京市科协从1963年成立时的44个学会、2.6万余名会员，发展到114个学会、协会、研究会，12万名会员。直属事业单位有北京科技报社、北京科技进修学院、北京科普服务中心、科技活动中心管理处等。②

筹建北京科技进修学院

针对改革开放初期科技人员知识亟待更新的问题，为系统提高在职科技人员的理论和业务水平，北京市科协1979年初就着手筹建专门机构——北京科技进修学院。学院主要业务为继续教育、成人学历教育、岗位与职业培训等，服务对象主要是国家机关、企事业单位的各类科技与管理人员。

最初，因为没有校舍，没有师资，学院便借用北京市第二十八中学的教室在晚间开课，教师也主要是从市里各大学聘来兼课的。尽管条件差，但由于办得及时，适合需要，教得认真，要求入学者非常多。一些远在沙河、海

---

① 《当代北京工业丛书》编辑部：《当代北京石油化学工业》，北京日报出版社1989年版，第209页。
② 北京市科学技术协会编：《北京市科学技术协会志》，北京出版社2002年版，第16、17、368页。

淀、通县、酒仙桥和宋家庄的科技人员也来报名，入学后每次都准时赶来上课。因为名额有限，有些科技人员入不了学，教室里也挤不下，就索性站在窗外旁听。北京起重机厂的一名技术员为了学习科技日语，一开始没报上名，就在教室外听了两个多月课，刮风下雨也坚持不懈。学院领导深受感动，让他挤进了教室。参加学习的同志们深感机会难得，自觉刻苦用功。有些学员出差在外也坚持自学，回来照样参加考试。

功夫不负有心人。学员们通过学习，不仅取得良好的考试成绩，还在工作中发挥了作用。北京市仪表机床厂的总工程师，刻苦学习英语，一年之后，在和一个外国代表团谈生意时，恰好翻译不在场，他就用英语直接同代表团交谈，完成了谈判任务。

学员把进修学院的培训视作向"四化"进军的"桥梁"和"加油站"。北京市劳保所一名技术员是1968届清华大学毕业生，1979年报考研究生没有考上。于是，他持之以恒，坚持参加进修学院三门课的学习长达一年多，1980年9月如愿考上了清华大学系统工程专业研究生。[1]

由于学员人数众多，1000多名学员仅有3名工作人员。1980年9月，北京市科协为进修学院增派了3名干部，学院陆续增设电工学、机械原理、机械设计基础、英语和日语口语等培训班，大受欢迎。[2] 此后还根据形势需要，开设了各种专题班。

1982年5月5日，进修学院管理科学部举办的第一期科技管理研究班正式开课。研究班采取不脱产学习的方式，聘请高校专业教授讲授"科研规律与科研体制""技术预测与产品开发""工业科研管理"等内容。第一课的内容是"发达国家实现工业化的道路"，吸引了本市一些工业局、公司以及中央一些在京单位所属研究机构的100多人积极参加，他们都是主管技术工作的副厂长、总工程师等技术管理干部，对发达国家如何实现工业化之路很感

---

[1] 《北京市科协1980年工作情况和1981年工作意见》，北京市档案馆馆藏，档案号010-003-00049-0001，第7页。

[2] 《学员千人 有的不能入学就站在窗外旁听》，《北京日报》1980年9月6日第2版。

兴趣，希望对自己的本职工作有所启发。① 同年上半年，管理科学部开办了 4 期科技管理研究班，共招收 523 名学员，广受在京科研单位和企业的欢迎，参加者多是所长、厂长、工程师、会计师等。②

经过 3 年筹建，北京科技进修学院于 1982 年 5 月 22 日正式成立，茅以升任院长。此时，学院已培训科技人员 4249 人，1806 人单科结业。北京市科委承认学院颁发的结业证书，可作为评定技术职称的依据。③ 学院的成立，为提升广大在职科技人员业务水平，开辟了一条新途径。1979—1982 年，学院培训的大学毕业生 5000 多人，考试合格率达 76.6%，④ 一定程度上填补了北京市对科技人才的需求缺口，发展成为北京市科技干部的培训基地，培养了一大批科技人才，被誉为"科技干部之家"。

随着国门的逐渐打开，1984 年 10 月，学院和北京交通工程学会联合邀请美国阿克伦大学威廉·格拉泽教授来京讲学，共举办"道路工程""高速道路""路面工程""交通管理" 4 期研修班，讲学时间 4 个月，全国 29 个省、直辖市的工程技术人员 820 人参加。此后，威廉·格拉泽教授于 1985 年 8 月、1986 年 8 月两次应邀来京，为第 5 期的"路面维护专业"和第 6 期的"交通信号设计和管理"研修班讲学。⑤

受世界新技术革命浪潮的影响，北京市掀起了一股"计算机热"。学院自 1984 年起，与北京市科协及相关学会一样，举办了大量计算机培训班。在这样的背景下，北京电脑天地学校应运而生，于 1985 年 5 月正式成立，成为全国青少年奥林匹克信息培训基地，为北京市推广普及计算机应用、培养青少年人才、为社会培养计算机应用人才做出了贡献。⑥

北京市科委和科协在改革开放初期的重建和恢复工作，是在全国大力推

---

① 《第一期科技管理研究班昨开课》，《北京日报》1982 年 5 月 6 日第 2 版。
② 《北京市科协 1982 年上半年工作报告》，北京市档案馆馆藏，档案号 010-003-00163-00001，第 6—7 页。
③ 《市科技进修学院昨成立》，《北京日报》1982 年 5 月 23 日第 2 版。
④⑤⑥ 北京市科学技术协会编：《北京市科学技术协会志》，北京出版社 2002 年版，第 157、65、157—158 页。

动现代化建设、世界新技术革命蓬勃发展的背景下开展的。北京市科技领域瞄准世界科技前沿,面向经济建设这个"主战场",激发全市科技人员百舸争流,为此后的发展打下了良好基础。

三、启动科技体制改革

1978年春,全国科学大会作出向科技现代化进军的动员和部署,开始了科技体制的恢复重建工作。但长期以来科技体制中存在的科技与生产脱节、科技人员和基层科技单位积极性不高等问题依然突出。北京市根据中央部署,以科研责任制作为科研机构管理改革的突破口,开启科研经费改革,重点培育技术市场,释放民营科技力量,启动了北京科技体制改革。

逐步试行科研责任制

北京地区高等院校集中,科研机构林立,人才荟萃,智力密集,有全国最好的科研条件和装备,具有明显科技优势。新中国成立以后,北京市广大科技人员发扬献身精神,大力协同,建立了学科门类比较齐全的多层次科技研究机构,在农作物品种选育栽培、冶金、石油化工和精细化工、纺织设备和技术、机械制造、精密仪器、人民保健医疗技术和设备、建筑技术和新型建筑材料、电子技术、计算机、通信等众多领域研制出具有一定水平的科技成果,密切配合中央在京研究单位和高等院校,在攻克国防尖端技术方面做出了贡献,为中国的科学技术现代化打下了良好基础。

然而,当时的科技工作管理结构方面,存在着科研、设计与生产之间,军民之间,部门之间条块分割的问题,难以研制出大量高水平科技成果;运行机制方面,主要依靠行政部门,科研机构吃国家的"大锅饭",缺少内在动力和活力;科技人员管理方面,实行各级组织和人事部门统分统配的制度,科技人员一旦进入科研机构,就有了"铁饭碗",干多干少、干好干坏一个样。不改变这些弊端,科技工作就无法面向经济建设,科技成果难以迅速转

教育科技文艺恢复与发展

化为社会生产力，不能发挥科技人员应有的作用。①

1981年2月，中共中央、国务院转发国家科委党组《关于我国科学技术发展方针的汇报提纲》，提出科技工作为经济建设服务的方针，揭开了中国科技体制改革的序幕。北京市委根据中央指示精神，开始酝酿北京市科技体制改革，借鉴经济责任制的办法推进科研院所改革，于1981年第四季度，采取试点先行、分类改革的方法，选择在20家市属独立科研单位试行科研责任制。② 1982年8月22日至25日，北京市科委召开市属重点研究所工作经验座谈会，会议第一个议题便是推行科研责任制问题，以加强科研管理，③进一步明确了用责任制的办法激活科研院所的积极性。

1982年10月，国务院提出"经济建设必须依靠科学技术，科学技术工作必须面向经济建设"的战略方针，首都科技工作者更加明确了科技体制改革必须从科研与生产脱节这一主要矛盾入手，推动科技同经济相结合，把主要力量逐步转移到经济建设的"主战场"。当月27日至31日，北京市科委迅速行动，举办由16个研究所所长和科研办负责人参加的科研责任制专题研究班，就一年来试点科研责任制，从理论和实践进行讨论，④一致认为，应该加大改革力度，进一步打破平均主义"大锅饭"。

在这样的背景下，北京市科研院所的管理和运行机制迎来了突破。为调动科技人员积极性，多出快出成果，北京市科委同意市食品研究所等4个研究单位首批试行科研责任制承包合同，并于1983年2月10日，在西城区三里河路1号的西苑饭店，隆重举行北京市科研责任制承包合同签字仪式大会。北京市市长焦若愚在会上发表热情洋溢的讲话，强调科技改革要一步一个脚

---

① 北京市科学技术委员会：《北京市科技体制改革回顾》，段柄仁主编：《北京市改革十年（1979—1989）》，北京出版社1989年版，第773页。
② 朱传柏主编：《北京市科技体制改革20年》，北京科学技术出版社2006年版，第7页。
③④ 《当代中国的北京》科技分编委编：《北京科技工作发展史（1949—1987）》，北京科学技术出版社1989年版，第200—202页。

印，通过试点，取得经验，分期分批推开。①

这次改革试点启动后，上级主管部门对研究所实行科研成果经费包干，增收节支部分双方按比例分成，研究所有权对所内实行浮动工资、职务津贴和奖励制度等。② 不久，试点单位增至20家市属科研单位，并进一步扩大了试点科研单位的自主权。主要内容是：在国家计划指导下，围绕出成果、出人才，面向经济建设的基本任务，由科研单位同主管部门签订科研经济总体承包合同，实行责、权、利相结合；科研单位内部通过任务分解，层层落实，基本上做到责任到人，权力到人；以责定奖，以奖促责；实行联果计奖，奖励按贡献拉开档次，多贡献多得报酬，个人奖励不封顶。

以责定奖、联果计奖，激发了科技人员的积极性。他们由"坐着等"变为"到处跑"，主动深入市内外生产企业找课题、解难题。据统计，试行责任制后，平均每项课题占用的人数由11人减为6.2人。北京市电加工研究所，平均2人开一个课题，很多青年人独挑重担。一半以上科技人员同时承担多项课题，做到"吃一，想二，眼观三"。③

黄玉燕是当时转化科技成果得到奖励的代表之一。她是北京市食品研究所工程师，印度尼西亚归国华侨，虽患乳腺癌，仍带病坚持科研，与工程师王大鹏等人一起研发"北京酸豆乳"新型冷饮食品，获1980年北京市优秀科技成果奖，1981年11月成为我国首次向国外（日本）有偿转让的科研成果，为国家创汇14.9万美元，还与北京玉泉食品厂合作生产，1983年5月开始供应市场。④ 黄玉燕、王大鹏二人贡献突出，每人奖励1000元，所内得奖最低的为100元，大家表示："责任制像杆秤，贡献大小分得清，按劳分配最公

---

① 《当代中国的北京》科技分编委编：《北京科技工作发展史（1949—1987）》，北京科学技术出版社1989年版，第202页。

② 赵文翰：《本市四个研究所订科研责任制承包合同进行改革试点》，《北京日报》1983年2月11日第1版。

③ 《中共北京市委、北京市人民政府关于北京市试行科研责任制情况向中共中央、国务院的报告》（1984年5月3日），段柄仁主编：《北京市改革十年（1979—1989）》，北京出版社1989年版，第778页。

④ 《新型饮料"北京酸豆乳"投放市场》，《北京日报》1983年5月29日第2版。

平。"一年后,"京花一号"花粉单倍体冬小麦育种工作取得成功,这是世界上第一个用花培育种方法得到的冬小麦新品种,开启了我国花培育种史的新纪元。北京市加大奖励力度,不仅在1984年8月31日专门召开科技成果表彰大会,还奖励1.9万元给该科研团队。其中,主持这项成果的胡道芬获得个人奖励1万元,其他人员0.9万元,这一重奖在科技界引起强烈反响。[1]

责任包干制有力促进了科研成果服务生产一线。20家试点科研单位1983年与生产企业签订的成果转让、技术服务合同共516项,比1982年增长41%。这些项目都是当时生产建设中急需解决的技术难题,如北京市粉末冶金研究所科技人员深入青海龙羊峡水电站、内蒙古霍林河煤矿、葛洲坝水电站等国家重点工程,主动要求研制2吨缆车起重吊具和20吨以上载重汽车的刹车片,解决了工程的急需问题。成果鉴定后,科技人员又主动将研制成果推广到其他水电站工地,受到普遍欢迎。

北京市劳动保护研究所是科研同生产相结合比较成功的典型,1983年与全国25个省市、80多家工厂签订技术转让合同,救活了京内外一批濒临倒闭的工厂。转让的低噪声汽车电喇叭、新型消声器、旋风除尘器等3项成果,使相关工厂年产值新增450万元。北京市粉末冶金所研制的珩磨条,当年开题并鉴定试产1100条,被第二汽车厂投入生产,不仅节省了外汇,还获利40万元。[2]

责任制试行的当年,20家试点单位全都超额完成承包合同规定的指标:课题数平均超额37%,成果数平均超额53%,成果推广应用数平均超额89%,增收节支数平均超额68%。通过成果有偿转让等方式,共获得经济收入780

---

[1] 北京市科学技术委员会主编:《北京科技70年(1949—2019)》,北京科学技术出版社2020年版,第35页。
[2] 《中共北京市委、北京市人民政府关于北京市试行科研责任制情况向中共中央、国务院的报告》(1984年5月3日),段柄仁主编:《北京市改革十年(1979—1989)》,北京出版社1989年版,第779页。

万元，相当于国家拨给这 20 家单位事业费的 64.8%。[①]

试点科研经费改革

责任制试点过程中，科研院所取得了良好经济效益，但也暴露出在分配制度、人员结构、人才合理流动、成果转让计价、专利权、人才考核与晋升等方面存在的问题。随着农村改革推动"包字进城"，城乡各地开始推行经费包干制，试点工作迎来了进一步深化，开始向科研经费管理制度"开刀"。

长期以来，中国科研机构的经费一直靠政府的行政拨款，科研单位捧着铁饭碗吃"皇粮"，做出成果经鉴定上报就算完成任务，其工作好坏不直接经受经济和社会的检验，而国家下达的指令性任务又难以做到完全符合生产需要，这就容易造成科技与生产脱节、科技与经济分离的局面。

1984 年 4 月 10 日，国家科委、国家体改委发布《关于开发研究单位由事业费开支改为有偿合同制的改革试点意见》，5 月 22 日，全国科技体制改革座谈会召开，再次强调要大力支持和推广有偿合同制，当年要有计划地扩大试点单位。[②] 随后，全国 2523 个科研机构，被分成技术开发类、技术公益类、基础研究类，按不同类别进行改革。对技术开发类研究所"断奶""断粮"，逐步削减事业费，对从事基础研究和部分应用研究的科研机构，则运用科研基金的方式，择优支持有重大研究前景和有可能取得学术突破的研究项目。[③]

北京市迅速行动，围绕科研机构关注的经费问题做出具体部署。6 月 18 日，北京市科委向北京市政府上报《关于全国科技体制改革座谈会情况及本市改革方案的汇报》，提出在科研单位大力推广有偿合同制、在基础研究和部

[①]《中共北京市委、北京市人民政府关于北京市试行科研责任制情况向中共中央、国务院的报告》（1984 年 5 月 3 日），段柄仁主编：《北京市改革十年（1979—1989）》，北京出版社 1989 年版，第 778 页。

[②]《当代中国的北京》科技分编委编：《北京科技工作发展史（1949—1987）》，北京科学技术出版社 1989 年版，第 218 页。

[③] 蒋涵箴：《科技体制改革给经济腾飞添翼》，《人民日报》1987 年 9 月 27 日第 1 版。

分应用研究的科研单位改革经费管理制度。① 7月，北京开始试行《关于改革本市科技管理体制的意见》，明确了市属技术开发和推广应用性质的科研单位全面推行有偿合同制。7月14日，全市科技体制改革会议召开，进一步落实国家改革拨款制度、实行分类管理的精神，增加30家工业技术开发型科研单位，开展对外实行有偿技术合同制、对内实行课题承包制的试点，试点单位由1983年的20家扩大到50家，另有30个从事非技术开发的科研单位实行科研基金制。

这次改革，不仅强调要逐年减少这些试点单位事业费，促使科研单位和科技人员形成面向经济建设的压力、活力和动力，以期最终实现经济自立；还给予试点单位一定优惠政策，鼓励它们搞活内部机制，主管部门对研究所的关系从行政管理改为合同管理，加大自主管理经费、调剂使用的权力，实行所长负责制并扩大所长责权利、科研所拥有科技成果的使用权和转让权、科研所有权择优录取和招聘本市人员、允许用非所学或用非所长的科技人员在市内流动等多项放权措施。②

有偿合同制实施后，科研机构有了一定自主权，同时把科研人员推向市场、促使他们深入生产第一线。据对77家市属独立科研院所进行的统计，与1983年比，1984年的课题数量增长35.6%、成果数增长33.5%、成果推广应用数增长51.2%、收入增长80.8%③，培养和锻炼了科研人员的生产观念、经济观念和市场观念。

北京无线电技术研究所属于技术开发型研究所，有7个研究室和200多名科技人员，过去收入主要来自生产电压表，技术开发成果少，科研成果和经济效益联系不起来。实行有偿合同制后，领导班子提出"加速科技成果商

---

① 《当代中国的北京》科技分编委编：《北京科技工作发展史（1949—1987）》，北京科学技术出版社1989年版，第219页。
② 《本市科技管理体制一项重大改革》，《北京日报》1984年7月15日第1版；《当代中国的北京》科技分编委编：《北京科技工作发展史（1949—1987）》，北京科学技术出版社1989年版，第220页。
③ 北京市科学技术委员会主编：《北京科技70年（1949—2019）》，北京科学技术出版社2020年版，第43页。

品化，向科研要效益"的办所新方针，采取了一系列有力措施。首先是设立产品设计奖，规定科研人员可以从他设计的产品销售额中，提取一定比例的奖金。这一做法使科研人员开始关注市场信息、关心成果销路。1984 年开设的 108 项科研课题中，有 74 项是根据用户和市场的需要设立的。

其次，开设科研课题奖金。科研人员完成的科研项目，通过有偿技术转让，取得效益后，设计人员可按比例提取奖金。该所研制的自动测试系统、直流电压传递标准等课题，转让后都取得了较好经济效益，设计人员也都按规定提取了奖金。

同时，规定联系课题奖。凡是科研人员为所里联系的科研课题，经费 1 万元以上的都可以提取一定比例的奖金。20 万元以上的，还可以向上浮动一级工资。数字室和计算机室的两位技术员，因为联系一个项目，除提取奖金外，还分别浮动了一级工资。实行这个办法后，虽然 1984 年国家下达的科研项目只有 9 项，但科研人员深入工业企业调研，截至 1984 年 12 月 3 日，该所已开设课题 108 项，既解决了生产中的难题，也使研究所收到经济效益，有力推动了科研成果商品化，使研究所向技术开发经营型发展，已完成的 82 项科研项目获得的技术性收入，达到全所总收入的 30.7%，而去年同期只有 14.5%，创造了历史最高水平，改变了"靠一块表吃饭"的局面。①

随着城乡经济体制改革的逐步展开，进一步推动科技体制改革势在必行，这是关系我国现代化建设全局的一个重大问题。1985 年 3 月，中共中央作出《关于科学技术体制改革的决定》，提出改革拨款制度，开拓技术市场，克服单纯依靠行政手段管理科学技术工作，国家包得过多、统得过死的弊病；运用经济杠杆和市场调节，使科学技术机构具有自我发展的能力和自动为经济建设服务的活力；改变科研机构与企业相分离，与研究、设计、教育、生产脱节，与军民、部门、地区分割的状况；促进研究机构、设计机构、高等学校、企业之间的协作和联合，使各方面科技力量形成合理的纵深配置。

---

① 《无线电技术研究所改变"靠一块表吃饭"局面　采取措施加速科技成果商品化》，《北京日报》1984 年 12 月 3 日第 1 版。

北京市落实中央精神，于5月12日举行全市科技工作会议，总结一年来全市科研机构改革试点的经验，并对改革拨款制度、开拓技术市场、改革科研人员管理制度做出具体部署。当时，市属技术开发性科研机构共有50家，已有32家试行有偿合同制，剩下的18家也计划于当年试行；从事社会公益事业的科研机构共25家，在定编、定岗、实行科研责任制的基础上，实行经费包干制。有的科研机构既承担社会公益事业或基础研究任务，又从事一部分技术开发工作，则实行"一所两制"，按任务、课题的性质来解决经费渠道。[①] 至此，北京市各类型科研机构全面进入改革轨道。

拨款制度改革之初，许多开发类研究所担心连工资都发不出。结果，事实证明，这些担心是多余的。事业费削减后，人人都关心本单位生存，许多科研成果很快进入经济建设的"主战场"。北京的试点科研机构，很快就出现了开题多、成果多、推广快、效益好的喜人局面，到1985年10月，科研收入大大超过上级拨给的科研经费，技术性收入比1984年增长2.6倍。

北京市农机所建所20多年来，仅取得60余项科技成果，平均每年不到3项。1984年试行科技体制改革后，截至1985年10月，已完成科技成果和工程设计31项，增加收入24万元，比前3年（1981—1983年）收入总和高5倍。[②]

北京联合应用化学与化学工程研究所是中国石化总公司发展部、清华大学化学化工系、华东石油学院北京研究生部三方于1984年4月成立。研究所充分发挥科研机构知识优势，在将科学研究与生产实际相结合，使科研成果迅速转化为生产力方面进行了可喜的探索。[③] 其中，改革经费拨款办法发挥了重要作用。

研究所逐步改变科研经费的拨款方法，由上级主管部门拨款改为由提出

---

① 《立足首都建设需要 搞好科技体制改革》，《北京日报》1985年5月13日第1版。
② 《市属80个独立科研机构全部进入改革轨道》，《北京日报》1985年10月22日第1版。
③ 本刊编辑部：《北京联合应用化学与化学工程研究所首届科技报告会在北京召开》，《石油学报（石油加工）》1985年第3期。

科研课题的总公司或生产企业拨款。该所的研究任务来源有4条途径：一是由生产部门提出课题。二是研究所结合石油化工行业的生产情况选题。这两条途径是研究所收入的主要来源；三是成果在实验室阶段已比较成熟，需要在生产企业支持下进行中试和大规模试验。四是有关基础理论的研究项目，培训研究生等。后两种情况收入不多，他们用前两种科研收入来支持后两种科研发展的办法，既克服了吃"大锅饭"的弊病，使科研既有深度，又有广度，加快了科研进度，生产企业受益快，也由于有了经费保障，保证了科研人员队伍的稳定与发展。

建所仅一年，该所便已承担研究课题40项，其中有9项成果通过技术鉴定，有的已变为直接生产力。如加盐萃取精馏制取无水乙醇技术，在全国20多家工厂应用，仅天津一家工厂利用这项技术每年就获益130万元。[①]

1985年10月19日，北京市委、市政府召开全市科技体制改革经验交流会，肯定全市科技体制改革取得了很好的成绩，下一步将加大步伐，对研究所进一步放宽政策，使其更好地服务于经济建设。会上，化工业、轻工业、机械工业、卫生系统、农林系统的研究机构分别介绍了改革经验。会议还对全市工业系统二级公司所属科研单位、厂办研究所以及农业系统的科技体制改革进行部署，推动科技体制改革进一步深化和扩大。到1987年，全市53个技术开发型与"一所两制"科研单位全部实行拨款制度改革，其中全部取消事业费的有5个、原来没有事业费的有7个，共12个，占科研单位总数的22.6%；削减比例在50%以上的有26个，占总数的49%；削减比例在50%以下的有15个，占总数的28.4%。取消和削减事业费总额达142.4万元，占1987年事业费总额的59%。[②]

试行科研责任制、改革经费拨款制度，让北京市科技工作运行机制发生了深刻变化，科技同经济脱节的状况有了明显改变。到1985年，科技工作已

[①] 刘京钊：《北京联合应用化学与化学工程研究所改革科研经费拨款办法》，《北京日报》1985年10月12日第2版。

[②] 北京市科学技术委员会主编：《北京科技70年（1949—2019）》，北京科学技术出版社2020年版，第44页。

经广泛进入首都经济建设、城市建设和城市管理等各个方面,科技工作的指导思想在贯彻执行中日益深入人心,在全市形成了科技兴农、科技兴企、科技兴业、科技兴县、科技兴区的大好形势,这是首都建设史上前所未有的。①

开辟技术市场

北京科技体制改革的另一项重大举措是开辟技术市场。此前中国科技成果的推广主要依靠行政渠道,由各级政府组织推广和实施。随着改革开放的深入推进,一些科研单位开始向生产单位实行有偿转让成果,或者提供科技咨询服务,帮助企业解决生产中的实际困难,技术市场由此萌芽。

北京是全国最早探索开展有偿技术服务、发展技术市场的省市之一。1981年9月,财政部会同国家科委发布《关于有偿转让技术财务处理问题的规定》,技术转让费从此有章可循。② 同月,经北京市政府批准,北京市科委建立北京科技开发交流中心,主要承办市科委委托的资金有偿科技开发项目;组织承包政府部门、企事业单位委托的科技咨询;组织国内外技术开发与交流;进行综合性技术服务,包括大型精密仪器的协作共用和多种专业性科技服务项目。③ 北京科技开发交流中心建立后,通过举办各种层次的科技成果交流交易会、难题招标、专设技术市场以及"牵线搭桥""当红娘"等活动,推动了科技市场的形成和科技成果的商品化。

同年冬天,具有开创意义的北京地区科技成果交流交易会开幕。首届交易会于1981年12月14日至31日举行,得到了有关部门的大力支持,中国科学院、国务院29个部委以及11个大专院校和北京市34个业务局提供了可转

---

① 北京市科学技术委员会主编:《北京科技70年(1949—2019)》,北京科学技术出版社2020年版,第38页。

② 王清扬、马来平、王家利:《第一生产力与科技体制改革》,山东人民出版社1993年版,第78页。1982年7月,《中华人民共和国经济合同法》开始实施,正式将科技协作合同(包括科研、试制、成果推广转让、技术咨询服务等)作为10种经济合同的一种,使技术成果商品化和技术市场活动有了基本的法律依据,我国的技术市场活动开始步入有组织、有领导的阶段。

③ 《当代中国的北京》科技分编委编:《北京科技工作发展史(1949—1987)》,北京科学技术出版社1989年版,第196页。

让的科技成果2200余项，工矿企业等生产部门向科研单位和高校张榜招标的技术难题有500多项。[1] 交易会还举行专题技术座谈或讲座，并成立法律顾问处、技术洽谈处、技术难题招标处、鉴证处等分别负责办理各项业务。[2] 这次交易会成为当时全国规模及影响力最大的技术交易活动，表明我国在技术商品化的道路上迈出了新台阶，也标志着北京技术市场的诞生。

第二届交易会于1983年4月召开，现场成为人山人海、摩肩接踵的科技"庙会"，20天内参加人数达40万名，农业、能源、轻纺和直接为人民生产服务的科技成果占项目总数一半以上，签订成果转让和技术服务协议1500余项，各类科研新产品订货达12500多台（件），成交额达1300万元。[3] 在此基础上，6月20日，市科委批准北京科技开发交流中心成立北京华联技术咨询服务公司，[4] 进一步加大了推动科技成果走向市场的步伐。

北京技术市场蓬勃发展之际，为贯彻国务院常务会议关于实行技术商品化、开发技术市场的精神，1985年5月14日至6月8日，北京市与国家科委、国家经委、国防科工委在京联合举办首届全国科技成果交易会，北京展览馆迎来了来自全国各地的科技团体和人员。参加的既有大专院校、科研院所，也有工厂企业、社队站场，乃至个人成果，无不应有尽有。本次交易会交易成果有1.5万余项，上至火箭卫星，下至矿井设备，大至生态平衡，小至菌株培育，农林牧副渔、衣食住行用，几乎囊括自然科学技术整个领域。

交易会开馆后，每天访客有增无减，进进出出的数来自首都的科技人员最多。北京市食品研究所两位副所长每天轮流在展台前值班，以便及时拍板成交。他们还给参展的交易人员一定的权力，让他们根据需要灵活掌握，以便及时达成协议。同时，组织100多名科研人员分批前来参观，要大家注意收集市场信息。该所研制的"北京酸豆乳"是我国第一个向国外转让的食品

---

[1] 《北京举办科技成果交流交易会》，《航空工艺技术》1982年第5期。
[2] 《北京地区科技成果交流交易会开幕》，《北京日报》1981年12月15日第1版。
[3] 《科研成果找到"婆家" 生产难题找到行家 40万人参加北京地区科技成果双交会》，《北京日报》1983年5月10日第1版。
[4] 《当代中国的北京》科技分编委编：《北京科技工作发展史（1949—1987）》，北京科学技术出版社1989年版，第204页。

技术项目，在国内也受到欢迎。这次交易会上，食品研究所与齐齐哈尔江岸企业总公司等单位签订了技术转让合同。

交易会设立的技术难题招标馆内，北京市经委招标咨询服务公司的工作人员通过调查发现：国内的技术潜力不小，完全可以自主解决许多技术难题。北京汽车启动机厂原准备从国外引进5种型号的启动机，现在由航天工业部上海航天局〇六一基地帮助解决；北京市汽车靠垫厂原打算花32万美元引进西德聚氨酯发泡机，这个消息被上海交通大学化学系得知后，他们答应可以研制。①

时任国务院副总理万里、国家科委主任宋健等领导到场参观。万里在中国新技术开发公司摊位看到一块白色砖块，得知是利用电厂粉煤灰中的空心微珠研制而成，便拿起来掂了掂，说："很轻嘛!"工作人员介绍说，它虽然很轻，强度却很高。万里听后，转身对北京市负责同志说：你们有的单位进行楼房加高，这不是很好的建筑材料嘛。②

这次交易会，规模之大，交易面之广，成交额之高，在国内都是空前的。参加交易的省、市、国务院各部委等组成的贸易团有76个，总成交额约57亿元，③成交项目2000多项，当年落实的成交额就有23亿元，④有力促进了北京地区大量科研成果向全国各地推广。

与此同时，离北京展览馆不远的海淀区少年宫，这个平时成年人很少光顾的地方，也迎来了全国各地的农民和农业科技人员。原来，北京市抓住首届全国科技成果交易会的契机，5月12日开始，在这里设置了蔬菜技术分会场。

北京市高度重视这次活动，要求各区、县、局的同志当好技术商品推销

---

① 段存章：《"近水楼台先得月"——首都科技人员赶集记》，《人民日报》1985年5月28日第3版。

② 黄成、张继民：《技术市场有利科技成果迅速转为生产力》，《北京日报》1985年5月30日第1版。

③ 王国栋：《首届全国技术成果交易会胜利闭幕》，《热加工工艺》1985年第3期。

④ 北京市科学技术委员会：《北京市科技体制改革回顾》，段柄仁主编：《北京市改革十年（1979—1989）》，北京出版社1989年版，第775页。

员、采购员。北京交易团有6个分团、70多个展台，最受欢迎的数食品加工业，其饮料、酱油、酱菜、各种果脯、点心、白薯、土豆加工技术，都是科研人员大显身手的项目。吉林省通化县一位同志看中了北京农学院的马铃薯、甘薯深加工抗褐变技术，高兴地说："太棒了！这下子不光几十万斤土豆有了出路，工厂也有了活路。"北京农学院的科研人员马上同他洽谈生意。

明亮的展厅里，长长的展台上摆满了各式各样的蔬菜品种和蔬菜种植、病虫害防治、植物保护等方面的技术资料；墙壁上一幅幅五颜六色的图片和放置在防腐瓶中的实物标本更引人注目：惹人喜爱的番茄、挂满露珠的韭菜、红绿诱人的甜柿椒、顶花带刺的黄瓜、累累坠枝的豆角……每一件似乎都散发着沁人心脾的馨香。蔬菜技术市场开幕后，参观者络绎不绝，不少外地的农民刚下火车就直奔会场，京郊有些蔬菜专业户几乎天天光顾。刚几天时间，就成交了100多项转让合同，成交额达几十万元。

交易会上，早、晚熟的蔬菜良种成了"热门货"。天津市农科院蔬菜所送展的菜豆品种颇受青睐，展出的四个菜豆品种，有两个春播、两个秋播，延长了市场供应菜豆的时间，补充了淡季菜。菜农们很识货，争相认购，几天时间就卖了近万斤种子。

京郊四季青乡种子站的展台前经常围满了人，索要技术资料和购买良种的人有时还得排长队。这个种子站的番茄有5个品种，有早熟的，也有晚熟的，产量高，抗病害，亩产可达万斤，站里的圆白菜也是佼佼者，早熟的产量高，晚熟的可贮存，都是补充淡季菜的良种。这个站繁育的秋菜花籽种，去年还没入库，就被"抢"购一空，这次会上虽然没有现货，但订货单上已经留下长长的一串名单。

会场展出的200项技术成果各具特色，除优良品种外，一些先进的种植、栽培技术也很受重视，北京市农科院蔬菜所的番茄栽培技术，综合所的小麦防冻和大白菜防冻新技术等都是农民急需的，每天都有人索取资料，接待人员应接不暇。交易会取得了丰硕成果，先进技术得到广泛交流，许多专业户喜气洋洋、满载而归，一些蔬菜种植业不发达地区还与有关单位签署了全面技术合作协议。①

这一年，各类技术市场纷纷成立。4月16日至30日，北京市建材工业情报站主办的建材工业技术市场，在石景山区金顶街市建筑材料科学研究所举办；② 9月1日，北京技术市场在西城区百万庄大街北街6号恢复营业。该市场1984年12月曾在北京天文馆设立，后因故暂停。这次复业后，市场免费向科研院所开放，国营、集体企业和个人都可来此交易。市场设有技术转让、技术服务、难题招标、新产品展销、人才交流、信息服务等摊位，作为常设交易场所对全国开放。③ 翌年，北京市经委的经济技术市场发展中心正式成立，此后全市迅速建立10多个常设的技术市场，为推动技术成果商业化、产业化发挥了积极作用，有力地促进了科技工作深深植根于经济社会之中。④

科技体制改革的开启，初步打通了科技和经济两大领域，激发了社会活力，北京市的民办科技机构也迎来了起步和突破，并因其发展迅速、层次较高，在全国起到先导作用。到1984年，中关村的民营科技中介机构发展到40家，以"两通两海"（四通和信通、科海和京海4家公司）为代表的中关村第一代创业企业正诞生于这一时期。它们实行技工贸相结合，推动技术市场向纵深发展，突破了长期以来科研由国家统包统办的旧格局，创造出令人瞩目的经济和社会效益，为全国科技体制改革提供了新鲜经验。

四、工业企业技术改造与开发

北京工业系统经过20多年发展，已成为国民经济的支柱力量。1976年全

---

① 《"南菜北果"引来千家客 蔬菜技术市场一瞥》，《北京日报》1985年5月21日第2版。
② 《建材工业技术市场开幕》，《北京日报》1985年4月16日第1版。
③ 袁文芝：《北京技术市场开业》，《北京日报》1984年12月21日第1版；曹欣明：《北京技术市场9月1日复业》，《北京日报》1985年8月24日第1版。
④ 北京市科学技术委员会主编：《北京科技70年（1949—2019）》，北京科学技术出版社2020年版，第45页。

市工业总产值141.21亿元，占社会总产值的80.71%。[1] 然而，这种发展是轻重比例失调、重积累轻消费的，在经济发展的同时，也带来了城市污染较重问题，人民生活面临诸多实际困难。在世界新技术革命风起云涌之际，北京工业企业探索技术引进、攻关改造、更新升级的发展道路，加大对轻工业的投资和政策倾斜力度，重点推动纺织工业、食品工业、民用电器工业的技术进步，积极调整重工业服务方向，开发出一系列国内外先进产品，为迎头赶上世界第三次科技革命迈出重要步伐。

纺织工业技术多点突破

随着人们生活逐渐改善，北京市委从本市轻纺工业在国内外市场缺乏竞争力的实际情况出发，切实落实中央关于"调整、改革、巩固、提高"的八字方针，1979年明确提出优先发展轻纺工业。1980年中央书记处关于首都建设方针四项指示下达后，北京加速发展适合首都特点、人民生活需要的轻工业，打响了北京纺织工业的突围之战。

改革开放之初，首都人民日常生活有诸多实际困难，如吃饭难、住店难、理发难、修车难、做衣难。其中做衣难问题尤其突出，涉及面广，当时别说普通老百姓，就连出国人员置装都很困难。

要解决"穿衣难"，先得有原料。北京不产棉花，只能另辟蹊径，寻找别的原料。为解决北京纺织工业原料没米下锅的现状，北京市纺织工业局根据中共中央加快轻纺工业发展的精神，抓住当时北京石化总厂（今燕山石化）引进4万吨聚酯装置在北京抽丝、集中建设的时机，于1977年9月20日向市计委报送北京化学纤维厂建厂计划任务书。北京为此专门召开市长会议讨论，认为北京具备发展化纤工业的条件，会议一致同意上马化纤厂。[2] 10月，北京市计委向国家计委写了正式报告。纺织工业部在征得国家计委同意

---

[1] 中共北京市委党史研究室编：《社会主义时期中共北京党史纪事》第八辑，人民出版社2012年版，第392—393页。
[2] 李昭：《平凡与不平凡》，苏峰编著：《1978：大记忆——北京的思考与改变》，中央编译出版社2008年版，第112页。

后于 1978 年 4 月 15 日批复了计划任务书，同意建厂，规模为年产涤纶纤维 1.7 万吨，其中短纤维 1.2 万吨，长丝 0.5 万吨。

北京市纺织工业局随即抽调人员成立筹建组。化纤厂开始定在顺义县牛栏山地区的北京维尼纶厂北侧，但这里要建设北京水源八厂。为保证市民生活用水不受污染，筹建组几番查找，又选择了原大兴县黄村北京塑料制品厂南侧。这里地处卫星城，地势平坦，交通方便，水、电条件也较好。北京市有关部门和纺织工业部经过实地考察，均表示同意。为对标国际先进水平，加强技术设计能力，新设立的北京纺织工业设计所也于 1979 年 9 月前完成了扩初设计。同年 11 月 15 日，纺织工业部正式批复了北京化纤厂扩初设计，建厂总投资为 16338 万元。[①]

经过腾退拆迁，1981 年 4 月 1 日，一期工程短纤维车间和公用工程破土动工，后被列入 1982 年全国 50 个重点项目之一。1983 年 4 月，短纤维车间北线投料试车，逐步投入试生产。二期工程的长丝主机设备，原有设计是按国产设备配备。后经过调研和讨论，化纤厂认为应从国外引进长丝设备较好，并向北京市政府和纺织工业部报告。1981 年 9 月，国家计委和国务院进出口委同意引进设备。该厂与多家外国公司谈判比较，1983 年 7 月至 10 月，最终购买了联邦德国吉玛公司、联邦德国巴马格公司、日本石川制作所的多项设备，共折合 1198.5 万美元。二期长丝工程于 1985 年 4 月完成土建，9 月弹力丝机提前投料试车成功，1986 年 3 月全线投料，第一批长丝产品 DTY 试车成功。

北京化纤厂一期工程 1983 年投产后，进一步增加和提高了北京产涤纶短纤维的品种和质量。北京几个棉纺织厂和印染厂采用北京产涤纶短纤维，加工生产冰山牌漂白、染色"的确良"面料，畅销国内外，取代了进口涤纶短纤维。[②]

冰山牌"的确良"面料之所以大受欢迎，是因为它能由原本的黑、绿、

[①②] 北京市地方志编纂委员会办公室：《北京志·工业卷·纺织工业志 工艺美术志》，北京出版社 2002 年版，第 186—187、67 页。

蓝三色染出五颜六色，还可以设计出很多花样，色彩和样式的变化让人们感到新奇，也因此受到大众的"宠爱"。除此以外，"的确良"布料轻薄，还不像纯棉那样需要经常熨烫，制作出来的衬衣挺括有型，更是人们追捧的时尚抢手货，成为 20 世纪 80 年代全国人民的一个时代印记。

较之于涤纶短丝，北京涤纶实验厂 1981 年开始生产涤纶长丝。随后，北京维尼纶厂利用涤纶 POY 生产涤纶低弹丝，北京化纤研究所、北京化纤厂也相继投入涤纶长丝生产。由于品种规格逐渐增多，代表性的品种有 135D 低弹丝，供针织厂织造纬编弹力呢面料，用来制作服装及布鞋，曾在市场风行一时。北京涤纶实验厂在技术改造上取得较大成果，1983 年用电脑控制注射法生产纺前着色纤维，色差达 4 级。此后又生产出涤纶有色长丝，荣获国家经委优秀产品金龙奖。[①] 到 1986 年，北京化纤工业实现了"三个五"：生产 50 吨化学纤维，产出 50 个亿产值，实现 5 个亿利润[②]，结束了"无米之炊"的局面。

与此同时，北京化纤机械厂、北京化纤研究所在借鉴德国、日本技术特点的基础上，大搞技术攻关，推动北京化纤工业迅速发展。北京化纤机械厂 1978 年在试制 VC406D 涤纶长丝纺丝机中，成功研制出圆孔喷丝板，后又进一步开发出异形丝喷丝板，对发展北京的化纤品种、提高产品质量，起到关键作用，于 1981 年获北京市科技成果二等奖。[③] 1984 年该厂又试制出 VCS204B 涤纶实验纺丝机，后来还研制出 KP431 丙纶长丝纺丝机，获国家科技进步二等奖，并出口泰国，成为国内出口的第一台化纤纺丝机。[④]北京化纤研究所开发出织造时可免去浆纱工序的涤纶网络丝及蒸汽喷射变形纱，填补了我国化纤长丝加工中的一项空白。[⑤]

经过几年发展，北京纺织工业生产的 120 支精纺的国王牌高级男衬衫、

[①] 北京市地方志编纂委员会办公室：《北京志·工业卷·纺织工业志 工艺美术志》，北京出版社 2002 年版，第 67 页。

[②] 李昭：《平凡与不平凡》，苏峰编著：《1979：大记忆——北京的思考与改变》，中央编译出版社 2008 年版，第 112—113 页。

[③④⑤] 北京市地方志编纂委员会办公室：《北京志·工业卷·纺织工业志 工艺美术志》，北京出版社 2002 年版，第 74、70、67 页。

长城牌风雨衣、铜亭牌精梳纱、雪莲牌羊绒衫、双鹿牌毛线、双羊牌毛毯等名优产品，纷纷走出国门，同时涌现出雷蒙、红都、顺美、玫而美、滕氏、白领、铜牛等知名品牌。1981—1985 年，北京服装行业利用外资引进专用设备 20 余种近 4000 台，改建了 230 余条生产线①，提高了工艺水平和设计能力，服装款式和质量逐步适应国际市场的需要，1984 年年出口服装 3000 万件以上，年创汇 9000 余万美元。② 北京不仅解决了穿衣难问题，还开发了许多名优产品，迎来了纺织业的大发展时期，受到广大群众欢迎。北京大街上人们身上的服饰，开始变得缤纷多彩，社会生活也越发多姿多彩。

民用轻工业技术全面进步

洗衣机及电冰箱、电视机、录音机，是代表着改革开放春风吹遍千家万户的"四大件"。北京市紧扣人民需求，率先引进并生产洗衣机和电冰箱，电视机也较早被开发，走到了全国前列。生产的"白兰""白菊"牌洗衣机及"雪花"牌电冰箱、"牡丹"牌电视机都供不应求，下线就被拉走，一度成为北京最初走向商品经济的"金名片"。

随着国门渐开，人们对欧美国家广泛使用的家用电器产生了浓厚兴趣。为便利人民生活，北京市经济委员会通过大使馆找到一台洗衣机的样机，因为之前没见过洗衣机，不知道洗衣机为何物，就自己搞测绘，随后进行技术改造，很快就实现批量生产。1979 年 7 月，北京洗衣机厂开发生产出我国第一代单缸家用洗衣机——白兰 1 型，当年生产 6934 台。冰箱同样采取引进、改造、量产的发展模式。产品定价的时候，北京市经委领导张彭、王大明、张健民等人商量，说定价不要太高，不然卖不出去，定价低点可能要赔，却可打开市场带来发展，于是就定低一些。大概是单缸洗衣机 200 多元，双层冰箱 800 多元。到了第二年，北京市二轻系统试制出 1 万多种新产品、新品种、新花色，有近一半投入生产。其中就有广受欢迎的白兰

---

① 《当代北京工业丛书》编辑部：《当代北京工业》，北京日报出版社 1991 年版，第 17—18 页。
② 《十家服装厂获出口产品质量许可执照》，《北京日报》1984 年 9 月 23 日第 1 版。

牌 2 型洗衣机、小规格电冰箱、立体声三波段收唱两用机和冷热转换窗式空调器等家用电器。

"白兰"牌洗衣机是北京洗衣机厂的王牌产品。它采用国际先进技术，经过改造和优化，开发出一系列产品，既有单缸的，又有双缸带甩干的，省电、省水、噪声小，造型也挺美观，大受群众欢迎，连续多年国内销量第一，成为当时北京乃至全国年轻人的婚嫁标配。因为供不应求，洗衣机厂就把零部件扩散到郊区乡镇企业生产，先后与 62 家乡镇企业合作，从 1979—1984 年，洗衣机产量由 7000 台增加到 28 万台，增长 40 倍；利润由 11 万元增加到 745 万元，增长 67 倍；合作的乡镇企业获利 1100 余万元，形成了一条城乡工业联合发展的模式——白兰之路。[①]

20 世纪 80 年代初，洗衣机行业能与"白兰"比肩的，仍然是北京品牌——"白菊"牌，出自北京洗衣机总厂。1982 年 4 月，北京市洗衣机电机厂与北京市洗衣机厂共同组建北京市洗衣机总厂，当年完成工业总产值 6970 万元，洗衣机产量 26.2 万台、洗衣机电机产量 30 万台，实现利润 777 万元。同年，总厂引进日本东芝公司 SD—100 型双缸喷淋洗衣机制造技术及部分关键设备，生产"白菊"牌洗衣机新产品。[②] 1983 年上半年，总厂消化吸收国外先进技术，采用国际最新结构，成功实现洗衣机零部件国产化，产品功能更多，操作时洗涤、漂洗、脱水可连续进行，与普通双缸洗衣机相比，可节水 21%、节电 20%、节省劳动力 45%、减少织物磨损 38%，深受广大群众欢迎。[③] 全国各地都可以见到"白菊"牌洗衣机的身影，尤其在华北和西北地区，"白菊"牌洗衣机的市场占有率一直遥遥领先，与上海品牌"水仙"牌

[①] 谢荫明、陈煦、温卫东：《北京改革开放简史》，中央文献出版社 2008 年版，第 41—42 页。

[②] 北京地方志编纂委员会办公室：《北京志·工业卷·一轻工业志 二轻工业志》，北京出版社 2003 年版，第 553 页。1986 年北京市洗衣机厂和北京市环宇电机厂（原北京市洗衣机电机厂）从北京市洗衣机总厂分出，由北京市第二轻工业总公司直接管理，后改名北京白兰电器公司。北京市洗衣机总厂 1988 年改名为北京白菊电器公司。1990 年北京白菊电器公司、北京白兰电器公司合并组成北京兰菊电器公司，后又先后改名为北京威克特电器集团、北京环宇电器公司、北京白菊电器集团公司等。

[③] 《白菊牌喷淋双缸洗衣机通过鉴定》，《北京日报》1983 年 10 月 12 日第 2 版。

教育科技文艺恢复与发展

洗衣机合称为"北有白菊,南有水仙"。作为北京市首批获得自营进出口权的企业,"白菊"牌洗衣机一度开拓国际市场,远销至欧洲、中东、南美、非洲及东南亚等国家和地区。①

以电视机为代表的北京电子工业走的也是引进技术、消化吸收、改造量产的道路,并较早地提出了国产化的重大课题。有组织、有计划的探索始于1982年,当时北京市经委技改处第一次编制了消化吸收项目计划,基本上都是设备的研制。头两三年的消化吸收工作,参与的单位很少,大专院校科研单位几乎没有参加。后来经委内部处室调整,把消化吸收国产化工作转到科技处,作为技术开发的一项重要内容。

1984年开始,大批引进项目相继竣工投产,为维持其引进生产线的生产,需要源源不断地从国外进口元器件、零部件,否则就无法维持生产。这种受制于人的滋味实在不好受,大量外汇的流失,企业承受不了,国家也承受不了。

电视机、收录机是北京电子工业的发展重点,此时已经通过技术引进建成黑白电视机、彩色电视机生产线各4条,基本实现了电视机装配自动化,具备年产60万台彩色电视机和50万台黑白电视机的装配能力。彩色电视机从引进开始就达到较高水平,设计能力为年产5万台彩电的北京电视机厂,原来只能生产9英寸黑白电视机,且返修率达70%,1984年已年产彩电20万台,而返修率降至3‰。② 收录机也通过引进并形成80万台的生产能力。然而,工厂生产得越多,引进国外元器件、零部件的数量就越大,也就日益陷入被国际市场牵着鼻子走的局面。

北京市决定,将彩电国产化作为引进产品国产化的重中之重来抓。主管工业的副市长张健民在彩电国产化大会上做动员,北京市经委责成一位副总工程师直接抓,科技处抽出专人抓。北京市经委与广播电视工业总公司一起组织市内30多家、外省市20多家元器件生产厂家为彩电配套进行研制和生

---

① 《中国洗衣机60年:赶超世界300年》,《家用电器》2009年第10期。
② 《本市积极调整工业结构见成效》,《北京日报》1984年9月29日第1版。

产。经过几年技术攻关，1987年彩电批量生产用的元器件国产化达到92%，每台用汇由原来的170美元降到25美元，国产化彩电产量达到48万台。彩电国产化取得了决定性胜利，被评为北京市科技进步一等奖。国产化彩电1987年开始出口西欧、北欧，两年就创汇几千万美元。[①]

医药行业则通过安排技术改造项目，重点发展了化学药、中成药和医疗器械3个行业，大大提高了全行业的机械化程度、产品质量和出口创汇能力。硬胶囊、小低温箱生产线达到国际先进水平，化学药软胶囊、中药新剂型口服液、胶囊制剂、1250mAX光机、心电监护仪等填补了国内空白，并实现大批量出口。

以同仁堂为代表的中医药品具有悠久的历史，在国内外享有盛誉。中药品从治本入手，循序渐进，对恢复身体健康有利，而且副作用小，深受日本、东南亚市场的欢迎，也逐渐为西方市场所接受和喜爱。北京同仁堂制药厂通过技术改造和不断升级，生产高端的安宫牛黄丸、牛黄上清丸、乌鸡白凤丸等中成药，在国外深受欢迎，出口供不应求。北京各中药制造厂在保留传统医药疗效的同时，还将治疗、保健、营养相结合，开发了一批新产品，如蜂王浆、王浆制品、虎骨酒等，在国外销售得很好。"北京蜂王精"获得国家金质奖，每年出口几千万支。[②]

食品等其他轻工业也大多走上技术改造之路，大大丰富了首都市场，改善了人民生活。这一时期，先后建成主食面包、方便食品、新型饮料、豆制品、奶制品、高级糖果、熟肉食品、食用酵母等生产线。被人们称为"液体面包"的啤酒，多年来一直供不应求。1981年北京啤酒厂引进国外新技术、新工艺，并不断消化吸收、改造技术，通过使用露天发酵生产啤酒的新技术，节约投资40%左右，生产周期缩短一半，还增产啤酒1.5万吨，质量达到部颁优质级标准，[③] 一点也不逊色于世界名牌啤酒"嘉士伯"。此后，五星啤酒厂扩建，燕京啤酒厂投产，北京啤酒供应的紧张局面基本解决。昔日汽水的

---

①② 《当代北京工业丛书》编辑部：《当代北京工业》，北京日报出版社1991年版，第184—185、163—164页。

③ 《一轻局31项科技成果用于生产》，《北京日报》1982年1月8日第2版。

供应，品种单一，数量很少，而今没几年也品种繁多，包装多样，大街小巷，比比皆是。

作为北京的老字号，大北照相馆在全国享有盛誉，许多人慕名而来，到这里拍全家福、拍证件照，由此造成人多拥挤排大队的局面。为提升服务水平，大北照相馆精心研制出 3×3 和 6×6 两种自动输片照相机和自动冲卷机，经过 3 年使用和技术鉴定，性能良好，自动输片照相机可连续拍摄 250 张照片，提高了拍摄效率，有效缓解了群众排队的压力。

星海牌钢琴和小提琴也通过技术引进和改造升级，提升了产品质量。1983 年联邦德国卡塞尔举行的首届高级提琴制作国际比赛中，星海小提琴一举夺得音质金奖，吸引了国外许多艺术家慕名而来，很快就远销世界各地。[①]

重化工业技术密集升级

以首都钢铁公司（以下简称首钢）、北京燕山石油化工有限公司（以下简称燕山石化）为代表的机械、化工、冶金等重工业是北京工业的主力军。改革开放浪潮中，北京市贯彻中央书记处四项指示，压缩重工业生产，并将重工业服务方向从主要为基本建设和军工生产服务，调整为轻纺工业和社会需要服务，北京的重工业由此走上了内涵式发展道路，迎来了技术开发的热潮，技术水平和产品质量得到大幅提升。

全国闻名的首钢工业承包制改革，是在 1981 年减产减收的严峻形势下立的军令状。这年 4 月，国家经委、计委、冶金部等发出严格控制钢铁产量，压缩"长线"、增加"短线"钢材的通知，要求首钢生铁减产 29 万吨、钢减产 7 万吨。减产必然导致减收，因此，首钢必须精打细算抓技术改造，多生产利润率高的产品。为了使产品有竞争力，首钢管理部门、生产单位和职工自觉调整产品结构，改进技术、提高质量、扩大品种。这一时期的市场上，焊条钢、硅钢、弹簧钢等高档钢坯是短线商品，利润比普碳钢坯高得多。但

[①] 《当代北京工业丛书》编辑部：《当代北京工业》，北京日报出版社 1991 年版，第 51 页。

这些高档钢坯难炼、难轧，技术要求高，工厂生产高档钢坯的积极性不高。实行承包制后，炼钢厂与轧钢厂的职工互相配合，主动按市场需要多产高档钢坯，既满足了市场需求，还多增利38.5万元。首钢承包当年便提前完成全年奋斗目标，1981年实现利润3.16亿元，比上年增加9.07%。[1]

承包制让首钢有了自我发展的能力，成功解决了技术改造资金的来源。现代化技术是从国外买，还是自主搞改造？在各行各业大多数企业选择引进国外技术和设备的背景下，首钢打定内部挖潜的主意，坚定不移地实行"自力更生为主，国外引进为辅"方针。

1982年，首钢铁产量达到300万吨，炼钢能力却还停留在200万吨的水平，提高炼钢能力成为当务之急。当时，国内制造一套年产300万吨钢的炼钢设备，总重量2.1万吨，造价3亿元，而引进成套新设备需10亿元。

首钢首先算了一笔经济账。如果从国际钢铁拍卖市场买旧设备，加上厂房费、拆迁费和运费在内，只需要从国外引进成套新设备1/10的经费，这相当于到国际市场购买同等重量一堆废钢的开销。于是，首钢毅然决定从比利时购买具有20世纪70年代炼钢水平的赛兰钢厂的成套设备，以国际最高技术标准对它进行修配改造，成功安装210吨炼钢转炉，使它在中国土地上变成了一个达到20世纪80年代国际炼钢水平的先进钢厂——首钢第二炼钢厂，1985年投产后，不到两年首钢便收回了全部投资。

由于技术改造能力强，1983年前后，在其他钢铁企业用巨额外汇引进十几条生产线的同时，首钢只花了1500万元人民币，就从国外拍卖市场买回4条生产线。同期引进的其他钢铁企业的生产线还处于调试阶段，首钢却已完成上百项技术革新，并且一次试车成功，一年内收回全部投资，产量名列世界同类型高速轧机之冠。这些都是首钢在自力更生抓技术改造中取得的丰硕成果。[2]

---

[1] 中共北京市委党史研究室编：《社会主义时期中共北京党史纪事》第八辑，人民出版社2012年版，第345页。

[2] 中共北京市委宣传部、北京市思想政治工作研究会、首都钢铁公司：《首钢改革》上卷，北京出版社1992年版，第225—226页。

首钢引进的二手设备经过改造达到国际炼钢先进水平。

  这一时期，北京重工业开发成功的新产品中，有半数以上是通过消化吸收、技术改造而研制成功的，一大批产品的技术水平、质量水平得到大幅提升，缩短了与发达国家的差距，提高了在国际市场的竞争能力，促进了出口创汇。北京起重机厂通过技贸结合引进日本的液压起重机制造技术，进行消化吸收后，生产出填补国内空白的20吨、35吨、50吨液压汽车起重机，产品质量达到国际先进水平。北京第二机床厂对从西德引进的技术进行吸收改造，研制生产出5米数控龙门镗铣床等，采用了20多项国际最新科技成果。该机床除了数控系统、镗铣头和横梁之外，基本实现了国产化。当时世界上只有几个国家能生产出这种机床。北京人民机器厂从美国引进平张纸和卷筒纸多色胶印机技术及关键设备，经过技术改造开发出来的双色胶印机达到国际先进水平，受到国内外用户的欢迎，不仅占领国内市场的70%，而且年出口创汇达几百万美元。①

与此同时，重工业积极为轻纺工业提供装备和原材料，仅机械行业的近百家企业就承接了食品、医药加工、日用轻工、五金、电机等40大类300多项产品，众多企业得到改造，促进了产品更新换代。如数控镗铣床、胶印机、加工中心、机械手、吉普轿车等具有国际20世纪80年代初先进水平。另外，在消化吸收国外技术的基础上，开发了一系列新产品，在国内处于领先地位。如"五十铃"轻型卡车、FL912/913风冷柴油机、EF变速箱、BBC系列低压电器、EK系列仪表、色谱仪、红外分析仪、原子吸收分光光度计、EF-3型135相机、叉车、轮胎式起重机、20吨矿路两用自卸汽车、液压件等。②

燕山石化的技术改造和科技协作也颇有成效。1977—1980年，燕山石化将技术改造的重点放在提高生产能力、加强"三废治理"③上。4年间，技术改造总投资4833万元，完成技术改造项目81项。主要项目有：1979年向阳化工厂苯酚丙酮装置改造，使生产能力从1.2万吨/年提高到1.5万吨/年；东方红炼油厂酮苯脱蜡装置改造，使生产能力从15万吨/年提高到25万吨/年；曙光化工厂烷基苯装置改造，使生产能力从0.75万吨/年提高到1.5万吨/年；胜利化工厂顺丁橡胶装置完成了改造扩建任务，生产能力由1.5万吨/年提高到4.5万吨/年。环境治理方面，改造了部分"三废治理"设施，防治了生产活动中带来的污染。④

1981—1985年，燕山石化充分利用首都的科技优势，积极开展科技协作，迎来了技术的密集升级。燕山石化与中国科学院进行全面合作。1982年4月至1983年3月，中国科学院26个研究所共派出160多名科技人员，为燕山石化的企业管理、节能、化工技术、环保等方面提出30多个协作课题。⑤

---

①② 《当代北京工业丛书》编辑部：《当代北京工业》，北京日报出版社1991年版，第188、163页。

③ 指对工业生产排放的废气、废水、废渣进行处理和合理利用的系统工程。

④ 《当代北京工业丛书》编辑部：《当代北京石油化学工业》，北京日报出版社1989年版，第200—201页。

⑤ 《中国科学院26个研究所同燕山石化进行长期全面科技合作》，《北京日报》1983年3月15日第1版。

1983年3月7日，燕山石化与中国科学院联合召开协作会议，中国科学院院长卢嘉锡、副院长钱三强、北京市副市长张彭及中国科学院所属28个研究单位的领导、学者、专家参加会议，签订现代化科学管理、工艺技术改造等多项合同。1984年4月，燕山石化又与航天工业部第一研究院签订11个技术协作项目议定书。这一时期，燕山石化还与北京化工研究院、北京化工学院、清华大学、天津大学、浙江大学等单位开展技术协作活动。[①]

众多协作有效的技术改造工作，成为燕山石化实现以内涵式为主、扩大再生产的一个重要途径，推动生产能力不断增加，消耗不断下降。清华大学和燕山石化总公司炼油厂、齐鲁石化总公司炼油厂合作，运用系统工程理论，研究出了一套优化设计方法。这项国内首创的方法，燕山石化应用后，热回收率由47.1%提高到71.7%，每年节省燃料油1.6万吨，节水455万吨，节电15万度，获得1981年度北京市优秀科技成果一等奖的炼油厂换热网络的优化综合成果。[②]燕山石化大修厂垫片组科技人员1982年开发新型垫片，使热油系统的漏油率从1.9‰下降到0.45‰。[③]

1983年，燕山石化与中国科学院力学所、上海硅酸盐所、上海技术物理所合作开发的蒸汽热网管道保温技术改造试验通过鉴定。管道保温的隔热效率达到96.7%，每米管道每小时减少热损失332卡。全公司的热网管道全部采用这一保温技术，每年可节约燃料油1.6万吨。这项成果的技术水平和节能效益在国内处于领先地位，很快就被国家经委能源局作为指令性意见在全国供热系统推广。据测算，这项技术在全国推广后，按减少热损失25%估算，全国一年就可节煤500万—700万吨，等于一个大型煤矿的年产量。[④]

[①] 《当代北京工业丛书》编辑部：《当代北京石油化学工业》，北京日报出版社1989年版，第211页。

[②] 赵文翰：《注重经济效益和社会效益 注意为人民生活服务 本市去年406项优秀科技成果获奖》，《北京日报》1982年3月24日第1版。

[③] 《向技术革新要工作效率 燕山石化大修厂垫片组人均产值超三万》，《北京日报》1983年1月24日第2版。

[④] 《当代北京工业丛书》编辑部：《当代北京石油化学工业》，北京日报出版社1989年版，第206—207页。

在这些科研院所的协作下，燕山石化及其所属 3 家研究院（所）以节约能源为重点，以提高经济效益为中心，广泛应用国内外新技术、新工艺、新材料、新设备，使技术改造向大型化、整体化、一条龙方向发展，由原来车间局部生产的技术改造发展到全厂规模的大型改造，由原来的改造国产装置发展到对引进装置"动手"。5 年间，燕山石化共完成技术改造项目 261 个，主要有：向阳化工厂改造引进的 8 万吨聚丙烯装置，1984 年实际生产能力达到了 9 万吨/年，采用高效催化剂的改造措施后，生产能力提高到 11.5 万吨/年；胜利化工厂引进的丁二烯抽提装置对塔的结构改造后，处理能力提高了 20%，每年可多产橡胶 8000 吨；还有前进化工厂开工锅炉乙烷炉改造、东方红炼油厂铂重整装置改为铂铼重整、曙光化工厂蜡裂解尾气送前进化工厂回收乙烯措施、东风化工厂氧气送前进化工厂乙二醇装置措施等。[①]

其他化工企业也在技术改造中得到提升。化工行业围绕食品、轻工、纺织、电子等行业的配套需要，开始向深度加工和精细化工方向发展，精细化工产品的比重从 1980 年的 29% 升至 1985 年的 50%。[②] 通过技术改造升级，陆续淘汰了一批污染大、能耗高的产品，开发投产了一批适应首都特点和需要的化工新产品。如离子膜烧碱、压敏胶带、双向拉伸薄膜、聚醋酸乙烯乳液、阴极电泳漆、低压胶管、汽车用密封胶条等生产装置和技术，均达到 20 世纪 70 年代末 80 年代初国际先进水平。[③]

技术改造有力提升了产品质量。1983 年北京市共获得国家产品金、银牌 43 块，是历年来获金、银牌数量最多的一年。到 1984 年 9 月，吃、穿、用等工业产品大幅度增产，一批工业品成为高、精、尖产品。群众凭票证、排大队，争相购买消费品的场面再难出现，人民生活"五难"明显改善。此前几乎是空白点的洗衣机、电风扇、收录机、彩色电视机等，5 年间不仅有了"零的突破"，还大幅增产，远销国内外。"白兰""雪花""义利"等品牌成

[①]《当代北京工业丛书》编辑部：《当代北京石油化学工业》，北京日报出版社 1989 年版，第 201 页。

[②][③]《当代北京工业丛书》编辑部：《当代北京工业》，北京日报出版社 1991 年版，第 18、164 页。

为改善首都人民生活的美好记忆，为改革开放初期的北京工业写下鲜活亮眼的一笔。

五、促进科技成果转化

长期以来，由于人们思想认识上不承认科技成果是商品，不认为科学技术是生产力，致使大多数科研成果以论文、展品、样品、礼品等形式出现，难以打破科研、设计和生产之间的条块分割，从而转化为生产力。随着全国科学大会的召开和改革开放的推动，科技成果开始从科研院所的高墙中走出来，面向蓬勃发展的经济建设，开始形成产业化，飞入寻常百姓家，初步改变了首都的经济社会面貌。

京郊农村大规模推广科技成果

1977年的京郊农村，经过20多年努力，已经具备较好的机械化、水利化等基础条件，建立健全了县（区）农科所、公社农科站、大队科技组（队）、生产队科技小组的四级农科网，初步积累了推广科技成果的经验。[①] 党的十一届三中全会后，随着承包责任制的推广，为实现农业现代化，京郊农村注重科学生产、转化科技成果，取得了明显的经济效益。

北京市科研机构为推动农业科技成果转化做了大量工作。北京市农林局与郊区四级农科网经过上百项科研试验，于1980年4月向郊区推广34项科技成果和先进经验，供大家结合实际情况采用。这里面，既有玉米种植改分散制为集中连片制，改春播为夏播或套种，1979年大面积示范获得成功；也有杂交玉米、杂交水稻的成功种植，杂交玉米在昌平虽然遇到秋季干旱、低温不利天气，仍比农家品种增产200多万斤；还有一些农村采用各式种子筛选机，不仅选种工效高，而且可节约10%种子。另外，中国林业科学院和北京市大东流苗圃合作引种成功的沙兰杨，具有根系发达、枝叶繁茂、早期速

[①]《郊区农村建立健全四级农科网》，《北京日报》1977年10月13日第3版。

生、材积量大的特点,是适宜平原造林的好树种,郊区已育苗 1500 多亩;一些单位采用化学除草、利用赤眼蜂等生物防治病虫害,都取得了显著效果。①

北京市农科院利用自身优势,为发展京郊农业发挥重要作用。养蜂室科研人员 1980 年大面积推广杂交蜜蜂,全市培育各种杂交蜜蜂 4 万多群,每年增产蜂蜜 75 万—100 万斤;果林研究所与生产单位协作,成功研制出室内嫁接的技术,成活率达 90%。到 1980 年 2 月,已成功嫁接 4000 株,在全国核桃室内嫁接技术鉴定会上大获好评。②

"京早七号"是当时北京科技农业的优秀代表。它是玉米杂交种,出自北京市农科院作物研究所,具有品种成熟早、抗病性强、适应性强、产量高等优点。1978 年在京郊试验后,平均亩产比北方普遍种植的"京黄一一三"高 40.3%,1980 年获得农业部技术改进一等奖,1981 年被列为全国农业科技重点推广项目,并专门成立华北地区"京早七号"示范推广组,仅 1981 年便在北方地区推广 60 多万亩。③"京早七号"1980 年就被引入山西省朔县,经过品比试验和大面积示范,取得了增产的效果,1983 年推广到 3.2 万亩。④雁北地区 1984 年推广面积为 36.71 万亩,成为全区玉米的主干品种,取得了明显的经济效益。⑤

京郊农业现代化建设的一面旗帜,是位于房山县西南的窦店村。1977 年,该村党支部广泛听取群众意见,决定采用适合本地特点的耕作制度。他们在市、县农科部门的帮助下,成立了科技组。⑥ 在北京市农科院科技人员的具体指导下,科技组 40 多名青年在 200 亩试验田里,对 40 多种不同品种

---

① 《市农林局在郊区推广 34 项科技成果和先进经验》,《北京日报》1980 年 4 月 21 日第 1 版。
② 《持续利用蜜蜂杂交优势获成果》,《北京日报》1980 年 4 月 21 日第 1 版。
③ 《"京早七号"在北方大面积试种增产多》,《北京日报》1981 年 11 月 23 日第 1 版。
④ 张建民、王存禄、乔启会:《说说京早 7 号玉米》,《山西农业科学》1984 年第 5 期。
⑤ 段庚续、智杰山:《京早 7 号玉米推广面积大 经济效益高》,《种子通讯》1985 年第 1 期。
⑥ 《科学种田起了大作用 房山县窦店大队粮食连年增产》,《人民日报》1980 年 3 月 6 日第 3 版。

进行比较试验，开展科学种田，形成了小麦、玉米两茬平作等能够稳产高产、适应机械化的种植方式。

这些试验经过1978年在村里的大面积推广，当年粮食总产达到510多万斤，比1977年增长48.2%。① 此后，农业生产一直坚持专业承包、规模经营，并积极应用和推广科技成果，保持了农业的稳定增长。1982年，全村实现农业全程机械化。务农劳动力从1977年的1020人减少到120人，大批劳动力转移到工副业和多种经营，形成了该村经济协调发展的良性循环。不久又设立农工商总公司，深化专业化生产，提高了农业现代化水平。1985年与1977年相比，粮食产量翻了一番，工农业总产值由97元增加到1140万元，人均收入由79.6元增加到920元，② 初步形成了互补互促的粮食、畜牧、工业、商业四大行业，被誉为"社会主义现代化农村的雏形"。

海淀区四季青乡与窦店村的发展模式有着异曲同工之妙，既发挥专业承包、集约经营的优势，又积极推动科技成果的广泛应用。四季青将3.6万亩土地划分为三大作物区，距离市区较近的土地划为菜地，西山脚下的土地划为果园，其他划为粮区，三大作物区都实行专业化、集约化、科学化的生产模式。蔬菜生产中，积极推广杂交品种，圆白菜、黄瓜、西红柿等利用杂交优势，表现出抗病、耐热、长势强，增产20%—30%。特别是推广使用薄膜覆盖，在早春气温低、雨季提前、病害严重的条件下，能提前收获菜果，收到了大幅增产增值的效果。③

大兴区留民营村是我国最早实施生态农业建设的试点单位，被誉为"中国生态农业第一村"，它迈出生态农业现代化的第一步，始于1982年与北京市环境保护研究所的合作。北京市环境保护研究所在留民营村原有家用沼气池的基础上，转化现代生物技术，开展以发酵生产沼气为主的农业废弃物的综合利用，将秸秆和加工粮食的米糠、谷皮作饲料喂养禽畜，禽畜粪便和部

---

① 《发挥科技对农业生产的指导作用》，《北京日报》1979年6月25日第2版。
② 刘汝贤、田少龙：《靠政策和科学实现共同富裕——北京房山窦店村调查》，《调查和研究》1986年第14期。
③ 《四季青公社科学种菜获可喜成果》，《北京日报》1979年11月18日第2版。

分秸秆用于发酵生产沼气,以提供能源,将生产沼气的渣液用作栽培蘑菇的肥料和养鱼的饲料,再将鱼池的底泥作为肥料返回农田,由此形成良性循环,走上了农、林、牧、渔全面发展的道路。1985年同1982年比较,该村农业总产值由69万元增至264万元,农民的人均收入由405元增至1000元。①

农业科技成果的转化推广,让农业科技人员的作用不断凸显,成了"香饽饽"。一开始,农业科技人员与生产单位多是技术协商关系,随着双方合作的不断加深,农业科技人员开始与生产单位签订技术服务合同,实行技术责任合同制,技术协商关系变成了技术协作关系,调动了双方积极性。1981年昌平县与农业科技人员签订合同127份,很快就取得丰产丰收的成果,尝到了应用农业科技促进农业生产的甜头。到1982年6月下旬,全县农、林、牧业的75名科技人员、579名农民技术员和13名见习农民技术员,已分别同有关生产单位签订了技术咨询、技术服务、技术联产承包和技术试验合同648份,相当于1981年的5.1倍。②

"借别人的脑袋,帮自己发财"的观念和做法,逐渐深入人心。到1984年夏,京郊已兴办一些集体的技术咨询服务机构,并成立人才开发中心,推动人才流动和科技成果转化。昌平县的畜禽技术咨询服务公司,30个乡级农机服务部、农业机械技术咨询服务部共招聘1358名各方面技术人才,包括130多名教授、研究员、高级农艺师、农艺师、高级工程师、工程师等中高级技术人员,③ 有效推动了农业科技成果的广泛应用和转化。

科技协作不断加强

北京市的科技协作始于推动科研院所面向企业开展科技咨询服务。1980年,北京市科协决定推动全市科技咨询工作。经北京市编委批准,1981年8

---

① 马奎蒙:《我国农业生物技术应用概况》,《世界科学》1989年第10期。
② 《昌平尝到农业科技人员同生产单位订技术服务合同甜头》,《北京日报》1982年6月22日第1版。
③ 《当代中国的北京》科技分编委编:《北京科技工作发展史(1949—1987)》,北京科学技术出版社1989年版,第223页。

月正式成立"北京市科协科技咨询服务部",这是北京市第一个科技咨询服务机构。北京市科协还分别在所属学会和科研院所、大专院校建立众多科技咨询机构,切实推动科研院所面向经济建设发挥作用。

科技咨询服务工作得到北京市委、市政府及有关部门的关怀和支持。北京市经委决定,凡是经北京市科协论证的项目,可由北京市经委在年度技术改造资金中拨款为企业垫付,垫付数额由北京市科协论证后决定。中国建设银行也决定,只要是北京市科协组织签订的合同,即可通知分行立即拨款。这些措施有力促进了全市科技咨询工作的开展。

1983年2月9日,北京市市长焦若愚主持召开首都科技协作座谈会,北京市科协联合北京市科委、市经委发出在北京科技咨询服务部基础上,组建北京科技协作中心的倡议,得到了一大批北京市和中央在京科研单位、大专院校的响应,会后即有49个单位报名参加。

经北京市政府批准,5月21日,北京市经委、市科委、市科协同中央在京科技部门、高等院校联合成立北京科技协作中心。主要工作是:承担有关规划和重大项目的论证及可行性研究;组织科技协作攻关,科技成果的转移;引进项目的消化吸收和创新;进行人才培训开发和信息交流;协助政府有关部门研究和贯彻有关科技协作的政策、规定;等等。7月18日,北京市政府办公厅发布《关于本市组成北京科技协作中心的通知》,副市长张彭任理事长,明确了北京市科协咨询服务部兼协作中心的办事机构;号召各有关单位主动邀请北京地区科技工作者参加首都经济建设、城市建设,参加科技攻关、技术改造和引进消化等活动;鼓励所属企事业单位同科研部门、高等院校挂钩,开展多种形式的协作,条件具备的,还可以建立科研、生产、教育联合体。协作中心成立后,广泛征求专家意见,选出135项适合北京地区特点、经济效益显著、应用范围广泛、技术条件成熟的科研成果,提供给全市企业选用。

1983年11月19日,全市科技协作经验交流大会召开,总结近3年北京市各工业企业与在京科研单位、大专院校协作开展的科技项目1000多项。大会上,中国科学院代表介绍了该院与燕山石化总公司开展科技协作的做法和体会；清华大学介绍了他们与北京市工业企业开展科技协作的基本情况；北京市汽车配件总厂谈了他们所属厂与科研单位、大专院校开展协作，扭转生产被动局面，提高经济效益的做法；北京缝纫机二厂介绍了他们对科技协作从不重视到重视的思想转变过程。大家纷纷表示，生产要发展，经济要振兴，必须依靠科学技术的进步。①

随着经济形势的快速发展，工业领域的科技协作开始出现新势头，从单个具体项目逐渐向长期协作转变。以前，科研单位、大专院校与生产企业往往就某项具体产品进行协作，一方有困难，另一方协助解决，项目完成后协作即结束，是"打一枪换一个地方"的"游击战"。1984年城市经济体制改革全面展开后，生产企业急需产品更新换代，更加希望建立长期稳定的技术协作关系。如中国科学院与燕山石化，北京工业大学与北京市机械工业总公司等，已从人才培养、企业素质提高、生产过程合理化、产品更新换代等方面开展专业对口的长期协作。截至1984年7月，北京市建立这种长期协作关系的已有29对，涉及全市一轻、二轻、石油、化工、机械、建材、仪表、无线电、计算机、矿务等许多行业。人们高兴地形容：科技协作正在从"游击战"向"阵地战"过渡。②到1988年协作中心主持签订科技协作共2000多项，加速了技术成果的商品化、产业化，取得明显经济效益。

北京市解决科研与生产相互脱节的一项创新，是推动科研单位与生产企业之间的有效联合，并发挥首都科技力量为经济社会服务，催生了各种新的经济联合组织，其中以科研生产联合体为主要形式。这是20世纪60年代在国外出现的一种现代化组织形式，一般包括科研机构、设计部门和生产企业，联合完成从理论探索—新技术研制—生产应用的整个过程。

最早走上科研与生产联合之路的是京华电器公司，由清华大学电机工程系、北京汽车微电机研究所、通县微电机厂组成。通县微电机厂原是集体所

---

① 《市科技协作经验交流会开幕 选出135项成果供本市企业选用》，《北京日报》1983年11月21日第1版。
② 《本市科技协作工作从"游击战"转向"阵地战" 建立科研生产长期协作关系单位已有29对》，《北京日报》1984年7月22日第1版。

有制的电镀厂，1974年改产汽车微电机，当时是没有什么技术力量的百人小厂。为了发展生产，他们主动联合社会的科技力量。在清华大学、中国科学院物理所等单位的帮助下，厂子转产后头一年就生产出填补国内空白的产品——小功率永磁直流电动机，还培训了一批技术骨干。

改革开放后，针对这种电机比国外同类产品噪声大、齿轮寿命短的难题，1980年，通县微电机厂通过北京市科协、北京电机工程学会、通县科委的组织倡导，联合清华大学电机工程系、北京汽车微电机研究所、北京工业大学、北京化工学院等有关单位的专家、教授和科技人员一起进行科研攻关，采用新技术、新工艺、新材料，不到半年就批量投产了赶上国外同类产品先进水平的永磁微电机。原定3年的赶超规划，提前2年完成。

1981年三方继续合作，清华大学电机工程系和北京汽车微电机研究所参与新产品的研制，新技术、新工艺的开发，技术咨询和技术培训工作；通县微电机厂则负责产品的生产和销售，仅3个多月，就试制成功达到日本和西德工业标准的家用缝纫机电机。截至1982年3月，该厂已生产出23种新产品。由于产品新、质量好、品种全，到1981年年底，通县微电机厂已成为年产值700多万元、利润100多万元的中型企业。[①]

科研与生产联合的成功实践，使合作三方都认准了这是一条使科学技术尽快转化为直接生产力，从速发展生产，培训科技人才的有效途径。他们由此提出，改变原来"工厂请、科研单位帮"的松散的主客协作关系，建立教学、科研、生产三位一体的紧密联合体。1982年3月，北京市政府批准京华电器公司正式组成北京市第一个科研生产联合体，成为北京科研机构和生产单位长期合作的成功案例。

北京劳动保护环境保护科学技术服务公司是北京市劳保、环保领域的第一个科研生产联合体，1983年6月25日正式成立。该联合体由北京市劳动保护科学研究所和海淀区四季青环保设备工业公司组成。后者专门生产除尘、

---

① 郭栖栗：《本市第一个科研生产联合体——京华电器公司成立》，《北京日报》1982年3月24日第1版。

噪声控制和其他环保设备，已具备一定的生产能力，但技术力量薄弱，希望同科研单位挂钩。前者为了将科研成果尽快变为生产力，也希望同生产企业联合。双方经过一年多的筹备，经北京市科委批准，终于联合起来，成立了这个服务公司。该公司通过开发新技术、试制新产品，开展劳保、环保方面的科技咨询，推广应用有关锅炉烟尘治理、噪声控制和防止电磁辐射等方面的工程设计和治理技术，为北京城市建设和环境治理发挥了重要作用。[①]

除了长期合作型的京华电器公司、专攻环境治理的劳动保护环境保护科技服务公司，还有科研先导型的代表，即由北京化工研究院与北京化工八厂结成的科研生产联合体，它以具有科技优势的研究所为首，以新技术、新产品为企业生产的导向，研发的几种工程塑料在国内领先，取得良好经济效益；另有专业集团型的北京印刷设备联合公司，它由北京人民机器厂牵头，联合中央在京和地方科研单位，整合北京地区资源，采取联合攻关，搞成套项目，加速了形成生产力的过程。[②]

这一时期还有科研机构面向生产进行强强联合的成功案例。1984年1月成立的北京市光纤通信技术研究开发中心，由清华大学无线电电子学系和北京市玻璃研究所共同筹建，由此推动北京地区成为我国光纤光缆、光电器件及光纤通信系统的研制、推广应用和生产基地之一，是兼具生产开发和市场开发，包括科研、生产、应用、服务"一条龙"的联合体，有力推动了科研成果转化，产生了重要的经济社会效益。[③]

此后，国务院于1986年3月发布《关于进一步推动横向经济联合若干问题的规定》。11月，为加快科技成果转化为生产力，北京市政府根据本地实际，颁布《关于推动科研生产横向联合的若干规定》，明确了在税收、贷款、外汇、物资等方面给予优惠政策，有力促进了科研、设计、生产企业间多种形式的横向联合。到1988年，北京地区已建立科研生产联合组织1000多个，

[①] 赵文翰：《北京市劳保环保科技服务公司成立》，《北京日报》1983年6月29日第2版。

[②③] 《当代中国的北京》科技分编委编：《北京科技工作发展史（1949—1987）》，北京科学技术出版社1989年版，第25、207页。

其中紧密型、半紧密型的有 216 个。据对 13 个区、县的调查，1988 年科研生产联合体新投产项目共 264 项，产值达 3.2 亿元。①

成果转化激发各领域活力

科技成果转化改变了工农业生产面貌，同时让北京的教育、文化、医疗等各行业大变样，科技成果不断向各领域延伸，形成了追求效率、富有活力的良好社会氛围。

1977 年 7 月 29 日，邓小平对教育工作指出：要抓一批重点大学。重点大学既是教育的中心，又是办科研的中心。② 1978 年 2 月，国务院转发教育部《关于恢复和办好全国重点高等学校的报告》，到 1979 年，全国确定的 97 所重点高等学校中，北京有 23 所。1981 年年初，中共中央、国务院转发国家科委党组的《关于我国科学技术发展方针的汇报提纲》，强调"经济建设既要依靠社会科学，又要依靠自然科学""大力抓好科学技术成果的推广应用"③。这些指示精神，指明了北京各重点高校朝着"两个中心"建设、科技成果转化的方向发展。

北京大学地球物理系气象专业暴雨组和预报台的师生，1981 年 7 月到国务院防汛指挥部中央防汛办公室协助工作。经过昼夜奋战，系统研究气象资料、数据，做出了几天内长江中上游地区无大雨的预报，敢于负责地果断提出荆江可以不分洪的建议。中央防汛办公室采纳了这项建议，避免了一次巨大损失。

北京农学院对北京昌平县老峪沟乡开展科技扶贫工作，推广应用科技新成果，先后确定建设人工草场、发展良种小尾寒羊、发展蛋鸡和肉鸡生产、推广玉米地膜技术等项目，扶贫工作取得显著成绩。北京农业大学在湘西和

---

① 北京市科学技术委员会：《北京市科技体制改革回顾》，段柄仁主编：《北京市改革十年（1979—1989)》，北京出版社 1989 年版，第 774 页。
② 中共中央文献研究室编：《邓小平年谱（一九七五——一九九七）》（下），中央文献出版社 2004 年版，第 166 页。
③ 《三中全会以来重要文献选编》（下），人民出版社 1982 年版，第 759—762 页。

北京延庆县建立扶贫示范基点，效果突出，一个研究组被农业部评为科技扶贫先进集体，11位教师被国家和北京市评为科技扶贫先进工作者。[①]

1982年4月5日至5月6日，北京高校参加教育部举办的部属高等学校科技成果展览会。北京高校展出的科研成果，如人工全合成牛胰岛素研究、猪胰岛素晶体结构测定、北京东南郊环境污染调查及防治途径研究、电接触固体薄膜润滑剂、大型天象仪、长效化学降阻剂及其应用、多线扫描激光快速印字机等，受到参观者的高度关注。国务院副总理万里参观后指出：大学既要和科研相结合，也要和工厂相结合，国家急需的项目要大搞。[②]

同年10月，全国科学技术奖励大会明确提出"经济建设必须依靠科学技术，科学技术工作必须面向经济建设"的战略方针。北京各高校调整科技工作方针，加强了技术开发和成果推广应用，高校的技术开发、技术转让、技术咨询、技术服务"四技活动"迅速开展。许多教师走出校门，开展合作研究和推广科技成果，从一次性科技合作或单项科技成果转让，发展到组建"教学科研生产联合体"，或自建中试基地转化科技成果，大量科研成果向现实生产力转化和实现产业化。一大批科技成果从这个时期开始走上产业化的道路，为北京高校自身发展、解决经费不足创造了有利条件，为首都经济社会发展做出了突出贡献。

这一时期，北京高校科研成果转化比较有代表性的有：北京大学王选研制了具有国内外先进水平的激光照排系统，北京中医药大学团队研发了对治疗病毒性感冒、炎症发烧有特效的"清开灵"，还有其他高校加强横向联系，研发的清洁能源低温供热堆、动静压轴承动能部件、高效低耗的短应力线轧制技术和轴类零件斜轧技术、高效安全的应答式脉冲轨道电路、神奇的"增产菌"、名牌产品大宝嫩肤霜，等等。[③]

北京农业大学植物病害生物防治研究室研发的"增产菌"，在华北地区得到广泛应用。1979年，该研究室在植物病理学家陈延熙教授的指导下，启

[①②③] 张国华主编：《北京高等学校百年科技发展》，北京工业大学出版社2003年版，第78、79、84—85页。

动增产菌研究。当时国外的现代生态病理学已经从微生物世界找到增产防病的有益生物,为防治植物病害开辟了新的途径。虽然起步较晚,但研究团队吸纳美国加州大学植病系的研究成果,从小麦、甘薯、白菜、萝卜等作物根际分离得芽孢杆菌,经过生物测定,筛选出增产菌主要为蜡状芽孢杆菌。此后5年,他们与许多单位协作,在北京、天津、河北、河南、山东、内蒙古、黑龙江等地进行几十种作物的多点试验,取得了菌体对农作物防病、增产成效显著的试验成果,使增产菌的实际应用走到了世界前列。

1984年,为满足生产需要,该研究室与工厂合作,试制两种商品制剂,即250毫升的液体软包装和500克装的固体粉剂,由于施用简便、成本低,受到农民欢迎。[①] 1985年6月19日,该研究室在延庆召开甜菜增产菌现场会,轻工业部等有关部委30多名领导出席会议。通过现场考察,大家看到了鲜明的对照效果,采用增产菌的田块植株挺拔、叶厚色深,不仅具有良好的防病增产效果,还可以节约能源、水源,一致同意进入推广示范阶段。

增产菌很快被推广到华北各地。实践证明,增产菌在防病增产之余,还有利于减少环境污染及农药残毒,有的甚至改良了产品品质,增加了营养成分,在块根作物上尤为显著。使用增产菌,每亩地只需0.1—0.2元的成本,蔬菜可增加产值100—200元,林果可增加产值50—100元,大田作物可增加产值10—50元。[②]

首都文化系统也因科技成果而大大改观。北京市印刷技术研究所研制成功的仿金属装潢板材丝网印刷工艺,能用于加工收录机、电视机及各种电子仪表的高级装潢表盘,既有金属感又透明,填补了国内技术空白,1983年已有偿转让工厂,实现成果转化;中国印刷科学技术研究所研制成功的小型胶印机系统,包括印刷机、制版机、切纸机、订书机等,体积小、效率高,由于自动化程度高,每小时可印6000张,适用于多种板材,性能

[①] 陈延熙、陈璧、潘贞德、王淑芝:《增产菌的应用与研究》,《生物防治通报》1985年第2期。

[②] 王友恭:《北京农业大学研究增产菌取得突破 为农作物防病、增产开辟了新途径》,《人民日报》1985年11月10日第3版。

达到国内先进水平，1983年年初已实现小批量生产；中国电影科学技术研究所完成的农村集镇电影院工艺设计具有4种规模11种类型，满足了全国广大农村集镇新建或改建电影院的需要，为发展农村电影放映事业创造了条件；始建于1917年的北京大学红楼，在修缮过程中广泛应用现代科技文物维修技术，既保护了文物原貌，又加强了原结构的抗震能力，还比预算节省了23万元。[①]

医疗卫生系统的科研成果转化意义重大。1982年5月，二机部六局、清华大学、中国医学科学院组织了一场重要鉴定会，参加的有上海第六人民医院、日坛医院、朝阳医院、湖北医学院、广州医学院、武汉军区总医院、301医院、首都医院（现北京协和医院）等有关医院、研究单位、高等院校和领导部门共51个单位70多名代表。他们认真查看一台新型核医学仪器的操作过程，只见这台仪器快速测量出患者的左心室射血分数、心排血量、肺通过时间等20余种心脏医学参数，在计算机控制下实时收集和处理几百个原始数据，并在荧光屏上显示出所需要的4种医学曲线和中心电图形，所有曲线和医学参数很快就自动打印输出，还能编制和打印病历报告。

这台仪器正是清华大学工程物理系、北京261厂、阜外医院联合研制成功的新型医疗仪器——γ心脏功能仪，1981年8月完成第一台样机，经过阜外医院5个月107例的临床应用，性能良好。在这次鉴定会上，专家代表们纷纷表示：该仪器对心脏功能参数进行测量，对冠心病的早期诊断、心功能的估量、手术疗效的评价、预后判断和药物功效的观察，以及研究各种因素对心脏功能的影响，都有着重要意义。仪器采用通用微型计算机和国际通用核电子仪器NIM标准，便于扩展成多种功能的同位素测量系统，有利于在我国推广应用，众人一致通过该医学仪器的鉴定。[②] 3个月后，γ心脏功能仪开始批量生产，首批产品当年年底就推广到日坛医院、朝阳医院、307医院、

[①] 《首都文化系统科技成果累累》，《北京日报》1983年3月9日第2版。
[②] 《"γ心脏功能仪"研制成功》，《清华大学学报（自然科学版）》1982年第3期。

湖北医学院等十几个单位，为众多心脏病患者带来福音。①

随着国门的打开，应用推广国外科技成果、提升国内技术水平的技术服务应运而生，专业翻译机构为转化国外科技成果做出了贡献。1982年7月，首都啤酒厂从国外引进一条啤酒生产线的设备。不巧的是，这套设备的技术资料没有提前寄来，无法事先翻译好四五十万字的外文资料，从而影响到设备的安装进度。首都啤酒厂把文字翻译任务委托给北京机械科学技术译文中心，10天后就收到全部译文资料，保证了这套设备的安装使用。该译文中心1981年在北京市机械局技术开发研究所内成立，为北京及其他省、直辖市、自治区一些机械、仪表、轻工等部门提供翻译服务，不仅能翻译英、法、德、日、意、俄等20多个国家的文字，还可以承担一些特急难译的任务。一年间，他们已翻译和搜集3000多篇共3000多万字的国外机械科技译文。他们为石家庄手表厂翻译了23台仪表机床技术资料，除给该单位一份译文外，还向全国38个手表厂发函推荐，很快就有12个厂来函购取，大大提高了译文的利用率。②

最能代表北京科技成果转化的，还得是打响我国新技术产业化第一枪的中关村地区。1980年中国科学院物理研究所陈春先创办北京等离子体学会先进技术发展服务部，拉开了科技成果走向市场、科技人员自主创业的序幕。1982年12月，中国科学院计算技术研究所王洪德与7名科技人员创办北京京海计算机机房技术开发公司，取得良好经济效益，推动更多科研院所转化科技成果。中关村一带的科技企业从1983年的11家迅速发展到1984年的40家，电子一条街初具雏形。1984年9月11日，一篇名为"开创中国式硅谷的探索——海淀建设新型经济区的调查"出现在《北京日报》上，引起了中央有关方面的关注和肯定。此后，电子一条街涌现更多科技企业，1985年发展

---

① 《我国首创一种心脏功能仪临床应用性能良好》，《北京日报》1982年8月24日第2版。
② 《北京机械科学技术译文中心纪实翻译科技资料为企事业服务》，《北京日报》1982年8月4日第1版。

到90家,[1] 有力促进了首都地区科研成果的迅速转化和新技术产业的规模化。

1984年9月11日《北京日报》有关中关村的报道

科技成果转化是科技与经济结合的最好形式,是落实科学技术是生产力的关键所在。北京城乡各地区、各领域一系列科技成果转化,解放了社会生产力,推动了首都建设事业,改善了人民生产生活条件,成为新中国成立后科技成果与经济效益结合较好的时期,为此后科技工作取得更大经济、社会效益积累了宝贵经验。

---

[1] 中关村科技园区管理委员会编:《中关村30年大事记(1981—2010)》,北京出版社2011年版,第10—25页。

六、形成崇尚科学的社会风气

1978年的全国科学大会,一位穿着中山服、戴着眼镜的瘦削年轻人在大会做报告,他神情坚定地说:"要向科学技术现代化进军,必须苦战。"这一幕给人们留下了深刻印象,40多年后仍然被津津乐道。他就是证明哥德巴赫猜想、摘取"数学皇冠上的明珠"、被誉为一个时代的精神偶像——陈景润。陈景润的出现,标志着一个崭新时代的到来,一个党和政府高度重视科技工作、科技与经济相结合、全社会尊崇科学知识的蓬勃时代来临了。

掀起上下齐抓科技工作的热潮

全国科学大会闭幕后不久,北京市就围绕落实大会精神采取一系列实际行动。5月开始,北京市科协和北京人民广播电台联合举办《星期天科学技术讲座》,着重介绍农业、能源、材料、电子计算机、激光、空间、高能物理、遗传工程等8个综合性新兴科技领域,向广大科技人员和爱好者普及现代科技知识。① 不久,《北京日报》开设"学科学"版面,定期介绍国内外科技进展、科普知识和现代化建设等情况,其中"国外科技动态"栏目深受科技人员的欢迎。

当年11月至第二年1月,全国科协和北京市科协联合举办"四个现代化"宣讲活动,在首都知识界掀起一股科技热潮。活动共分36讲,每周约进行4讲,介绍国内外在农业、工业、国防和科学技术等方面的现代化建设情况和发展趋势。② 宣讲人既有著名科学家、教授、工程师,也有从事多年实践工作的业务领导,有时还采取播放电影和幻灯片、展出图片等形式,受到广大干部、中小学教师、工农兵群众和科技人员的欢迎,直接参加者达3

---

① 《市科协和北京人民广播电台将联合举办〈星期天科学技术讲座〉》,《北京日报》1978年5月12日第2版。
② 《全国科协和北京市科协举办"四个现代化"宣讲活动》,《北京日报》1978年11月4日第1版。

万人。

东城区教师进修学校一位青年教师高兴地说:"我们学校也组织了一些科学普及活动,但远远满足不了大家的要求。科协组织的四个现代化宣讲活动,内容广泛、丰富,对我们来说真是一场'及时雨'。"[1] 首场机场一位宣传干部一连参加27场,每次都从20多公里的郊外乘坐公共汽车,风雨无阻地赶进城来听讲。还有一些同志或做笔记或录音,再带回去传达。宣讲活动让大家知道世界新技术领域日新月异的发展情况,看到了我国与国外的差距,了解到一些国家的科技水平短期内由落后变为先进的经验,从而开阔了视野,增强了信心。[2] 活动结束后,科协又为100多个单位复制报告录音,并将讲座稿汇编成册,发行达50万册,受到全国众多科技工作者欢迎。[3]

邓小平、李先念、邓颖超、胡耀邦等中央领导人高度重视科技工作、关心科技人才。1979年11月1日,他们出席中国科学院庆祝建院30周年茶话会,与众多科学家共话祖国发展。邓小平发表热情洋溢的讲话,指出:我们的科学工作者,只要做出了贡献,符合研究员、教授的标准,哪怕只有30岁,也要把他们提拔到研究员和教授的岗位上,给予应有的学位和技术职称。各级领导要关心解决他们工作和生活中遇到的困难。要把学位制度和技术职称评定制度赶快建立起来,这有助于发现人才。最后他重申在全国科学大会上讲过的话:"我要继续给大家当好后勤部长。"[4]

20世纪80年代即将来临之际,12月27日下午,首都700多名科学家,与党和国家领导人邓颖超、王震、聂荣臻、薄一波、方毅等在北京饭店欢聚一堂,共迎新的十年的到来。茶话会上,大家纷纷表示,四个现代化的中心

---

[1] 《全国科协等组织的四化宣讲活动受到欢迎》,《人民日报》1979年1月18日第4版。

[2] 《全国科协和市科协联合举办四化宣讲活动受到欢迎》,《北京日报》1979年1月19日第2版。

[3] 郭云西:《国家需要科学 人民需要科学 中国科协组织科技工作者积极参加科普活动》,《人民日报》1980年3月14日第5版。

[4] 中共中央文献研究室编:《邓小平年谱(一九七五——一九九七)》(上),中央文献出版社2004年版,第575页。

内容就是现代科学技术在各行各业的广泛应用,但是要做到这一点,靠在座的科学家还不够,我们要大力培养科技人才。①

1980年1月11日、2月4日,林乎加、贾庭三、白介夫等北京市委领导两次邀请科研生产第一线的科技人员座谈,听取他们的心声和意见。21位参加者,既有北京厂矿企业的工程技术人员和市属科研机构的研究人员,也有与北京协作开展科研的中央科研、教学单位的科技人员,中年科技人员占大多数。大家为党和政府重视科技、亲自过问科技工作感到高兴,纷纷发言。有的谈自己和单位的工作情况和经验,有的反映科技工作的方针、政策、体制,以及科技人员在工作、生活条件上存在的困难,有的提出发展新学科的建议,有的请求领导机关支持。北京市委领导对大家的发言边听边记,不时提问,与大家坦诚交流。两次座谈会都开得生动活泼,直到晚上7点才散会。②

为造就具有专业知识能力的干部队伍,中共中央率先做出表率,这就是轰动一时的将科学家请进中南海,举办科技讲座。7月24日,中南海特设课堂正式开讲,听课的学生是中央书记处成员和国务院领导同志。第一讲由钱三强讲授,题目是"科学技术发展的简况",以课堂授课配合幻灯片的方式,介绍世界科学技术发展的几个阶段及其对社会进步的影响。从下午3时半讲起,到6时15分结束,历时近3个小时。

8月14日进行第二讲,讲授内容包括工程热物理学家吴仲华的《从能源科学技术看解决能源危机的出路》,原子能物理学家王淦昌的《核能》和煤化学家鲍汉琛的《从煤取能》,这一讲又称能源课。此后还进行了现代科学技术的特点和发展趋势、现代科学技术和大农业的发展、从能源科学看解决能源危机的出路、人口的科学控制、现代化和环境保护、计算机和新的科学

---

① 《七百多名科学家欢聚一堂喜迎八十年代》,《北京日报》1979年12月28日第4版。
② 《八十年代开始就把科技工作抓上去 市党政领导同志邀请科技人员座谈》,《北京日报》1980年2月9日第1版。

技术革命等共 10 次课的讲解。[1] 科技讲座展现了中共中央抓科技工作的决心，引导全社会各方面高度重视科技工作，与科技人员共商繁荣祖国科学事业，建设社会主义现代化强国。

北京市围绕中央书记处关于首都建设四项指示，积极落实"把北京建成全国科学、文化、技术最发达，教育程度最高的第一流的城市"的要求，发挥首都的科技优势，开展了许多卓有成效的工作。首先采取的措施，是围绕首都建设中的重要课题，组织科技工作者提出科学建议，当好党和政府的参谋和顾问。

据北京市科协所属 29 个学会、研究会统计，1980 年举办各种学术会议共征集 2240 篇论文，向党和政府提出咨询建议 559 篇。[2] 1980 年 11 月至 1981 年 7 月，北京市科协与北京市规划局，先后 3 次联合举办多学科北京城市建设规划讨论会。张光斗、杨树珍等 70 多位专家对北京市规划局提出的《北京城市建设总体规划方案（草案）》进行认真讨论。专家们的许多意见被吸纳，为最终形成 1982 年版北京城市建设总体规划做出了贡献。[3] 北京市科委受市政府委托，组成北京市人民政府专业顾问团，为首都建设事业出谋划策。到 1984 年，已有顾问团、组 61 个，聘请专业顾问 647 名。另外，市级各局、各区县及基层单位分别聘请 1100 名、7000 名各类专业技术顾问。[4]

其次，积极贯彻干部"四化"方针，在建设知识化、专业化的干部队伍上开展大量工作。改革开放之初，北京市属 69 个研究所 289 名所级领导干部中，有半数以上不懂专业，也缺乏现代化管理知识。为此，北京市积极开展对科技管理人员和领导干部的相关培训工作。

---

[1] 郝瑞庭：《教科文的春天——科教文化界的拨乱反正》，安徽人民出版社 1998 年版，第 195—196 页。

[2] 《北京市科协 1980 年工作情况和 1981 年工作意见》，北京市档案馆馆藏，档案号 010-003-00049-00001。

[3] 北京市科学技术协会编：《北京市科学技术协会志》，北京出版社 2002 年版，第 45 页。

[4] 《当代中国的北京》科技分编委编：《北京科技工作发展史（1949—1987）》，北京科学技术出版社 1989 年版，第 230 页。

教育科技文艺恢复与发展

北京技术经济和现代化管理研究会、自然辩证法研究会举办科学学系统讲座，截至1980年3月，科学学讲座已有500多个单位参与，并且要求参加者络绎不绝，许多单位领导带头坚持学习。建材科研院的领导提出，要把科学学作为全院科研管理干部学习的必修课程；中国人民大学自然辩证法教研室把科学学作为一个重要的科研、教学任务，讲座内容成为研究生的一门课程并进行考核。[①] 到1982年上半年，技术经济和现代化管理研究会、科学学研究会、系统论信息论控制论研究会筹委会，举办《管理现代化》《农业技术经济》《价值工程》《科研管理》《三论[②]》等讲座40多期，编印出版了160多万字的有关资料。

根据国家大力发展轻纺工业、提高产品质量的要求，北京纺织工程学会积极配合北京市纺织工业局，1980年举办全面质量管理系统讲座，狠抓推广应用，不仅培训了一批掌握应用质量管理科学方法的人才，而且在生产上见到了实效。1982年上半年，北京纺织系统举办3期价值工程短训班，党委书记、总工程师、工程师、车间主任以及科室的主要干部参加。京棉二厂学员结合实际，写出关于产品价值分析、工艺价值分析、管理方法价值分析等论文，提出改进管理的方案。经过价值分析，已经实现和正在实现的清花车间回花室改造工程、回水工程等，就可节约资金50余万元。其中，回水工程的价值分析，使回水利用率由29.81%提高到63.39%，一年可节约用水约120万吨。[③]

为解决技术知识更新问题，北京市一轻总公司对系统内各单位技术骨干，采取脱产学习形式，举办科技干部研修班，取得了良好效果。1983年北京造纸四厂主管技术的副厂长、工程师崔建华通过学习，利用价值工程的基本原理和方法，对本厂卫生纸包装箱进行功能和价值分析，找出了影响包装成本

---

① 北京市科学技术协会：《中国科协第二次全国代表大会大会书面发言 千方百计发现和培养人才》，北京市档案馆馆藏，档案号010-003-00054-00001，第6—7页。

② 即系统论、信息论、控制论。

③ 《北京市科协1982年上半年工作报告》，北京市档案馆馆藏，档案号010-003-00163-00001，第6—7页。

的主要因素。他积极筹划改进包装箱的设计，努力降低包装箱成本。北京钟表厂技术开发科科长、工程师普名萍，针对本厂定子片精修模寿命短的关键问题，写出《关于石英钟机芯定子片小孔精修的设想》论文，设计了新的模具结构，为回厂后组织技术攻关做了准备。[1]

与此同时，北京市根据实际需要，广泛深入地开展学术交流和科学技术普及活动，建立科技活动阵地，进一步开展青少年科技教育活动。北京市科协1980年共开展1.1万多次活动，其中学术活动2300多次，54万人次参加；举办青少年科技活动的科普活动共2800余次，约60万人次参加。[2] 为普及科学管理知识，科普作协1982年编写了《厂长必备》一书，第一版发行18万册，很快销售一空；科普服务部录制的有关管理科学的系统讲座和磁带，仅半年时间就向全国29个省、直辖市、自治区发行了1万盒。一些科普书籍广受欢迎，如科普作协编写的幼儿智力科普丛书"娃娃爱科学"，全套36本，第一版就发行1000多万册。[3]

科技与经济结合日益紧密

随着改革开放的逐渐深入，特别是1981年中共中央、国务院在转发国家科委党组《关于我国科学技术发展方针的汇报提纲》中提出科技工作要为经济建设服务的方针，首都科技工作逐渐将主要力量转移到经济建设的"主战场"。

1982年2月26日，北京市科委在1982年科研攻关任务安排意见中，强调开展一批对国民经济具有重大经济效益的科技项目。这次安排的447个项目中，北京市科委根据首都的特点，围绕首都经济建设和人们的"吃、穿、用、住"，确定了10个攻关任务，分别是菜、肉、蛋等基本副食品生产供应的关键技术；食品工业技术；特种动物毛开发及化纤天然化改性技术；改进

---

[1] 《市一轻公司办科技干部研修班解决知识技术更新问题》，《北京日报》1983年8月13日第1版。
[2] 《北京市科协1980年工作情况和1981年工作意见》，北京市档案馆馆藏，档案号010-003-00049-00001。
[3] 《北京市科协1982年上半年工作报告》，北京市档案馆馆藏，档案号010-003-00163-00001。

机光电耐用消费品质量,试制新产品;节能技术和新能源开发试验;城市公共废物处理及绿化美化;城乡民用住宅建筑成套技术;计算机应用和大规模集成电路试制;中西医结合防治肝炎;系统科学[①]。

翌年1月,北京市计委、市科委制订1983年科技发展计划,从安排的414个项目中确定10个重点项目,涉及蔬菜、鲜奶、瘦猪肉和牧草种植的关键技术,计算机应用和大规模集成电路,食品、轻纺和耐用消费品,节能技术和新能源,城市绿化,新型建筑材料等方面,延续了北京市委重视人民生活、围绕经济建设的鲜明导向。

与此同时,北京市自1981年第四季度开启科技体制改革,将经济责任制引入科研院所,持续推动经济与科技相结合,激发科技人员发挥聪明才智提升经济效益。科学技术带来显著效益的诸多事迹,纷纷成为人们身边真实的故事,全市上下逐渐形成尊重知识、重视人才的共识。顺义化肥厂的变化,从一个侧面展现了这个过程。该厂建于1972年,有700多名职工,1980年以前连年亏损,最高时亏损达82万元,濒临倒闭。继续这样下去,工厂只会越亏越多,是进是退?人们把目光集中在了厂领导的身上。

王润芬是副厂长,此刻的心情也难以平静。她学过合成氨,多年的工作实践又摸索出一套企业管理的方法,但在极左路线猖獗的年月,她没有用武之地。全国科学大会后,中央提出重视科学、发挥知识分子的作用,她想,该是大显身手的时候了。在厂党总支支持下,她搜集整理国内10多家同类企业的管理经验,并查阅国外有关资料,针对本厂实际,同厂里几位工程师一起,大胆提出了"用经济手段管理企业、实行岗位责任制"的改革方案。

这时是1979年年底。王润芬的改革方案刚拿出来,就引起了非议,厂党总支为此决定召开党总支扩大会。会议一开始,大家就争论开了,支持的、反对的各执一词,就等党总支书记张德公表态了。张德公站起来,掂了掂改革方案,郑重地说:"我同意,就这样干!"

[①] 《当代中国的北京》科技分编委编:《北京科技工作发展史(1949—1987)》,北京科学技术出版社1989年版,第199页。

改革方案实施后，很快就见到了成效。1980年化肥厂利润就达32万元，工厂的账上第一次有了"盈"字。接着，他们又和厂领导建立健全多项工作制度，提拔重用专业干部，化肥厂1981—1983年连续3年盈利，总额达242万元。科学管理让化肥厂腾飞，知识分子成了"宝贝"。到1984年10月，该厂助理工程师以上的专业人员7人中，有6人是党员，其中4人是近几年入党的，有5人被提拔为科以上领导干部，挑起了化肥厂的大梁。

化肥厂由原来设计年产500吨合成氨的小厂，在不增加设备和人员的情况下，1984年发展到年产10000万吨合成氨的中型企业，1982年以来连续3年受到化工部的表彰，工厂的领导和工人们都说："这是工程技术人员立了功。"①

科技人员大展身手的故事，在首都的经济建设浪潮中随处可见。科技与经济相结合的佳话，也发生在大兴县电机厂。这家集体所有制小厂仅有360多人，却在一位助理工程师的指导下，成功试制出达到国际通用标准的高效节省的Y系列电机，于1984年6月投入批量生产。总结工作时，厂领导感慨道："小厂要发展很不容易，免不了到处'烧香拜佛'，但'庙门'认不准，不尊重知识，不注意发挥科技人员的作用，那等于白搭。"

这个感慨缘于此前的遭遇。厂里原来有台检测电机的动平仪，归一位学电机的大学生操作，使用了好几年，从没出过大事。后来，这位大学生因故调离，动平仪换人操作，但三天两头出毛病，厂里谁也摆弄不好。他们只好到处"烧香拜佛"，求人帮助检测电机，几年间花的钱足够买一台新仪器，耽误的活就更多了。这么一折腾，厂领导才觉出知识的宝贵，经常念叨那位调走的大学生，盼着上级单位能再给派个通"经"的技术员来。巧的是，1981年年底，有位助理工程师要求调来，厂领导二话没说，当即决定接收。这位同志调来后，到兄弟单位学习半个月，回来摆弄动平仪，很快就操作自如了。

"咬了苦瓜瓣，才知蜂蜜甜。"打那以后，厂领导下定决心，甭管碰到多

---

① 《科技人员在这里挑起了大梁》，《北京日报》1984年10月20日第1版。

教育科技文艺恢复与发展

大困难和阻力,都要把知识分子政策落实好,给他们充分发挥才能的机会,还要不拘一格调进人才、培养人才,切实解决他们生活和工作中的困难,让他们安心工作。

1983年,厂里盖了14套宿舍,其中两居室的有4套。全厂申请住房的有65户,都盯着那4套两居室。在这种情况下,厂领导不怕闲言碎语,拍板将那4套房子分给了4名科技人员,还说:"在科技人员身上花钱,不能小肚鸡肠,要站在高处往远看,行得春风,才得秋雨。"厂里规定:对于技术资料,只要科技人员需要,随时可以购买,科技杂志,敞开订阅;办公用品,优先满足科技人员使用。

当时,很多科技人员不愿到县里工作,更不愿到县里的集体小企业工作。然而这家县里的集体小厂,几年下来陆续调进科技人员,到1984年5月时已有7名科技人员,其中工程师2名、助理工程师2名。他们在岗位上发光发热,努力把自己掌握的知识贡献出来。拿铸造车间来说,过去连年亏损,自1983年5月技术人员来到后,通过与干部、工人密切合作,解决了多年存在的铸件缩孔过多问题。再加上实行岗位责任制,下半年开始,车间的铸件成品率由过去的60%提升至90%,扭亏为盈,半年盈利3万多元。

1983年,全厂生产电机2.6万台,8.5万千瓦,产值439万元,利润60万元,比1982年的43万元增长近40%。这些成绩是全厂职工努力的结果,科技人员起了重要作用,大家从本厂生产实践中,深刻认识到科学技术就是生产力,全厂上下支持科技人员的工作已成为一种良好风气。[1]

形成尊崇科学、渴求知识的社会氛围

全国科学大会期间,北京发挥首都科技资源优势,积极营造崇尚科学的社会氛围。首都20多家出版社为配合向科学技术现代化进军,出版了一批科技新书。既有著名科学家钱学森、华罗庚、苏步青、李四光、吴文俊等人的

---

[1] 李守仲、杨光慧:《大兴县电机厂在科技人员身上花钱不小气 "烧香认准庙门" "财神"显灵》,《北京日报》1984年5月21日第1版。

著作，也有许多反映我国科研最新重要成果的专著，还有竺可桢、吴汝康等人编著的一批科学普及读物。[①] 与此同时，北京师范大学举办外国科技图书展览会，展出1000多家出版社和有关人士提供的科技图书1.4万种、期刊5000种、特种出版物3000种，以及视听资料与设备、电子计算机书刊资料等，吸引了许多大会代表和广大科技工作者前来参观。展会不仅在北京受到热烈欢迎，还受邀到武汉、西安、广州、成都、南京、上海等地巡回展出。[②]

全国科学大会后，地处北京东南三环的新华书店双井门市部迎来了众多读者，销售额不断攀升。1979年图书销售达到78万元，是1976年销售额的近4倍，其中科技图书最畅销，销售额占比近70%。门市部在不到70平方米的店堂里，开辟预订科技新书的服务项目，1979年预订科技图书的读者就有5000人次。双井地处工业区，附近有大中型工厂70多家，职工10余万人。门市部主动到工厂设摊120多次，利用工厂上班前、午饭后的零星时间，把科技专业书籍送到读者面前，每次都受到职工的热烈欢迎，不少科技书籍被抢购一空。[③]

地处北京西北角的中关村一带，各大研究所更加忙碌起来，通宵达旦的灯光诉说着科学工作者的热血和执着。众多科学家中，陈景润最引人注目。陈景润从小就对数学情有独钟，1953年，20岁的他提前毕业于厦门大学数学系，被分配到北京一所中学任教。但他不适应教师岗位，在厦门大学校长王亚南的帮助下，又回到厦门大学，在图书馆安心从事数学研究。陈景润钻研华罗庚的《堆垒素数论》《数论导引》，很快写出数论文章，寄给中国科学院数学研究所。

时任中国科学院数学研究所所长的华罗庚一看文章，就相中了陈景润。华罗庚年轻时自学成才，1930年在上海《科学》杂志发表数论文章，被清华

[①]《配合向科学技术现代化进军 首都出版一批科技新书》，《北京日报》1978年4月16日第6版。

[②]《外国科技图书展览会在京展出受到热烈欢迎》，《北京日报》1978年4月8日第4版。

[③]《科技书读者越来越多 新华书店双井门市销售额比1976年增加近三倍》，《北京日报》1980年1月4日第1版。

大学数学系主任熊庆来慧眼识珠，打破常规，调入清华大学图书馆担任馆员。20多年后，已经成为闻名世界的数学家华罗庚，将甘为人梯、奖掖后进的育人传统发扬光大，把陈景润破格选调到数学研究所当实习研究员。1957年，陈景润再次来到北京，开始向"数学皇冠上的明珠"——哥德巴赫猜想发起冲击。

经过多年推算，1965年5月，陈景润写出200多页的长篇论文《大偶数表为一个素数及一个不超过二个素数的乘积之和》，国外数学家虽然都知道陈景润宣布的这个研究结果，但不相信这是真的。直到1972年，陈景润拿出经过简化改进的20多页论文，通过北京大学教授闵嗣鹤、中国科学院数学所数论组负责人王元的独立审核，认定这是一项超越前人的独创性成果。1973年，新华社记者采访陈景润后，写了一篇内参《中国科学院数学研究所助理研究员陈景润作出了一项具有世界先进水平的成果》，同时还写了一篇反映陈景润克服生活困难、抱病坚持从事科研的内参文章。陈景润的生活此后得到初步改善。

十年内乱结束后，陈景润1977年被提升为研究员，同年10月，新华社报道他的突出贡献为数学学科的发展写下了光辉一页。1978年1月，《人民文学》刊发作家徐迟撰写的报告文学《哥德巴赫猜想》，生动介绍了陈景润的事迹，《人民日报》《光明日报》随后转载，陈景润一夜之间成为全民偶像。他忘我钻研的精神、卓越的科学成就，激励着广大青少年投身科学。首都人民更是时刻关注陈景润的一举一动，当孩子们被问到"长大以后想干什么"时，他们几乎都会响亮地答道："当科学家！"

华罗庚、李四光、杨乐、张广厚、周培源等科学家的事迹也为人们耳熟能详。《人民文学》1977年、1978年还发表了徐迟撰写的《地质之光》和《在湍流的漩涡中》，分别介绍李四光和周培源的故事，细腻精彩的文字，展现了两位科学家胸怀祖国、严谨治学的科学精神，感动了无数国人。[①]

[①] 陈若谷：《1970年代科学家形象及转型时期的叙述——重读徐迟〈哥德巴赫猜想〉》，《小说评论》2023年第3期。

华罗庚的故事尤其让人动容。华罗庚年轻时便舍弃美国优越条件，在新中国甫一成立之际就回国，并号召广大留美学子回国报效祖国，影响和带动了一大批科学家回国。华罗庚不仅开创了中国数学学派，培养出陈景润、王元、陆启铿等一批杰出数学家，还数十年如一日，将优选法、统筹法作为运筹学的推广应用重点，在全国 20 多个省、直辖市、自治区推动科学普及活动。改革开放后，他不顾年老体弱多病，继续到各地推广应用数学，更是发挥自身影响力，活跃在国际数学界，带领中青年骨干到国外积极开展学术交流活动，为中国科学界走出国门追赶世界贡献力量。对外交流中，华罗庚发现电子计算机技术在国外已经开始微型化，他敏锐意识到这一尖端科技的远大前景，将成为应用数学新的发展契机。于是，他积极推动中国科学院成立应用数学研究所，为我国应用数学与经济建设的深入融合发展奠定了重要基础。1985 年 6 月 12 日，华罗庚在日本东京大学演讲时因突发急性心肌梗死，当晚与世长辞，一颗数学巨星就此陨落。消息传来，首都人民无不悲痛万分。

15 日，华罗庚的骨灰由中国民航专机接运回国，人们冒着霏霏细雨前往首都机场迎候。21 日，八宝山革命公墓礼堂外的树丛上，挂满了各省、直辖市、自治区送来的挽幛、挽联，来自北京工厂、农村、部队和个人的挽联和鲜花随处可见。礼堂内，首都各界 500 多人正在参加华罗庚的骨灰安放仪式。人们或神情肃穆，或面目哀戚。王元沉痛表示，将继承老师遗志，完成他未竟的事业。陈景润抱病参加，他坐在轮椅上含泪说："太难过了，太难过了，我的老师华罗庚教授去世，对我是个沉重的打击。"[①]

这一时期，数学家杨乐与张广厚合作发现的函数值成果为世界数学界所瞩目，被国际上称为"杨张定理"。数学家们用自己的智慧和汗水为国争光的突出事迹，在北京青少年中掀起了一股学习数学的热潮。北京市科协数学会编辑的《中学生数学》试行两期就发行 29 万份。数学会培养出一批优秀后备人才。1979 年全国数学竞赛中，来自北京四中的李伟固夺得第一名。北京

---

① 李尚志、何平：《中国杰出数学家、著名教育家和社会活动家　华罗庚骨灰安放仪式在京举行》，《人民日报》1985 年 6 月 22 日第 1 版。

大学等高校反映，来自数学会的成员进入大学后，学习成绩优异，接受能力很强。数学会组织的初中数学竞赛广受欢迎，有9900多人参加，还有360名学生赴美参加第33届奥林匹克数学竞赛。[1]

经过持续推动，首都人民已经形成了浓厚的渴求知识的社会风气。1984年夏天，位于西单的北京科技书店人气旺盛，即使到了晚上，仍然灯火通明，川流不息，原来这里自7月12日起办起了夜市。大厅正中悬吊着玉兰华灯，店堂四壁白色灯罩散发出明亮而柔和的灯光。一架架高层书架拔地而起，犹如"知识宝山"矗立，架上7000多种科技著作全部敞开。每一个书架前面，都围满了探索科学宝藏的人们。计算机、自动化、电子、通信类图书的书架前读者最多。书店组织的近千种新书和"热门书"，包括《微型计算机硬件、软件及其应用》《机械零件设计手册》《英汉电子计算机辞典》《实用内科学》等，有些很快就告罄。

一位拄着双拐的青年，花6.23元买了《晶体管使用手册》《集成电路与收音机》《怎样看无线电线路图》等6本书。幼时的他，因患病不幸得了左下肢瘫痪症，现在正在学习电器修理技术，听说书店办夜市，特地赶来买了这些书。科学知识书架前，学生是主体，半个小时就有20多名中学生购买《中学地理知识表解》《中学历史知识表解》等近40册图书。据统计，书店3天共接待读者6000多人，销售图书1万多册。[2]

"爱科学　学科学　用科学"从娃娃抓起

青少年是国家的未来，科技人才的培养必须从小打下坚实基础。北京市为此做了大量努力，通过各种青少年科技爱好者组织，举办科技讲座、数理化竞赛、科技作品评比、展览、科技夏令营等活动，取得了良好成效。

1978年1月21日，全国科协、北京市科协、北京市教育局隆重举行青少年科学参观活动的开幕式。这3家主办单位联合组织6000多名中学生组成北

---

[1]《北京市科协1982年上半年工作报告》，北京市档案馆馆藏，档案号010-003-00163-0001，第4、10页。

[2]《北京科技书店夜市忙》，《北京日报》1984年7月17日第1版。

京市青少年科学参观团，分成 200 多个小分队，用 2 个星期的时间，分别到科研单位、高等院校、工厂等 50 多个单位参观学习。

全国科协副主席、北京市科协主席茅以升发表讲话，指出青少年通过参观学习，可以学到许多书本和课堂上学不到的知识，更好理解一些平时难以理解的科学问题，大家的视野和思想也将大为开阔。他要求青少年在参观中要认真地看、仔细地听，开动脑子想一想，多问几个为什么。全国科协副主席裴丽生在会上谈到对青少年一代的期望和加速培养科技人才的一些打算。他说，全国科协已决定成立青少年工作部，以加强对青少年科技工作的指导。中国航空学会理事长、北京航空学院革委会副主任沈元，代表接待参观单位讲话，热烈欢迎青少年科学参观团参观学习。

这次青少年科学参观活动可谓盛况空前。参观的单位有中国科学院的研究所、国务院有关部委的科研单位、在京的大专院校以及北京市有关科研单位。参观的项目既有数理化、生物、地学等基础科学研究内容，也有计算机、半导体、自动化、航空、激光等新技术和机械、建筑、铁道等应用科技实验项目，内容十分丰富。许多单位的老科学家听到青少年参观的消息后，十分兴奋地说：实现四个现代化，我们有重担要挑，但国家的未来寄希望于青少年一代身上，这样的活动太好了，以后还应当多搞些。[①] 同年 8 月，北京市举办 3 次全市性的科学家与中小学科技爱好者见面活动。科学家们勉励中学生学好数、理、化等基础科学知识。

各类青少年科技爱好者组织在当时作用很大，成效显著。1979 年全市成立了天文、地质、生物、电子等 12 个青少年爱好者协会，吸收 2300 名少年参加。北京市科协和各学会密切关注各学科的爱好者小组或协会，细心发现其中的"尖子"，邀请专家和教师认真辅导，通过参加各种活动，帮助他们打好学习基础，发展科学思维和创造力。

众多活动中，颇受欢迎的是航空学会与北京市少年宫等单位筹备的航舰

---

① 《向科学进军　攀登科技高峰　全国科协、市科协、市教育局联合组织本市青少年科学参观团》，《北京日报》1978 年 1 月 22 日第 4 版。

模型制作活动，有 6000 多名青少年踊跃参加。青少年天文爱好者协会发起的"九星连珠"和"月全食"观测活动，吸引了近千名青少年积极参加。1980 年 2 月的日全食天文观测中，天文爱好者协会取得优良成绩，一名 15 岁的青年摄了日全食的全过程，特别是还拍下了时间短暂、难度大的"倍里珠"照片。①

北京市自 1979 年起每年举办中小学科技夏令营活动，比较有影响力的是 1981 年 8 月在中央民族学院举办的首次"全国少数民族科技夏令营"，来自 56 个民族的 360 名青少年代表与首都青少年一起参加活动。1983 年北京市举办的科技夏令营达 100 个，吸收营员 1 万人，涉及天文、地质、生物、气象、电子、太阳能、石油、煤炭、水利、光学、航空、林学、昆虫等多种项目。②

众多形式多样的活动中，最受瞩目的是新中国成立 30 周年之际，北京市组织参加的全国青少年科技作品展览。为做好评选工作，北京市先期举办全市青少年科技作品展览。1979 年 7 月 7 日，北京市少年宫济济一堂，北京市委第一书记林乎加，团中央书记处书记胡德华，全国政协、教育部、国家体委以及北京市委、市革委会的有关部门负责人，与部分青少年科技作品作者一起，兴致勃勃地参加了展览。展出的 900 多件作品，是从全市上万名青少年科技爱好者制作的 4000 件作品中评选而来。由北京六十一中学生制作的时间程序控制器、电子琴，北京三十五中学生制作的频率周期测试仪等作品受到大家的好评。③

10 月 3 日，全国青少年科技作品展览在北京展览馆隆重开幕，为向科学技术现代化进军，培养科技人才后备军，迈出了意义深远的一步。邓小平为展览题词"青少年是祖国的未来，科学的希望"，邓颖超、康克清、茅以升等领导人出席开幕式。展览共展出 29 个省、直辖市、自治区选送的 3000 件

---

① 北京市科学技术协会：《中国科协第二次代表大会大会书面发言 千方百计发现和培养人才》，北京市档案馆馆藏，档案号 010-003-00054-00001。
② 北京市地方志编纂委员会：《北京志·教育卷·基础教育志》，北京出版社 2014 年版，第 374—375 页。
③ 《本市青少年科技作品展览会开幕》，《北京日报》1979 年 7 月 9 日第 2 版。

科技作品，还展出了国外青少年开展科技活动的一些器材、元器件和科学玩具等。23日的活动还举行了颁奖大会。①

北京市在展览活动中取得良好成绩。既有获得全国青少年科技作品展览一等奖的作品，由北京青少年天文爱好者小组选送的"卡氏反射镜及单通道光源电光度计"；北京市少年宫选送的电子琴、可视电话、立体标本、三翼气垫、北京植物标本等获得5块金牌、2块铜牌；②还有9篇论文获奖，其中4篇出自地质爱好小组，《北京常见建筑石材地质考察》论文获得一等奖，论述了北京常见建筑石材的种类、成因、分布、开采、加工和利用情况，并对北京建筑材料的发展远景提出了看法。为了参加这次评选活动，地质小组的同学们做了大量实地考察工作，他们利用寒暑假、星期日和其他业余时间，在城郊区县跑了40多处，采集标本、实地考察，由不懂到懂，由不爱到爱，开始闯进了地质学的领域，并且迷上了这门科学。当时高等学校招生，报考地质专业的学生极少，1979年全市第一志愿报考的只有8名，大有后继无人之势，而这些青少年爱好者，无疑有望成为地质科学事业发展的接班人才。③

青少年科技活动进一步发展到各区县。1982年上半年举办的"小朋友爱科学"和"中小学生科教电影专场"活动，分别在7个区和1个电教馆礼堂举办，每周定时定点免费为中小学生放映科技电影170部，有14万人次观看。④各区科协还组织了科技制作、绿化校园、咨询答疑以及举办科技故事、科技文艺现场观摩、经验交流等多种形式的活动，如6月西城区科协会同区教育局等单位开展的"青少年科技月"，组织了18项活动，有130多所中小学参加，评选出获奖的科技小制作等展品175件、科学小论文95篇，其中有

---

① 《全国青少年科技作品展览在京开幕》，《北京日报》1979年10月4日第4版。
② 北京市地方志编纂委员会：《北京志·教育卷·基础教育志》，北京出版社2014年版，第368页。
③ 北京市科学技术协会：《中国科协第二次代表大会大会书面发言 千方百计发现和培养人才》，北京市档案馆馆藏，档案号010-003-00054-00001。
④ 《北京市科协1982年上半年工作报告》，北京市档案馆馆藏，档案号010-003-00163-00001。

6件展品和小论文在全国青少年科技成果评选中获奖。①

蓬勃发展的科技活动营造了良好的社会氛围，1983年10月，北京市举办青少年"爱科学月"活动，首届活动便有全市2500多所中小学的200多万人参加。② 此后每年举办一届，参加的学生都超过百万人次。

1983年10月，在北京市青少年"爱科学月"活动中，北京古观象台的工作人员向学生们介绍这座具有540余年历史的古老观象台。

全市第一个青少年科学活动场所——西城区青少年科技试验站于1981年1月成立，设有环境保护、电脑、激光等项目，拉开了北京市积极建设科技场馆的序幕。③ 到1984年5月，北京7个区县已建起青少年科技馆站，每年

---

① 《西城区青少年科技活动月丰收》，《北京日报》1982年9月26日第2版。
② 《当代中国的北京》编辑部编：《当代北京大事记（1949—2003）》，当代中国出版社2003年版，第374页。
③ 北京市地方志编纂委员会：《北京志·教育卷·基础教育志》，北京出版社2014年版，第374页。

都有十几万人次青少年参加各种科技活动。[1] 各种博物馆场所也注重开展科学普及活动。1984年的夏天，北京有一个人文景观，就是北京古观象台为方便青少年和群众而开办的夜市。每天晚上6点半到9点，天文活动室挤满了家长和孩子，他们观看"认识宇宙"的幻灯片，通过天文望远镜观测火星、土星等天体，熙熙攘攘好不热闹。[2]

1984年11月21日，位于西城区北三环中路1号的中国科学技术馆一期工程破土动工，这是我国第一座国家级大型现代化科技馆，倾注着党和国家领导人的高度重视和亲切关怀。早在1956年，毛泽东向全社会发出"向科学进军"的号召。1958年，经周恩来总理和聂荣臻副总理批准，科学馆被列入新中国成立十周年首都十大工程，后因资金材料等紧缺而停建下马。1978年全国科学大会上，茅以升、钱学森等科学家再次提出建设中国科学技术馆的倡议。11月17日，邓小平圈定同意建设中国科技馆，国家计委1979年2月批准兴建。1983年，茅以升等科学家在全国人民代表大会会议上提出加速实施中国科学技术馆建设的提案，得到姚依林、万里等党和国家领导人的大力支持。7月，国家计委批准中国科学技术馆分两期建设的初步设计。1984年11月，邓小平亲笔为中国科学技术馆题写馆名，姚依林同月21日为开工奠基典礼剪彩。4年后，一期展厅竣工并对社会开放，参观者络绎不绝。科技馆别开生面的展教方式，吸引了大批青少年学生。他们在深入浅出的演示及亲自动手的尝试里，体验着探索科学奥秘的乐趣。

世界新技术革命是以电子计算机为核心的科学革命，为落实邓小平"计算机要从娃娃抓起"的指示，北京市校外教育机构普遍设立计算机等项目。1984年5月，北京市青少年计算机活动中心开幕。1985年5月，北京市成立电脑天地学校。学校成立后，经常举办全市中小学生优秀计算机爱好者提高性的辅导讲座和各类普及性的青少年计算机培训班。该校学生参加1986年和1988年两届全国青少年计算机程序设计竞赛，获一等奖4人、二等奖2人、

---

[1] 《本市七个区县建起青少年科技馆站》，《北京日报》1984年5月29日第2版。
[2] 《古观象台办夜市》，《北京日报》1984年7月17日第1版。

教育科技文艺恢复与发展

三等奖 2 人。1985 年起，北京市科协与北京市教育局等单位还联合开办北京奥林匹克学校，先后开设数学、物理、化学、生物、计算机等学科的奥林匹克分校，许多北京青少年在国际中学生学科竞赛中获奖。

经过上下齐心的持续推动，广大首都人民形成崇尚科学、尊重知识的价值理念，明显扭转了此前对知识分子的偏见，爱科学、学科学、用科学的社会风气越来越浓厚。陈景润等科学家潜心研究、勇攀科学高峰的精神和事迹，为千万知识分子树起了一面光辉旗帜，召唤着亿万青少年奋发向前，全社会为实现四个现代化而勤学知识、苦练本领，这种昂扬向上的社会风貌成为那个时代的光辉记忆。

第五章
科技创新的萌芽

1978 年，全国科学大会召开，使得广大科技人员感受到了"春天"的来临，重新燃起科技报国的激情。此时，国际上计算机技术发展迅速，形成了以电子信息产业为主体的新兴高新技术产业。世界新技术革命和新兴产业竞争的态势，对北京中关村地区的科技人员产生了强烈冲击，他们抓住历史机遇，冲破传统科研和经济体制束缚，面向市场，开始一系列探索实验，开拓了中国特色的民营科技创业之路。从此，中关村的变化日新月异，这是高新技术产业发展的见证，更是中国改革开放结出的累累硕果。

一、北京等离子体学会先进技术发展服务部的创办

中国改革史上有两个"村"值得大书特书，一是安徽凤阳县小岗村，试行家庭联产承包责任制，开启了中国农村改革的序幕；另一个"村"就是北京中关村，这里聚集了以中国科学院为代表的高校和科研机构。在中国科学院这座科学金字塔下，以陈春先为代表的知识分子，顺应历史潮流，打破铁饭碗，率先大胆冲破固有思想观念及科研、经济体制束缚，迈出中国科技改革创新的第一步。

报春梅在中关村开放

中关村，地处北京海淀区。20 世纪初，清华学堂、燕京学堂相继成立，

使得这一地区的文化教育色彩日趋浓厚。新中国成立后，为尽快改变国家贫穷落后的局面，国家决定在中关村区域建设中国科学院等各类高校和科研机构。历经 30 多年的发展，到改革开放之初，中关村已成为科学教育的聚集地，涌现了一大批科研人才和科技成果。但是，这些大专院校和科研单位与社会上的各种生产活动联系很少，使大量科学技术、科研成果束之高阁，不能转化为生产力，取得经济效益。

1978 年早春 3 月，正是万物复苏的时节，全国科学大会在北京隆重召开。邓小平提出"现代化的关键是科学技术现代化"、"知识分子是工人阶级的一部分"和"科学技术是第一生产力"等重要论断，澄清了长期束缚科学技术发展的重大理论是非问题，打破了长期禁锢知识分子的精神桎梏，为科学技术事业的发展扫清了障碍。

6 月，中美正式建交前，按照两国约定，互相派遣国内优秀科学家互访。中国科学院物理所研究员陈春先等人作为中国核聚变专家首次赴美国访问，不久又先后两次赴美国考察。考察过程中，陈春先看了美国最先进的核聚变装置，但使他震撼最大的不是那些先进技术，而是美国硅谷和波士顿 128 号公路两旁的新技术扩散区。永磁公司是 128 号公路旁的一家高新技术小公司，老板汤姆克是波士顿大学核物理学教授，他与陈春先虽是同行，但汤姆克做教授的同时还开着公司，为美国航天局供货。汤姆克对陈春先介绍说，"我有技术有想法，另外一些人有钱"，"就这么简单。二者结合起来，就可以创造产品"。[①] 产品不仅供应美国，还在全球许多核实验室使用。简短的谈话，对陈春先的震撼却不小。他意识到，美国实验室等科研机构的效率如此高，美国硅谷等地发展得如此快，其原因在于充满活力的工厂、学校、研究所之间密切联系的体制。这是 20 世纪 50 年代以来，发达国家在高技术产业成长过程中，做出的经济与科技结合的重要举措。

访美归来的陈春先反复对人讲"硅谷"创业的故事。但在几十年计划经济的影响下，科研人员已经习惯于按计划完成科研任务，与市场和社会相对

---

① 齐忠：《中关村的故事》（上册），团结出版社 2020 年版，第 39 页。

隔离，因此很少有人可以理解陈春先所认识到的本质问题，即科技要与经济结合才可能转化为生产力。

1978年12月，党的十一届三中全会召开，改革开放的春风在中关村吹起阵阵涟漪。此时国际上，低温等离子体研究工业化应用发展迅猛。国内也出现了研究热潮，仅就北京，从事这方面研究的有关人员就逾千人，冶金、焊接、喷涂、镀膜、化工、发电、切割、国防科研等几十个应用领域，都有人从事低温等离子体研究与开发，其中相当一部分已达到向工业化推广的程度。如何促进交流，进行成果推广和转化，从事这方面研究的科技人员提出要成立一个学会——北京等离子体学会。1980年8月8日，北京等离子体学会应运而生，中国科学院力学研究所学部委员谈镐生为该学会理事长，中国科学院研究员潘良儒、陈春先、杨昌琪等人为副理事长，中国科学院研究人员纪世瀛任学会核聚变工程分会秘书长。

中关村第一家民办科技机构就是在北京等离子体学会基础上运作建立的。8月28日晚上，陈春先来到纪世瀛家，商议如何在新形势下，学习美国硅谷经验，做点事情出来。两人越商量越激动，希望能利用中国科学院资源，争取像深圳那样，成立"中关村科技特区"，作为新技术扩散的开发试验区。工作中，两人深深体会到"协会"的作用很大，当时他们搞GBHI核聚变试验装置，需要一个巨大的陶瓷真空环形放电室。纪世瀛负责主体工程结构设计，最大的难题是把5大块的陶瓷环粘接起来，而这项工艺是技术空白。最后上海市粘接协会把分散在各单位的粘接工艺、原材料等各方面专家组织起来，承接并圆满完成了这项任务。协会这种凝聚性和包容性给了他们巨大启发：北京市科学技术协会（简称科协）是一个很好的平台，一定要得到北京市科协的支持。两人商议，召开北京等离子体学会理事会，向北京市科协汇报，在中国科学院体制外成立一个以科技咨询为主、技术扩散型的服务部。

为推动计划实施，陈春先找到北京市海淀区科委主任胡定淮，向他介绍仿照"硅谷"模式，以海淀区为中心向周围扩散新技术的设想，希望得到他的支持。当时，海淀区科委的工作是以发展农业经济为主，而新上任的胡定淮正在思考，如何利用海淀区域范围内的科技优势寻求发展的问题，因此非常支持陈春先的想法。

10月中旬，陈春先又找到北京市科协党组书记田夫。田夫表示：凡是有利于"四化"的，我们都大力支持，没有经验可以在实践中摸索。他还建议陈春先去找北京市科协赵绮秋，赵绮秋考虑到现行体制不允许科研院所的科技人员离开科研机构自己办公司，她建议陈春先用"等离子体学会"的名义搞咨询服务。

在征得北京等离子体学会理事会谈镐生院士、潘良儒教授同意后，学会于10月12日向北京市科协提交了《北京等离子体学会试办先进技术发展服务部》的报告。报告中明确写明："服务部的宗旨是团结等离子体科学技术及其工业应用领域的广大科技工作者、技术工人，推广先进技术交流和新成果的推广应用，通过具体服务项目为'四化'作出贡献。"[①]

当时，中国还完全处于计划经济体制下，要办一个研究所、公司，把自己的知识向社会推广，这种想法是不能被社会接受的。但北京市科协领导田夫、孙洪和赵绮秋等人对成立服务部的想法明确表示理解和支持：科协是科技工作者之家，只要有好的想法、只要对社会有利，就大胆去干，有了问题再处理。

陈春先提出的"新技术扩散试验区"面临重重障碍。为筹集服务部的启动资金，学会从力学所借来500元，其中200元留在学会，300元用作服务部开办费。纪世瀛拿着一沓现金到银行开办账号，被银行业务员以没有上级单位批准的红头文件为理由拒绝办理。最终在赵绮秋的帮助下，纪世瀛才拿着一张200元的支票在工商银行海淀东升乡分理处建立了独立账号。紧接着，纪世瀛又到公安部门刻制公章。开始时，他是用北京市科协学会部的名义去办，对方不予批准。接着，赵绮秋又让他拿学会的介绍信去办理，对方仍然拒绝，并提出只能由北京市一级的单位开介绍信才予以办理。最终，赵绮秋

---

① 龙景：《中关村第一村民的创业传奇》，中央广播电视大学出版社2008年版，第56页。

以北京市科协的名义开了介绍信，服务部才获得批准。

科学家们"下海"了

中国科学院物理所的崔文栋和纪世瀛，先后联络了物理所、力学所、电子所、电工所及清华大学等单位的20多位科技人员参加服务部的具体筹建工作。当时没有办公用房，中国科学院物理所有一个无人问津、常年堆放废旧物资的10多平方米的小库房，里面到处都是尘土和蜘蛛网。纪世瀛组织物理所一室的工程技术人员利用星期天，把小仓库废旧东西堆积码放到东半部，在西半部腾出了大约5平方米的一块空地。东、西部之间挂了一块蓝色塑料布，放上一只旧三屉桌，收集了几个小凳子，这就是北京第一个科技开发机构的办公室。

1980年10月23日，秋高气爽，北京等离子体学会的常务理事会在这个小小的办公室里举行。到会的除了服务部的主要成员外，还有北京市科协赵绮秋。大家进行了热烈讨论，赵绮秋、陈春先和纪世瀛分别讲话。陈春先做题为"技术扩散与新兴产业"的发言，"美国高速发展的原因在于技术转化为产品特别快，科学家和工程师有一种强烈的创业精神，总是急于把自己的发明、专有技术和知识变成产品。相比之下，我们的人才密度绝不比旧金山和波士顿地区低，素质也并不差，我总觉得有很大的潜力没有挖出来。在科学院的科研工作已经有其他人在做，而技术扩散还没有人搞，我愿意做第一个"。会议认为，陈春先提议建立服务部，正好与学会发展目标相吻合。这次会议，正式宣告中关村第一家民办科技机构——北京等离子体学会先进技术发展服务部成立，会上还成立了董事会，由谈镐生任董事长、陈春先做总经理。[①]

20世纪80年代，有一个词叫"下海"，是指原公有制机构的公职人员在体制外从事商业活动。当时，许多人习惯于体制内工作秩序和由公家包办一切的稳定生活，对于从事游离于体制之外的"第二职业"持否定态度。然

---

① 纪世瀛、齐忠：《北京·中关村民营科技大事记》，团结出版社2020年版，第2页。

教育科技文艺恢复与发展

1980年10月,北京等离子体学会先进技术发展服务部成立。

而,抱着"铁饭碗"的陈春先等科研人员,在服务部创办之初,就定下不要国家编制,不要国家投资,自筹资金,自负盈亏,自担风险的"两不三自"①运行机制和管理模式,开始推行面向市场、自主决策的商业化技术服务,这是极具敢为人先勇气的。

服务部利用科技人员掌握的技术,承担高科技产品的咨询、设计、研制等工作。这个阶段只有少数专职人员,大部分工作都由兼职人员完成,他们利用晚上和假日休息时间参加服务部工作。物理所工程师栗达仁、蒋涛、宛振斌,清华大学教授杨津基,力学所教授谈镐生,电工所教授严陆光、陈首燊,电子所教授郭和忠等,都是服务部的顾问或项目负责人。

服务部的第一项工作,是为海淀区的地方经济发展服务。首家合作对象

---

① 北京市地方志编纂委员会编著:《北京志·开发区卷·中关村科技园区志》,北京出版社2008年版,第22页。

是海淀区劳动服务公司，由该公司提供场地和人员，服务部出技术人员，共同建立"海淀新技术工厂"。双方在北大南墙外合作开办了"西颐电子服务部"，海淀区劳动服务公司又在中关村街道的空地上，搭建了两栋蓝色木板房，与服务部联合开办行业知识青年技术专修班，培养为扩散新技术和科研成果所必需的人才。第一期电子技术培训班于1981年10月开学，学员60人，学制一年半（全日制）。第二期专修班于1982年10月招生开学，学制三年，分工业与民用建筑、科学仪器设备和电子计算机应用三个班，每班50余人。教学由来自清华大学、北京大学和科学院各研究所的教师、研究人员担任。这些高中毕业的社会待业青年，经过专修培训后，一部分安置在中关村刚创建的新技术实验工厂和新技术服务部，一部分按合同给科学院有关研究所和一些大学，提供技术服务。

服务部承接海淀锅炉厂的技术设计改造工程，使该厂生产的锅炉降低耗煤又增加热量，成为抢手货，受到有关方面好评。服务部还开办新技术系列讲座，邀请陈春先首次访美的陪同翻译、美国大学副教授讲授计算机技术，邀请加州大学物理学家和香港企业家等到服务部讲课。服务部还为引进《科技导报》杂志做工作，帮助《科技导报》获得在中国出版发行的许可证，打通在中国的发行渠道，有利于国内研究人员及时获取世界科技研究的进程和相关信息。

服务部成立第一年，收入就有近2万元，除了维持正常运转外，还有部分余钱可用来发放津贴。北京市科协定了一条规定，一个月内发放的津贴不能超过30元，后来服务部定的是最多15元，一般每人每个月7元或8元，在当时相当于涨了两级工资。

此后，服务部的影响越来越大，参加的科技人员日益增多。由于主要创始人和骨干大都是物理所的科技人员，因此在物理所引起不小风波，各种风言风语开始传播。

1982年1月，北京市科协召开全体科协委员大会。北京市科协委员、当时的物理所领导借开会之机，对服务部的工作提出批评，认为服务部搞咨询工作乱发津贴，扰乱了科技人员思想，扰乱了科研秩序，腐化了科技队伍。

在物理所全体职工大会上，所领导对陈春先和纪世瀛进行点名批评，认为陈春先办服务部说什么移植硅谷经验扩散新技术，实际上跟卖菜卖肉的"二道贩子"差不多，把国家几十年积累的科研成果贩卖出去，是"科技二道贩子"。物理所领导还上报中国科学院领导，说服务部账目有严重问题，陈春先动用室主任的权力挪用科研经费，应该彻底核查服务部的账目。各种谣言使服务部处于极为被动的状态。

为了保护服务部，用事实力证清白，北京市科协组织有关人员检查服务部财务账目。3月初，经仔细查阅服务部账目，结果发现只有给科技人员个人的津贴是用工资形式支付的，而且上面有3位领导的同时签字，其他没有任何问题。随后，市科协把这些情况及时通报了物理所。

但这并没有打消物理所的怀疑。4月，中国科学院纪委提出查服务部的账。服务部坚决反对，理由很简单，学会服务部是北京市科协系统的下属部门，中国科学院无权派人查账。纪世瀛还专门到北京市科协领导田夫等办公室，陈述自己的理由。市科协领导都认为服务部的账由北京市科协查过，没有问题。过去北京市科协不让物理所查账，是为了保护服务部；今天，同样出于保护服务部的目的，科协又同意物理所查账，是因为科协对服务部业务和账目有信心，查了账没有问题，物理所就再也无话可说了。

物理所向服务部派出查账小组，翻阅全部账目并对账目进行复印。此时，服务部人心惶惶，尤其是拿过服务部津贴的知识分子们，都害怕被扣上经济问题的帽子，怀着十分惶恐的心情，把津贴又退给服务部以求清白。最后，他们甚至纷纷退出服务部，服务部被搞得溃不成军。最糟糕的是，物理所不公布查账结果，以致不负责任的小道消息满天飞。

物理所查账期间，北京市科协一直关心着服务部，于是委派赵绮秋向北京市委、中国科学院党委说明情况。赵绮秋的心情也很沉重，她向时任新华社北京分社副社长的丈夫周鸿书倾诉心中苦恼。周鸿书听完，说："咱们把陈春先和服务部的事情写篇情况反映，让中央领导看看，听听领导怎么说。"

1982年底，周鸿书派记者两次采访陈春先和纪世瀛，还亲自对采访文章进行审阅和修改，使文章更加有说服力。最后他把文章的题目定为《研究员陈春先搞"新技术扩散"试验初见成效》,发往新华社"内部动态清样"(也称内参)。1983年1月6日,新华社内参刊登了该文。文中提到"陈春先与有关科研人员、教授在海淀区进行的高新科技和科研成果转化为直接生产力的'扩散'试验,已初见成效……""但陈春先进行高科技成果、新技术扩散试验,却受到本部门一些领导人的反对,如科学院物理所个别领导人就认为,陈春先他们是搞歪门邪道,不务正业,并进行阻挠,使该所进行这项试验的人员思想负担很重,严重地影响了他们继续试验的积极性。"

陈春先和服务部的成员,对这篇文章没抱什么希望。赵绮秋和周鸿书夫妇也只是想让中央领导人知道有这件事,可没想到当时的中央领导非常重视这个问题,先后做了批示。1983年1月7日,国务院副总理方毅在报道上批示:"陈春先同志的做法完全对头的,应予鼓励。"方毅还打电话给中国科学院,要求停止对陈春先的立案审查。方毅还邀请陈春先到办公室长谈两个多小时。1月8日,中共中央书记处书记胡启立也在该内参上批示:"陈春先同志带头开创新局面,可能走出一条新路子,一方面较快地把科研成果转化为直接生产力。另一方面多了一条渠道,使科技人员为四化做贡献。一些确有贡献的科技人员可以先富起来,打破铁饭碗、大锅饭。当然还要研究必要的管理办法及制定政策,此事可委托科协大力支持。"同一天,中共中央总书记胡耀邦批示:"可请科技小组研究方针政策来。"[①]

1月25日,中央人民广播电台的广播认为,陈春先带头搞技术扩散,服务部的大方向完全正确,应当予以支持。1月29日,《经济日报》以"研究员陈春先扩散新技术竟遭到阻挠"为题,在第一版显要位置报道了陈春先和服务部的事迹。随后,《经济日报》又连续采访发表了5篇系列文章,明确指出要大力支持科技界的改革工作,阻挠、抵制改革的"马蜂窝"一定要捅,而且要一捅到底,影响新生事物发展壮大的阻力要坚决排除,充分肯定了陈春先和服务部的探索道路。

---

① 中关村科技园区管理委员会编:《中关村30年大事记(1981—2010)》,北京出版社2011年版,第11页。

中央领导人对陈春先的批示和《经济日报》等媒体的报道，在中关村各大研究所引起很大震动，科技人员争相传阅。许多人称："这些报道搅动了科技界的一潭死水。"

春风化雨，北京等离子体学会先进技术发展服务部在党中央的直接关怀和支持下绝处逢生。严格上说，服务部不是一个企业，只能算是一个技术服务机构，但它的意义却非比寻常。它是北京乃至全国第一个民营科技公司的雏形，它的试验为落实中央提出的科技与经济相结合的战略方针提供了一个范例，进而为中国科技体制改革起到促进作用。后来，北京民营企业家协会正式将服务部的成立日——1980年10月23日定为北京民营企业的诞生日。

二、中关村第一家民办科技开发经济实体的诞生

1982年，为应对世界新技术革命潮流，中共中央前瞻性地提出"科技工作要面向经济建设，经济建设要依靠科学技术"的战略方针。面对国家层面上的战略调整，北京市科协、海淀区政府、以中国科学院为代表的科研院所以及基层科技人员均开始进行突破和尝试。

顺势成立华夏所

中央对服务部的肯定，给了陈春先等人一颗定心丸。中关村一心想创业的科研人员们，重新点燃了希望之火，创业热情空前高涨。到服务部来咨询、联系的人络绎不绝。陈春先、纪世瀛等人受此鼓舞，下定决心绝不辜负中央支持，抓住机会把服务部进一步扩大。

下一步怎么办，如何才能借着这股春风，加速发展起来？为解决这一问题，海淀区科委主任胡定淮、北京市科协赵绮秋，以及陈春先、纪世瀛等人，围绕如何落实中央批示，展开热烈讨论。

讨论后，大家认为要吸取服务部的经验教训，专门吸收一些有志有才的专家，成立一个新的机构，搞应用研究、技术扩散和开发推广。最后一致决定成立一个研究所，初步命名为"北京市海淀区新技术开发研究所"，后来

对名字几经斟酌,最后将起名的事交给了纪世瀛。纪世瀛想起《杨家将》里,佘老太君唱词中有一句把中国称作"华夏",受此启发,研究所的名字定为"北京市华夏新技术开发研究所"(简称华夏所)。

1983年2月25日,服务部向北京市科协提交《关于合办"北京市华夏新技术开发研究所"的请示报告》。提出"科技咨询、新技术扩散、科技成果推广是国民经济建设中的重要环节。为了在这项工作中扎扎实实地做一些有益的工作,建立一个相应的实体机构是很必要的"。"该研究所不要国家投资,完全以新技术开发活动所得收入来发展自己。该所实行独立经济核算,不以营利为主要目的,经济收入的大部分将用于新技术开发事业的发展壮大。"

对于华夏所的业务范围,报告中写道"包括新技术研究攻关、技术成果推广及中间试验、新样机研制、组装调试、新产品小批量样机样品推广试销、组织科技协作、技术交流、各类人员的技术培训以及较广泛的科技咨询活动。该所不经营定型产品的生产和销售"。

关于华夏所的归口与管理,报告提出:"该研究所的科技业务活动的上级单位是北京市科协和海淀区科委","该研究所党、政、工、青、妇的上级单位是北京市海淀区工业公司","财务归北京市科协管理、财务归口纳入北京市科协科技咨询服务部和北京市科技协作中心系统、按国家规定免于税收"。[①]

这份请示报告正契合北京市的现实需要。一方面,北京市拥有全国最多的科研院所,具有强大的人才优势,但科研院所各有各的行政管理机构,自成体系、各自为营。由于领导体制的多头性、管理体制的封闭性,研究成果与社会、经济需求割裂,存在着获奖项目多、解决现实问题少,取得成果多、推广使用少,科研投资多、产生经济社会效益少的问题。另一方面,中关村所在地海淀区当时是一个经济位于北京市后列、以农业为主的城市近郊区,

---

[①] 《关于合办"北京市华夏新技术开发研究所"的请示报告》,北京市档案馆馆藏,档案号010-003-00226。

区属工业不发达，仅有非技术密集型企业170个左右，且产值较低。区与区内科研、教育单位之间"鸡犬之声相闻，老死不相往来"，这种情况已不能适应新形势的需要，海淀区需要在发展上寻求转型。收到服务部提交的请示报告后，北京市科协很快批复同意。

第一个"吃螃蟹的人"

华夏所得到同意的批复，但还面临一些很现实的困难。没有办公场地，海淀区工业总公司就把街道工厂——标准件厂厂房借给华夏所，作为办公用房。没有钱，又从海淀工业总公司借款10万元，作为启动资金。1983年4月15日，海淀区花园路6号乙门——海淀区标准件厂热闹非凡，学者专家纷纷走进这里，原来生产螺丝钉冲床声停止了，而在二楼东头的大车间里传来阵阵欢声笑语。在这个看似平凡的日子里，北京市第一个民办研究所——华夏所成立了。

华夏所理事会理事长由胡定淮担任，副理事长由赵绮秋、陈春先和北京市海淀区工业总公司总经理担任。华夏所所长陈春先，副所长纪世瀛、崔文栋，均为中国科学院物理所科研人员。陈春先负责华夏所的全面工作，纪世瀛主持研发工作，并成立了华夏新技术开发总公司，纪世瀛任总经理。

华夏所主要采取"技、工、贸"一体化运行模式。"技"指的是高新技术，"工"指的是工厂，"贸"指的是贸易，这是全国第一个[①]实行这种运行模式的新型科技开发机构。华夏所下面成立了以中试（产品正式投产前的试验）为主的华夏电器厂，以技术贸易为主的北京市华夏电器技术服务部。这种做法在当时工商部门看来完全是没有先例的，但在摸着石头过河的改革精神指引下也同意试行了。[②]

华夏所作为独立核算、自负盈亏的集体所有制事业单位，实行理事会领导下的所长负责制，对外有经营自主权。实行从一张纸、一支笔、一张桌子

[①] 张福森主编：《中关村改革风云纪事》，科学出版社2008年版，第13页。
[②] 纪世瀛、齐忠：《北京·中关村民营科技大事记》（上卷），团结出版社2020年版，第48页。

到一切科研、开发、经营活动等所需经费，全部靠自己解决，不要国家一分钱；也不要国家编制，只有一个短小精悍、自愿组成的科技骨干核心和少量的财务管理人员，技术辅助力量实行合同制，采取兼职、借调、项目承包等形式，建立一支不固定的队伍，以减少固定人员，减少开支。

华夏所的管理和运行模式，今天看来不足为奇，但当时却极具探索意义。与计划经济体制下"资金靠拨款、人员靠编制、经营靠上级、盈亏靠政府"的"四靠原则"截然不同，它把沉淀的生产要素、闲置的资金、没有发挥作用的科技人员和设备调动起来，重新组合，形成新的生产力，产生了新的效益。

作为第一个"吃螃蟹的人"，华夏所尝到了甜头。一年内完成了15项国家计划外的技术项目开发，他们研制的ESS1型快速储能烙铁，属于国家空缺产品；研制成功的DLH25型电缆查漏仪及信号发生器，转让给一家无线电厂，创产值60多万元。在工业自动化、智能仪表、高精度稳流稳压电源、模拟量检测打印系统等多方面开展应用研究和开发。[①] 此外，华夏所还在计算机技术软硬件开发上会集大批专家，第一个提出使用计算机管理系统，这在当时是最先进的管理技术模式。

1984年6月23日，华夏所与"中科院北京器材站"签订价值320万元的《MIC-1微计算机器材管理系统开发任务委托协议书》。按照协议规定，华夏所向中科院北京器材站提供100套计算机，用于科研单位器材管理。配有完整的计算机硬件、软件管理系统，并且在130天内完成。器材站向华夏所先行支付40万元定金，为了购买相关器材，华夏所又向中国工商银行海淀分行贷款275万元，该贷款由海淀区工业公司担保。然而就在合同执行的最后一天，器材站却提出终止合同。华夏所面临275万元的银行贷款和大批器材压货。

官司一打就是两年多，华夏所作为北京市第一家民办科技研究所，因陷

[①] 中关村科技园区管理委员会编著：《创新中关村——见证中关村改革创新历程（1981—2012年）》，北京出版社2014年版，第7页。

入这桩技术合同纠纷案，1986年账号被封，剩余物资也被银行诉讼保全，全部资产仅剩下237元，① 就此倒闭。

华夏所虽然存在时间不长，但意义重大。对国家科技体制而言，它突破了计划经济体制下科技与经济"两张皮"现象的难题，是科研机构从计划经济走向市场经济的一种有益尝试。对属地而言，华夏所为海淀区找到了一种新的发展经济模式，过去都局限于如何发展社办工业和区属工业，而华夏所的成立使海淀区领导意识到，海淀科技优势和区属企业相结合是一条可行的经济发展之路。

"放水养鱼"助力发展

遇到绿灯快快走，遇到红灯绕着走，当时这句很流行的话，正是新旧体制交错、改革年代的生动写照。

科技人员寻求突破，海淀区委、区政府也在积极响应中央及北京市委号召。那时候人们对"文化大革命"中动不动就上纲上线的经历心有余悸，统一认识并不容易。而海淀区首先取得共识，中关村是一片沃土，蕴藏着丰富的人才与科技成果资源，汇聚着巨大能量，只有在较为宽松的环境下，这些资源、成果与能量才能成为推动经济发展的"合力"，要营造适应科技企业发展的"小环境"。在此过程中，政府的作用更多体现在政策引导、支持，提供适合民营科技企业生存与成长的空间与环境。海淀区委、区政府领导的态度很明确，只要符合改革大方向，有利于国家发展，有利于海淀区发展，就应该大胆干。

海淀区委、区政府采取"放水养鱼"与"民办官助"的形式，寻求经济增长的突破点，努力为科技企业解决问题、保驾护航。当时，海淀区领导采取"碰头会"的形式，不做会议记录，不下达文件，一事一议，随时研究解决科技企业所遇到的困难。

---

① 纪世瀛、齐忠：《北京·中关村民营科技大事记》（上卷），团结出版社2020年版，第96页。

在税收方面，为科技企业减轻负担。1978—1986年，大批知识青年从农村返回城市，为促进知青就业，国家推出针对知识青年的优惠税收政策，规定"企业招收的知识青年名额，达到企业员工总额的50%，可以免缴企业所得税"。人们将这种享受优惠税收政策的企业，称为"知青社"。企业所得税即企业全年利润总额的30%，要作为税收上缴给国家。无疑，这笔税费对于初创企业而言，是很大的支出。据时任海淀区常务副区长邵干坤回忆，他与海淀区委书记贾春旺研究，为初办的科技企业适当减免所得税的事情。邵干坤说："这要和财税局、工商局研究一下。"贾春旺马上说："那好，你就和他们商量，看能不能灵活一点儿，变通一下。"于是，邵干坤找了区税务局局长和工商局局长，对他们讲了这些企业的困难，并提及这些企业对海淀区未来发展的重要性。两位局长都很支持，税务局局长提出："往知青企业上靠，免所得税3年，可以考虑。"就这样，一项新的政策出台了，政府将为照顾回城知青创业制定免税政策的对象范围，扩大至新创业的科技企业，规定科技企业可享受3年免征所得税待遇，对知识青年的比例灵活掌握。

在信贷方面，经海淀区政府协调，可从区属单位借款，支持科技企业发展。如从区属单位借给华夏所10万元；为科海公司提供10万元，作为集团科技企业的创办经费；经与银行协商，利用银行贷款计划的余额，为科技企业解决资金问题。从1983年到1987年年底，有26家科技企业从农业银行海淀支行贷款近3亿元，从工商银行海淀分理处贷款5.3亿元，个别企业遇到资金困难，区领导直接与较富裕乡协商，或借钱支持，或联合办企业，优势互补。

在人事方面，海淀区也为科技人员发挥作用做出了许多努力。20世纪80年代初，科技人员隶属不同的科研院所，若脱离原来的行政体系进入市场，则有种种限制。为解决这些人事问题，早在1982年年底，海淀区政府就制定了《海淀区引进各类技术干部及管理工作的试行规定》。文件明确指出："凡是在海淀区注册的科技企业暂时没有人事调动权的可沿用乡镇企业招聘人才的办法，由区人事局办理调入手续，档案放在人事局。"1984年7月26日，海淀区政府又批转了农工商总公司《关于招聘科技人员的管理办法》，其中规定除由区人事局为招聘的科技人员保留国家职工身份外，还规定工龄可以连续计算、保留档案工资等，为科技人员走出原单位、创办科技企业创造更加有利的条件。1985年3月，海淀区人才交流服务中心创办，这是全国第一家人才交流市场，为人才自由流动大开绿灯，为中关村早期创业人才提供了社会保障。

由于中关村地区空闲房源少，科技人员创办企业难觅合适的场地，海淀区领导和有关部门与中关村沿街的区属国营公司、工厂等有房业主协调，或租，或借，或联营，支持科技企业解决办公用房问题。为给科技企业减轻压力，区委、区政府强调，联营房产定价不能太高，出租房屋的月租不能高于1000元等。

另外，为方便企业对外交往，区工商局破例允许科技企业简化名称，即可以不冠以"海淀区"，同时减少办照手续的中间环节，绝大多数企业无特殊情况可在一个月内办完审批注册手续。这些灵活的做法，切实有效地帮助科技企业解决初创时期的困难。

海淀区大力支持民办科技力量的发展，在局外人看来，这段路好像风和日丽、波澜不惊。但实际上每走一步，都是困难重重、步履维艰。以定价权为例，没有贸易的自主权，民办科技企业很难迅速发展起来。但企业能否自行定价？当时也是不敢碰的难题。海淀区区委领导找了区物价部门，得到的回复是民办科技产品多是新产品，国家没有统一定价，物价部门也无法定价。最终区委和物价部门商定新开发产品可自行制定试销价格，国家没有统一定价的可自行定价，报物价部门批准。

为了充分发挥民营科技企业以及科技工作者的重要作用，海淀区委、区政府做了许多难能可贵的探索。正是在这种保护与支持下，在华夏所等的带动下，中关村的创业欲望得以释放，中关村的创业现象开始由点成线，叠线积面。"两通两海"和联想、方正等一批企业先后成立，创业大潮开始涌入中关村。

1984年，联想公司创业时使用的小平房。

三、"两通两海"等民营科技公司涌现

中关村地区科研院所和高等院校纷纷创办科技企业。这些企业中最具代表性的有4家，即四通、信通、科海和京海，被称为"两通两海"。在这4家企业示范引领带动下，近百家科技企业聚焦在海淀黄庄沿白颐路（今中关村大街）向北至成府路西口和中关村路、海淀路一带呈英文字母"F"形地区，被人们称为"电子一条街"。

京海公司——中关村第一家正式工商注册的民营科技企业

京海公司的成立可谓是天时、地利、人和。20世纪70年代，计算机是个稀罕物。任何一家企业购买价值数万元的计算机后，都要建造专门的计算机机房，满足计算机正常运转所需的空气、温度、湿度、光照、电压等条件。当时中国已有3000多台大、中、小型计算机，① 除此之外，国防、科研和国

---

① 王洪德：《我和京海》，载张福森主编：《中关村改革风云纪事》，科学出版社2008年版，第21页。

家各部委还在不断地从国外引进计算机。但由于机房装备技术在国内还是空白，这些部门在引进计算机的同时，还要花费相当于购买主机所需外汇的1/3引进机房工程装备。市场需求、国家需要，呼唤计算机机房装备行业的兴起。

1979年，王洪德出任中国科学院计算所第四研究室供电空调系统组长，负责计算所计算机机房研究工作。同一年，很多知青回城没有工作，就业成了社会大难题。中国科学院计算所办了个知青服务社，招收300多名知识青年。他们大多是中国科学院教授、副教授、工程师或职工的子女。知青社给安排的工作就是搬砖、拌水泥、搞运输，工资一个月五六十元，这在当时就是高工资了。王洪德就设想由他做机房装备设计，计算所工厂生产，再指导知青社的青年组装。培训好后，还可以让他们到全国各地安装计算机机房装备。知青社也正想为青年们找出路，与王洪德的想法一拍即合。计算所知青社很快就生产出计算机机房用的各种产品，随着需求的增大，业务量不断增加。知青社又成立了计算机机房工程安装队，知青们不仅提高了技术，工资也从50元上涨到90元。

中国科学院计算所带领300多名知青搞大型计算机机房工程出了名，引起北京市海淀区海淀街道生产服务合作联社（简称联社）的重视。当时，海淀区知青就业非常困难。联社主任周运增找到王洪德，准备借调他到海淀区联社工作，以解决更多知青就业问题。

在带领知青们做计算机机房工程过程中，王洪德看到了市场与商机，早就动了离开科学院的念头。他连夜写了离开中国科学院计算所的"五走"辞职报告："计算所领导能给一条宽容的出路，保留在计算所的职务，允许借调到海淀区联社工作，借调不行，希望能被聘请。聘请不行，希望能调出计算所。调出不批，就辞职。辞职不批，只有被开除，离开计算所。"[①]

计算所领导对此事很重视，一周后批准王洪德借调到联社，并同意他带走第四研究室7名技术人员。1982年12月，王洪德带领7名工程师，在海淀区委、区政府支持下注册了中关村第一家民办科技企业——北京市京海计算

---

① 齐忠：《中关村的故事》（上册），团结出版社2020年版，第392页。

机开发公司（简称京海）。

当时，工商部门规定"开办任何公司，必须有上级主管单位，否则不予注册"。所以不少中关村早期民营公司，名为某单位下属公司，实为私营公司。这些公司每年向"上级"主管单位上缴2万元左右人民币的管理费，被称为"挂靠"公司。京海公司上级主管单位是"北京市城市生产服务合作总社"，但从企业产权角度看，京海公司是集体企业，产权归属于联社集体所有。这种企业产权关系，正是中国改革开放初期，中关村早期创业者对市场经济的探索之一。

公司成立后，承接的第一个项目是北京大学豪尼维尔计算机系统改造工程。当时，公司注册需要资金。王洪德向知青社借了1万元，4天后，他用这项工程设计预付款还清了借款。可工程刚开始，就遇到了困难。安装室外冷却系统时，安装人员发现主楼外面有个泥潭。泥潭很深，设备基础无法落实。工作人员连夜组织人手对地基进行处理，用了几十吨水泥和沙石把泥潭填好以后再安装。经过夜以继日的忙活，公司工程质量过关，通过了工程验收，京海终于打响了第一炮。这项工程使京海公司赚了9万多元，是公司淘的"第一桶金"。

紧接着，工程人员去福州洽谈另一个项目。时间紧，当时交通非常不便，只能坐火车。火车上非常拥挤，3位工程师没有座位，只能人挤人站着。到了晚上，大家找张报纸铺在座位底下，钻进去睡觉，脑袋伸在外面，经常会被过往的人不小心踢到。到了福州，大家马不停蹄连夜完善标书、作图、出预算，与甲方沟通。3天下来，尽管人困马乏，但大家仍凭着过硬的专业能力，成功拿下项目。

公司实行从设计、施工、安装、调试、供应成套设备到维修的"一条龙"服务。用户只要提出技术要求，几个月后就可以领到钥匙，走进符合技术要求的房间工作了。出于用户对公司工程质量的信任，京海得了个"钥匙工程"公司的美名。京海公司创办第一年，产值突破1000万元。第二年，公司总收入超过2000万元。

由于工程质量有保证，京海公司承接的业务越来越多。国家远洋公司、天津远洋分公司、大连远洋分公司、国家计委……合同订单像雪花一样飞来，空军、海军、北京军区等许多军事系统的计算机工程也都来找京海公司做。几年的时间，公司与国内20个省市及国外的19家公司建立了业务联系，开展了200多项计算机机房的设计与施工，荣获了上百面锦旗，连美国IBM公司的专家也称赞京海技术是一流的。到1984年底，公司实现创收6200万元，实现利润720万元。① 值得一提的是，王洪德亲自主持研究开发的全国第一块HG-500-Q型抗静电活动地板，获得电子工业部部优产品奖，计算机机房技术获得1986年度北京市科技进步二等奖。

京海的发展离不开各级领导的大力支持。1983年，海淀区委书记贾春旺出席京海公司创建一周年大会。当时条件非常简陋，就是一条长桌一杯白开水。贾春旺在大会上说："京海公司为科研人员创业做了表率，为海淀区安置知青就业和发展生产做出了贡献，希望海淀区有更多的创业者和更多像京海这样的企业。"8月15日，京海公司成立党支部，有党员5人，这是北京市及中关村民营科技企业中第一家党组织。②

时任北京市委书记的李锡铭先后4次到京海调研。1984年，他第一次来京海考察，听完介绍后，他积极肯定："干得好！京海的路很宽，要坚持走下去！"他还亲自为京海公司题词"开拓前进"。③

1984年5月16日，全国科技体制改革座谈会在北京召开。国务院科技领导小组办公室负责同志在谈到科技体制改革时说，希望有更多科技人员"下海"创办科技开发机构。京海公司的创业历程也受到媒体关注，7月26日，《中国科学报》在头版头条刊登了《创办京海计算机技术专业开发公司业务遍及全国——工程师王洪德有胆识有魄力》的报道，一时间，京海公司成为当时中国计算机机房行业的"龙头"企业。

---

① 张福森主编：《中关村改革风云纪事》，科学出版社2008年版，第28页。
② 中关村科技园区管理委员会编：《中关村30年大事记（1981—2010）》，北京出版社2011年版，第12页。
③ 张福森主编：《中关村改革风云纪事》，科学出版社2008年版，第28页。

中国科学院与海淀区联手创办科海公司

为贯彻中央指示精神，从1982年起，中国科学院就开始着手研究如何调整科研方向与力量，使科技与经济发展相结合，更好地为祖国"四化"建设服务。

1982年11月27日至1983年1月8日，中国科学院在北京民族文化宫举办"中国科学院科研成果展览交流会"，共展出科研成果2002项。展览交流会结束后，就如何发挥这些科研成果作用的问题，科学院领导认为，应该向社会推广应用，将科研成果转化为商品，加快国民经济社会发展。3月18日，专门为科研成果推广服务的机构——中国科学院科技咨询开发服务部成立。它的诞生拉开了中国科学院"一院两制"①的序幕，吹响了中国科学院创办高科技企业的号角。

为加快成果转化，受海淀区科委邀请，中国科学院从各研究所抽调十几名对推广应用技术较为熟悉的科技人员，成立调研小组。小组成员去考察海淀区社办企业，想选出几家基础好的进行成果转化。1984年以前，海淀区仅有的100多个中小型工厂，全属非技术密集型企业和街道工厂，如煤球厂、砖瓦厂等，产值极低。工人也是刚放下锄头、初中都没毕业的农民。经过调研，小组认为社办企业基础太落后，"碗"太小，盛不下中国科学院科研成果的"水"，应该在中国科学院咨询开发服务部下面单独成立个机构，把科研成果二次开发为产品后，再交给社办企业，这样更有利于科研成果的转化推广。

海淀区也从自己的工作需要出发，提出建立类似机构的要求。20世纪80年代初，中央书记处对首都建设方针提出四项指示，指出"要把北京变成全国环境最清洁、最卫生、最优美的第一流的城市"，"要着重发展旅游事业，服务行业，食品工业，高精尖的轻型工业和电子工业"，显然北京已不再适合发展高能耗和高污染产业。而当时海淀区绝大多数社办企业技术力量薄弱，

---

① "一院两制"的基本点是对中国科学院的科学研究和技术开发两种不同类型的工作，根据其不同特点和规律，采取不同的运行机制、管理体制和评价标准。

设备陈旧，产品技术水平低，急需新技术、新产品、新工艺，希望得到中国科学院和高等学校的支持和帮助。海淀区政府派科委主任胡定淮找钟琪商议，提出共同成立一个科技成果开发机构，并要求海淀区所有社办企业打开大门，欢迎中国科学院科研成果落地海淀。

经过近一个月筹备，1983年5月4日，中国科学院与海淀区政府在四季青乡政府礼堂签订协议，中国科学院副院长叶笃正、海淀区委书记贾春旺在协议上签字，联合成立"中国科学院科技咨询开发服务部北京市海淀区新技术联合开发中心"（简称科海中心）。"科"代表中国科学院，"海"代表海淀区，寓意两家联手。公司管理层定下利润分配两条原则，一是正确处理国家、企业和个人三者利益关系，不搞分光吃光；二是在公平、公正的分配基础上，保证贡献者多劳多得。

那时，人们对公司印象普遍不好，把开公司的人叫"倒爷"，因此，科海中心的几位创始人，档案都放在原单位，工资却由科海中心出。这是最初的"停薪留职"，也是中国科学院改革初期对公司管理方面的一项创新，中国科学院以后大力兴办公司时纷纷采用这个模式。

为管好科海中心，中国科学院与海淀区联合成立管理委员会，由海淀区常务副区长担任管理委员会主任。科海成立初期的主要任务是向海淀区企业推广科研成果的应用。科研人员一鼓作气拿出20余项新技术进行推广，却未得到市场响应，初战并不成功。经过总结经验，发现失利原因在于一方面中国科学院许多成果不够成熟，缺乏中间应用研究开发过程；另一方面海淀区社办企业工人文化素质较低，缺乏消化吸收这些科技成果的能力。为此，科海办起了中间试验厂，一方面对中国科学院的科研成果进行二次开发；另一方面从100多名知青中挑选了20多人作为技术骨干进行培训。

中间试验厂实际上就是最早的成果孵化器，它是科海的创新。仅1984年，就"熟化"中国科学院科研成果8项，使之达到商品化要求。科海中心为海淀区温泉镇建立了杨庄综合仪器厂，仅12名工人，当年就获纯利润7万多元，成为全公社人均创利润最高的企业。中间试验厂大大加快了中国科学院科技成果向海淀区和全国的转移。

科海中心建立后不久，便赚得了第一笔钱。当时企业使用的线切割机床都是手动操控的，操作复杂，对工人的技术要求很高。而计算机控制的线切割机床操作简便，大大提高了工作效率。于是科海中心向农行贷款几十万元买来计算机，再与线切割机床厂合作，把计算机配到线切割机床上，产品投放市场后非常受欢迎，很快就盈利几十万元。科海中心首次做买卖就赚了几十万元，在中国科学院影响非常大，掀起了中国科学院创办公司的浪潮，计算所、电子所、声学所、计算机中心、半导体所、科学仪器厂、物理所、自动化所都先后成立公司。

随着科海的名声越来越大，全国各地来科海要技术、要产品的单位和个人越来越多。受此鼓舞，科海顺应形势，在全国各地选择一些有技术条件的大型企业，如首钢、鞍钢、大港油田、青岛啤酒厂及447厂等合作，成功推广和转让中国科学院的技术成果。

1984—1986年3年间，科海向海淀区社办企业成功推广科技成果32项，协助海淀区办起了9个小型工厂，这些成果共创产值390多万元，解决了300多人的就业问题。

"两通"公司落户中关村

京海、科海的试水，激发了更多人的创业热情，中关村一批又一批科技人员走出科研院所和高校，开始创建民营科技企业，"下海"经商。

1984年5月16日，北京市四通新兴产业开发公司（简称"四通"）在海淀区四季青乡会议室宣告成立。四季青乡出资2万元，同时提供一间办公用房和一部电话。经商量，公司董事长由四季青乡乡长担任，中国科学院计算中心相关负责人担任总经理。"四"取自四季青，"通"有"四通八达"之意。

"四通"的第一笔生意，来自中国科学院计算中心积压的一批因为打不了中文而卖不出去的日本产打印机。"四通"用400元钱，请了一名懂得编程的技术人员，编了套能打印中文的软件程序，使这批打印机每台加价几百元，很快全部卖了出去。凭借此单生意，"四通"获利20多万元，尝到了"技、工、贸"结合带来的甜头。

为了更好进入市场,"四通"又向四季青乡借了位于海淀区黄庄地界的菜市场门市房,作为公司门市部。门市部经营计算机、打印机等各种零部件、元器件。由于商品种类多、服务周到,受到顾客欢迎。有资料显示,当时门市部销售电子元器件400余种,日营业额一度高达30万元。1987年3月,"四通"与日本三井物产株式会社合资成立"北京四通办公自动化设备有限公司",率先成为当时中关村首家中外合资科技企业。

除了"四通"公司,1984年11月,北京信通电脑技术公司(简称信通)成立,它是中关村最早的股份制公司。信通是由中国科学院科学仪器厂、海淀区新型产业联合公司、中国科学院计算所分别注资100万元注册成立。公司成立之初,主要从事技术有偿转让,科研成果二次开发和批量生产、销售与计算机系统有关的先进设备。

公司"第一桶金"来自国产抗干扰稳压电源的生产与销售。中国科学院计算所于1978年研制出当时具有先进水平的抗干扰稳压电源,但限于条件,多年来无人推广。信通公司成立后,将目光投向国产抗干扰稳压电源的生产与销售,投入40万元,一次投产1000台,实现产值55万元,利润12万元。

中国科学院计算所二室研制的通用汉字处理系统非常好,但由于经费及生产上的问题未能解决,无法批量生产并进入市场。信通公司调研后,认为该产品功能很强,可以把我国引进的数十万台英文计算机改造成能运用汉字的计算机,同时还能保持原计算机系统的所有功能。于是信通投资批量生产该产品,产品投放市场后非常畅销。

成立3年后,信通公司销售额达到7700万元,利润440万元,人均创利润5.2万元,名列中关村各公司之首。截至1987年,信通公司在全国各地建立18个分公司,经营范围也由单一的电脑业务,扩展到包括科学仪器、生物技术、卫星电视接收技术、传感技术等领域。信通开发较重大的科研项目共50余项,其中达到国际先进水平的有4项,达到国内先进水平的有5项。信通开发的多功能传感技术系列产品,在1987年10月联邦德国国际发明与技术贸易展览会上,获得大会颁发的唯一一块金牌。

促进民营企业健康发展

改革开放大环境下,中关村成为民营科技企业的"乐土"。越来越多的中青年科技人员"下海"经商,形形色色的咨询公司、技术服务公司遍地开花,更多民营科技企业纷纷"进村",在中关村南大街沿街一排排临时建筑中"安营扎寨"。

至1984年底,以"两通""两海"和中国科学院计算所新技术公司(联想集团前身)、希望电脑公司(希望集团前身),以及北大、清华等高校创办的校办企业为代表的一批新技术企业数量迅速增长,由11家增至40余家,营业总额大幅攀升至3500万元,"两通两海"作为中关村第一代创业者的典型,闻名全国,并为中关村后续发展提供了有益参照和宝贵财富。作为中关村科技企业的领头羊,"两通两海"践行"两不四自"的经营原则,即不要国家编制、不要国家投资、自筹资金、自由组合、自主经营、自负盈亏。改革开放之初,这种全新的企业经营管理方式充分调动了民营科技企业的积极性,有效推动了技术创新、产品创新和市场创新,实现了让科学技术服务于经济建设的目标。

任何新生事物的成长都不是一帆风顺的。1985年3月,北京市委办公厅收到中共中央办公厅信访局转来的一封署名为"科学院部分科研人员"的来信摘要,反映"中关村开发技术公司林立,有的纯属倒卖、投机和牟取暴利的不法组织,要求中央查处"。来信最后陈述,四通、京海、科海、中科公司的问题只是举几个比较典型的例子,要说搞倒卖的公司,实在是太多了,但它们表面上都打着技术开发的名义,中央不下决心是很难查清的,希望中央在北京细查。

对来信反映的问题,中央领导十分关注,并在中央传阅的文件上做批示,明确要求由北京市委牵头,中纪委、国家科委都参加,组成调查组对信中反映的情况进行认真调查,并对有关公司进行清理和整顿。

北京市委即刻作出部署,提出北京市由市纪委牵头,请市工商局、市审计局和市科委组成18人联合调查组,进驻4家公司开展调查。调查内容涉及资金来源、销售价格、利润分配、人员流动、外汇使用、经营范围、经营管理、税收等方面。①

调查组经过两个多月的调查,基本上澄清了来信中提及的问题,为刚刚起步并正在努力创业的中关村科技企业提供了保护,但同时也发现,这些公司兴办初期,在经营管理、税收和人才流动方面存在不少问题,应引起高度重视。问题主要反映在:违反物价政策擅自定价,4家公司普遍存在擅自定价违反物价政策的问题,所售商品一般加价20%—60%,有的加价甚至还要高一些;存在利用外汇管理的漏洞,通过合法或非法手段获取外汇经营进口商品,如京海、中科、四通于1984年10月至12月,分别与北京市外贸总公司、中国银行信托咨询公司、国际旅游总社合作,以销售利润按比例分成为条件,获取外汇额度430万美元,此种做法实际上是变相高价买卖外汇;存在通过改换经营名义或操控成本达到漏税的目的,如四通公司在1984年12月,将付给中国银行信托咨询公司的联营七成利润123.2万元摊入成本,漏税36.96万元;科海公司自1983年以来,从广东等地购进大量计算机散件及整机,价值2693万元,有部分是组装出售的,漏缴了产品税;② 中关村企业在收入分配上与中国科学院差距过大,造成几百名科研人员跳槽,影响了科研人员队伍的稳定,不利于科研工作的长期发展。

为了给中关村企业创造良好的发展环境,帮助其健康快速发展,调查组在调查期间和调查结束后,邀请财务、税务、审计、物价、工商、外汇、银行、劳动、人事及科技等部门,对发现的问题进行有针对性的分析和研究。认为在现行政策中,有关税收优惠、自负盈亏企业的分配政策、个人所得税、人力资源管理等方面确实存在滞后现象,已经不能完全满足现有经济体制改革的需要,建议有关部门尽快研究制定解决办法。比如,人员流动上,中国科学院应鼓励人员流动,目前流出几百人不会对科研工作有多大影响,但是由于收入差距过大,人心动摇,影响科研队伍的稳定,已引起这些单位的不

---

① 中关村科技园区管理委员会编:《中关村30年大事记(1981—2010)》,北京出版社2011年版,第21页。

② 张福森主编:《中关村改革风云纪事》,科学出版社2008年版,第167页。

安，应采取措施加以解决。另外，对未经领导批准的不辞而别问题，由于缺乏得力政策和措施，停发工资、单位除名已没有什么约束力。对科技人员兼职问题，也需要区分情况加以解决。

1985年5月31日，调查组向北京市委提交了《关于部分科研人员致信中央领导同志反映四通等四公司问题的调查报告》，明确肯定了以这4家公司为代表的中关村科技企业在科技开发、科研成果转化成生产力方面的成绩，鼓励其继续发扬创新精神和创业精神，开创出一条新路。提出不能因为这些企业在发展过程中存在缺点和问题，就抹杀其有益尝试。报告还同时建议，市、区政府有关部门要加强对这些新兴企业的指导，积极帮助其完善各项管理制度。6月14日，经北京市委研究决定，这份调查报告以中共北京市委办公厅的名义上报中央办公厅和中央有关领导。

调查组提出的政策滞后问题引起了中央重视，许多政策和措施在改革中不断得到充实和调整，先后颁布了《中共中央关于科学技术体制改革的决定》《国务院关于进一步推进科技体制改革的若干规定》等北京市按照中央精神，也颁布了《关于科研单位试行科技承包经营责任制的暂行办法》等。改革的探路阶段，党和政府站在保护改革开放成果的立场上，以积极的态度肯定了中关村民营科技企业的诸多探索，才有了日后在中关村"电子一条街"基础上，兴办中关村新技术产业开发试验区等一系列探索，使之成为贯彻"科技与经济相结合"这一国家战略最具活力的地区。

四、新技术成果的涌现与应用

"科学的春天"润泽了神州大地，带来了我国科技的全面复苏。北京市属各个科学技术研究所，1980年以后，按照首都的特点，调整了科研任务，突出吃、穿、用、住、行、环（环境保护）、卫（卫生）、能（新能源）、软（系统工程、软科学）等十大任务，在科技研究成果的数量、质量和推广应用方面，都取得了比较显著的成绩，赢得了很好的经济效益。

新兴科学技术领域取得重大突破

以中关村为代表的高新技术企业处于创业阶段，技术和产品创新主要集中在电子信息领域。为解决现代化建设和科学研究中的大型科学、工程计算问题，1975年7月，国务院、中央军委下达重点国防科研任务，自行研究设计和试制我国第一台大型向量计算机系统（757机）。中国科学院计算技术研究所是该重大任务的牵头负责单位，在757机体系结构设计中，独立提出了向量纵横加工和多向量累加器概念。在逻辑设计中，采用了流水和重叠等技术。经过30多个部门及地区的80多个单位共同努力，1983年11月，757机研制成功，通过国家鉴定并交付二机部九院使用。向量运算速度达到每秒1000万次，标量运算速度达到每秒280万次。757机的问世不仅提高了国内各大型工程的计算能力，为国民经济和国防建设做出了贡献，还产生了一批新工艺、新技术、新产品，推动了中国计算机研制水平的提高和计算机科学技术的发展。1983年荣获中国科学院重大科技成果特等奖，1985年荣获国家科技进步一等奖。

信息处理技术和设备方面取得重大突破。20世纪70年代，随着计算机技术的兴起，国外的印刷技术突飞猛进，照相排版技术已发展到第4代，而中国仍然是"以火熔铅、以铅铸字、以铅字排版、以版印刷"，印刷和出版效率非常低。主要是因为与拉丁字母相比，汉字不仅字数繁多，而且变化万千，计算机汉字输入和输出的问题并未得到解决。如果不能实现汉字信息化处理，中国将可能被排除在世界信息化潮流之外。有人甚至提出，要想跟上信息化步伐，就要废除汉字，走汉语拼音化的道路。1974年，四机部、二机部、中国科学院、新华社和国家出版局联合向国家计委建议，开展汉字信息处理系统的研究与应用，并于当年8月由国家计委批准立项重点科技攻关项目"汉字信息处理系统工程"，简称为"748工程"，由四机部具体负责。

"748工程"共设"汉字情报检索""汉字精密照排"和"汉字通信"三个子项目。当时还在北大当教员的王选和他的妻子，参与了这项工程的研究。王选用"参数表示规则笔画，轮廓表示不规则笔画"这种独一无二的方法，把几千兆的汉字字形信息，大大压缩后存进只有几兆内存的计算机，这是世界上首次把精密汉字存入计算机。王选团队跨过日本流行的二代机和欧美流行的三代机，直接研制出世界上尚无商品的第四代激光照排系统。当时科研条件非常艰苦，只有位于北京东城区和平里的中国科技情报所，藏有国外科技杂志和报纸。北京大学到和平里的公交车票是2角5分钱，王选因得肺结核在家养病很长时间，每月工资降到吃"劳保"的几十元钱，为节省5分钱，他每次都买2角钱的车票提前下车，再走到和平里。

经过4年的连续攻关，科技人员采用当时超前的激光照排技术，成功从计算机里输出了汉字。1979年7月，新中国诞生第一张用"计算机—激光汉字编辑排版系统"，整张输出的中文报纸样张《汉字信息处理》。1983年夏，原理性样机的改进工作终于告一段落。经国家经委的协调安排，1984年初，新型"计算机—激光汉字编辑排版系统"交由新华社试运行。经反复调试、不断改进，1985年春节前后，新华社开始用该激光照排系统正式试排8开的旬报《前进报》和16开的日刊《新华社新闻稿》。试行3个月后，系统性能趋于稳定，新华社向国家经委提请批准验收的报告。1985年5月，新型"计算机—激光汉字编辑排版系统"（王选后来将其命名为华光2型）顺利通过国家经委主持的国家级鉴定，随后新华社的激光照排中间试验工程也顺利通过国家验收。这标志着我国汉字激光照排系统已实现从原理性样机到实用性样机的跨越，中国印刷进入全新的光与电时代，王选也被人们誉为"汉字激光照排系统之父"。

计算机中文信息处理技术打开全新局面。1983年，电子工业部电子技术推广应用研究所严援朝等编写完成了"Chinese Character DOS"汉字磁盘操作系统（简称CC-DOS），解决了汉字输入、显示等难题。同一年，中国科学院计算机所第六研究室副研究员倪光南，成为汉字处理系统课题的主持人。不到一年，他带领团队成功把大型机上的试验成果变成一套微机系统。1984年，中国科学院计算所成立了以转化所内科技成果为宗旨的"所办公司"，倪光南受邀加入，并把即将开发完成的联想式汉卡成果带入该公司。1985年，第一型联想式汉字微型机系统LX-PC（简称联想汉卡）诞生，该系统由联想式汉卡、联想式汉字环境软件、汉字实用程序等构成。这款汉卡具有联想功能，即输入一个汉字时，屏幕上会显示与该字有关的词和词组供选择；汉卡上没有的词组，可根据需要自造输入并保存；汉卡支持汉语拼音、区位、五笔字型等10余种汉字编码输入方式及各种图案，实现了画图、制表等功能。该系统中西文兼容技术和图文兼容技术具有独创性，实现了汉字系统在各项性能指标方面和同类西文系统相同，具备完善的汉字输入、输出、网络、通信、联机、传真等功能。进口计算机安装上该系统可以实现拼音、区位、五笔字型等多种汉字输入，灵活处理中文信息。联想汉卡获1988年度国家科技进步一等奖，它的问世，推动了微型计算机在中国的迅速普及和应用。

新材料领域取得重大进展。1984年4月，中国科学院党组决定，将中国科学院物理所、电子所、电工所、长春应用化学所从事稀土研究的科技人员联合起来，委托中国科学院物理所王震西等在北京筹建"中国科学院三环新材料研究开发公司"（1993年更名为"北京三环新材料高技术公司"）。由王震西牵头研制第三代稀土永磁材料。为了降低成本，提高永磁合金的实用价值，他们选用了低纯度钕稀土——铁合金为原料，采用粉末冶金工艺，包括合金熔炼、粉碎球磨制粉、磁场取向成型、烧结和磁化等5个部分流程。在制备过程中，由于掌握合理的配方，严格控制各种工艺条件，研制成功了第一块磁能积（BH）达到38兆高·奥（MGOe）的钕铁硼永磁材料。当年6月，磁能积高达41兆高·奥的低纯度钕铁硼永磁也研制成功。1985年，公司把钕稀土铁硼永磁材料生产能力迅速提高到百吨级，产品当年就进入国际市场，新增产值3000万元，创汇300多万美元，成为继美国、日本之后，国际上第三家钕铁硼永磁材料的生产国和供应地。该成果获1988年度国家科学技术进步一等奖。

国际上，激光技术是20世纪60年代发展起来的新兴领域，北京1979年研制成功3.3公里光缆数字传输系统，进行了光发送机、光接收机、调制技术、检测技术、光纤拉制系列研究。研究成果应用于市电话86局和89局两局的中继线，运行了5年。此外，又成功拉制成窗口多模梯度光导纤维，在光损耗和传输带宽方面，达到了国际先进水平，具备了大量生产条件。

新技术广泛用于工业企业

首钢2号高炉通过技术改造，大大提升工作效能。1978年开始，首钢对2号高炉进行移地大修，总投资为8029万元，采用高炉喷吹煤粉、顶燃式热风炉、无料钟炉顶等国内外37项新技术，首次运用可编程序控制上料系统，使高炉有效容积由516立方米扩大到1327立方米，利用系数一直处于国内先进水平。

在此基础上，首钢对2号高炉进行自动化改造。采用20世纪80年代先进的PC-584可编程序控制器和网络-90工业微处理器，组成控制系统，取代原有的矩阵柜和可编机，实现对高炉的上料、热风、喷煤和高炉本体四大工艺环节综合控制，并在主控室内配备无键盘感应式控制器和工业电视。改造中，首钢上万名职工发扬高度主人翁精神，团结协作，日夜奋战，克服一个又一个困难，攻克一项又一项难关，完成全部大修改造任务，实现了一次烘炉、一次调试、一次联锁、一次开炉成功，创造了高炉大修改造工期最短的世界纪录。经过技术改造，2号高炉主体设备实现全面自动控制，成为世界上第六座在主控室内无模拟屏、无二次仪表、无操作台的"三无"控制室，使首钢高炉生产自动化水平达到世界先进行列。该工程获北京市1981年科技成果一等奖；1985年10月，获国家级科技进步一等奖。

燕山石油化学工业公司通过技术改造提升，使生产能力不断增加，质量不断提高，消耗不断下降。燕山石油化学工业公司拥有东方红炼油厂、胜利化工厂、向阳化工厂、曙光化工厂等大型企业。胜利化工厂顺丁橡胶装置是我国自行开发、自行设计、自行安装建设的第一套万吨级装置。20世纪70年代，刚投产时，氧化脱氢装置运转周期仅为半个多月，聚合装置运转周期还不到10天，全厂开开停停，生产十分被动。后经过技术攻关，技术难题得到解决，且1976年这套装置达到并超过设计能力，1981年开始，工厂技术改造工作进入一个新的发展时期，引进的丁二烯抽提装置对塔的结构改造后，处理能力提高20%，每年可多产橡胶8000吨。1983年工厂经过扩建，顺丁橡胶产量达到4.5万吨。顺丁橡胶工业装置技术攻关的成功，成为我国合成橡胶领域重大的开发成果之一，1985年获国家科学技术进步特别奖，产品远销国外，在国际上享有较高声誉。

燕山石化还积极推动计算机在系统内的应用，自主开发计算机程序，大大提高了生产管理效能。燕山石化设计院王耀刻苦钻研计算机应用技术，1977年编制出具有较高水平的"平面杆系结构"的通用计算程序，解决了工业和民用土建工程常用结构的计算，在一些较大工程上应用的效果良好。[①]此后，他又编制出功能大、适应范围广、有国内先进水平的多功能土建通用结构计算程序，为燕山石化公司及全国数十个大型工程的设计计算所采用，大大提高了设计质量，加快了工作进度。王耀也由此成为燕山石化总公司优秀科技人员的代表，获得全国劳动模范光荣称号。

1984年5月，燕山石化组建计算中心，成为计算机应用开发研究机构，业务范围包括生产过程管理与控制，管理信息的收集、传输、存储与处理，经营管理决策模型的建立与应用，主要任务是规划、设计、实施、维护全公司计算机管理信息系统。下设计算机管理室、应用一室（负责管理信息系统）、应用二室（负责决策支持系统）、应用三室（负责生产过程控制），定员127人。计算中心按照边组建边开发的原则，1984年筹建时，组织力量进行计算机应用开发研究工作，两年间完成了管理信息系统分析，财务、统计、调度三个子系统的事务处理工作计算机化，中西文计算机通信及若干微机应用项目，提升了工作效率和现代化管理水平，取得了明显经济效益。

截至1984年9月，北京市已有50多家企业采用微型电脑和单板机进行企业管理和生产过程控制，使用微电脑达400多台。电脑技术已开始在饭店管理、储蓄存款、换房、婚姻介绍等方面应用，北京市区15个交通路口信号灯计算机管理系统、北京市百货大楼电讯商品部计算机销售管理也已完成应用。[②]

北京内燃机总厂（简称北内）改进技术水平，产量也大为提升。从1966

[①]《北京石油化工总厂重视科技工作　近三百名工程师恢复职称》，《北京日报》1978年1月10日第2版。

[②]《本市科技开发"一条龙"重点科技项目攻关取得显著成绩》，《北京日报》1984年9月23日第1版。

燕山石化总公司计算中心工作人员在工作

年到 1980 年，该厂主要围绕扩大生产进行技术改造。1980 年实际生产 4115 柴油机 22000 台，汽油机 35500 台，达到并超过了原设计生产能力。从 1980 年开始，北内产品走向"生产一代、研制一代、构思一代"的轨道，抓产品开发，先后从美国、日本、德国引进具有 20 世纪 80 年代先进水平的新产品，工厂实施了一系列的技术改造，使生产工艺水平得到很大提高，年实际产量突破 20 万台，质量处于国内领先地位。

纺织科学技术上同样取得了可喜进步。在合成纤维的开发利用方面，研制成中空形、三叶形等多种截面形状的纺棉、纺毛、纺丝绸的变形加工技术。在改造旧设备，发展新工艺方面，首先在国内研制成功二百锭的"气流纺纱机"和"高速自拈纺纱机"等。

科技改善人民生活

粮食育种方面取得突破。1976 年，北京市农业科学院科研工作者使用单倍体育种方法，用"洛夫林 18""红良 4 号"等 4 个小麦品种进行复合杂交，并对杂交后的第一代花粉进行培养，成功获得了第一代种子。1978 年，农业科学院副研究员胡道芬等人用仅有的 54 粒种子进行株系鉴定，经过他们精心培育，在中国科学院等方面的组织、支持和指导下，研究人员经过6年的艰苦探索、实验，于1982年成功选育出冬小麦新品种"京花一号"[①]。新品种"京花一号"具有抗逆性强、穗大粒多、品质好、耐旱能力较强等优点。根据各地试种，一般亩产600斤至800斤，高者达1000斤以上。试种面积已从1982年的几百亩发展到1983年的1000万亩。试种区域也从北京郊区扩大到河北、河南、山东、山西、陕西、安徽、苏北和辽南等地区。1983年6月，国内学术界人士在"京花一号"的鉴定会上指出，利用花粉培养方法育成冬小麦新品种"京花一号"并能推广应用，这在国内是首创，国际上也是第一次，是育种方法上的重大突破。1983年在印度召开的第十五届国际遗传学会上，各国学者认为这项研究成果已具有国际水平，中国在花粉育种方面走在世界前列。

北京市农科院蔬菜研究所科技人员和海淀区四季青乡、丰台区黄土岗乡的技术员一起，选育出杂交一代的蔬菜良种。中国农业科学院蔬菜花卉研究所科技人员方智远团队全身心投入蔬菜育种中，在他的办公室，衣架上常年挂着一顶草帽、一件雨衣，这是他准备随时下地用的。积攒了十几年的数千份甘蓝种质资源，被他细心地裹成小包，密封在干燥器内，十几个偌大的玻璃罐占据了办公室1/3的空间。白天上完班，晚上他有时还会把资料拿回家继续做，一年最多在过年时休息一两天。正是在科技工作者们的努力下，蔬菜育种取得突破，其中，甘蓝（洋白菜）有"报春""京丰一号""秋丰"等8个品种，大白菜有"北京26号""北京156号"等7个品种。这些杂交良种普遍具有抗病虫害、产量高的优点，大部分已经在生产上应用推广。1985年，方智远团队获得国家技术发明奖一等奖。

除了粮食和蔬菜，北京农科院畜牧研究所和昌平县供销社良种猪场合作，经过多年反复试验、探索，1980年选育成瘦肉型"杜长大"杂交猪，具有出肉率高、肉质鲜美、育配期短、日增重多和节省饲料等优点，每头猪瘦肉率达54.5%，有利于满足北京民众对肉类的需求；北京市畜牧系统广大科技人

[①]《冬小麦良种京花一号在京育成》，《北京日报》1982年9月15日第3版。

员经过 8 年努力，成功开发建设了现代化鲜蛋生产体系，在技术上填补了国内工厂化养鸡空白，养鸡技术和鲜蛋供应都出现了一个飞跃发展的局面。

开辟新能源方面，全国第一个核反应堆余热供热原子锅炉在北京试验成功。1979 年，北京市太阳能研究所成立，这是我国第一家从事太阳能研究和应用的专业机构。成立短短两年，获得了北京市科技进步奖 7 项。太阳能研究所把科研工作重点转向与生产相结合的项目，并于 1983 年成立太阳能推广部，开始进入市场，当年就创收 20 多万元。此外，清华大学建筑系、热能工程系共同研究成功新型农村被动式太阳房，并在大兴义和庄推广试用。太阳房首次采用新型"花格式"集热蓄热墙，利用当地农民自己生产的混凝土块，砌成带有空气通道的花墙，外面加一层玻璃和活动保温板，形成一个具有集热和畜热相结合的新型集热器。[①] 这是我国第一次尝试利用太阳能作为农村住宅采暖热源，还首次编制了被动式太阳房数学模型和计算机逐时模拟程序。通过太阳能加热，太阳房冬季室温平均达到 12 摄氏度，整个采暖季节，不用生火就能过冬。初步核算，冬季每平方米节约用煤 28.8 千克。清华大学还研制成功与太阳能房配套的"圆筒式太阳热水器"。

为衔接好科技成果的转化环节，加快产品的开发和上市时间，1983 年 2 月，北京市科委和国家有关部委酝酿了一批 1983—1985 年"科研中试、生产、推广一条龙"项目，作为北京市科技计划改进的尝试，共 20 个项目，其中农业方面 7 项，新材料、新产品 9 项，新技术 4 项。[②] 3 月，北京市将其正式确定为科技开发 20 个"一条龙"项目。1984 年年初，项目增加到 26 个，并确定了 9 项重点科技任务。

这些项目，很多都与改善人民生活息息相关。华北地区夏秋季节高温、干旱、暴雨，造成蔬菜供应形成淡季。"一条龙"项目中便有了八九月淡季蔬菜综合技术及技术经济分析研究项目。经过 3 年专题调查和两年大面积生产试验，项目取得了可喜成绩。有关单位对冬瓜、黄瓜等 8 种淡季蔬菜进行

[①] 《不用生火就能过冬》，《北京日报》1983 年 10 月 11 日第 2 版。
[②] 《当代中国的北京》科技分编委编：《北京科技工作发展史（1949—1987）》，北京科学技术出版社 1989 年版，第 202 页。

了良种配套及繁育，同时初步选育出苦瓜、空心菜、木耳菜等15种适于北京生产的蔬菜新品种。1984年9月，海淀、丰台等地进行了较大面积的示范推广，并开始供应市场，一上市就大受欢迎。

涤纶网络丝仿毛织物有着很高的经济效益，其性能接近纯毛织品，但价格仅相当于纯毛织品的1/2。北京市原定到1985年年底完成50万米生产任务。为了尽快使科研成果投入生产，北京市纺织工业总公司加强组织调度，对承担该项任务的有关工厂实行承包责任制，加快了设备安装和测试速度，1984年便超额完成50万米仿毛织物的生产任务，为丰富服装市场发挥了重要作用。

1978—1986年，国家批准的发明奖励项目共1019项。北京科技工作者获得315项，占全部获奖项目的30.9%；其中，一、二等奖59项，占一、二等奖总数的52.6%。1985年，国家对多年来取得的推动国家科技进步的科技成果，授予科技进步奖，共奖励1286个项目。首都得奖452项，占35.1%。其中，特等奖9项，占特等奖总数的69.2%；一等奖38项，占一等奖总数的43.2%；二等奖161项，占二等奖总数的40%；三等奖247项，占三等奖总数的30%。[1] 北京在取得科技成果的同时，还广泛开发技术交流和成果转让活动，使科学技术广泛应用于全国工农业生产，更好地为社会主义建设服务。

---

[1] 《当代中国的北京》科技分编委编：《北京科技工作发展史（1949—1987）》，北京科学技术出版社1989年版，第17页。

第六章
文艺复苏

"文艺是时代前进的号角，最能代表一个时代的风貌，最能引领一个时代的风气。"[①] 随着"为人民服务、为社会主义服务"的"二为"方向和"百花齐放、百家争鸣"的"双百"方针的确立，首都文艺界迎来复苏的春天。曾受到错误批判或封存的剧目与影片陆续公开演映，反映时代要求和人民心声的文艺创作日趋活跃，文艺院团得以恢复和重建，市民文化生活重新步入正轨，首都文艺百花园焕发出一派欣欣向荣、生机勃勃的景象。

一、首都戏剧舞台迅速复苏

"文化大革命"结束后，样板戏独霸舞台的现象一去不复返。"百花齐放、推陈出新"文艺工作方针逐渐恢复，曾被污为"毒草"的优秀剧目开始在北京重新公演，得到平反昭雪的文艺工作者陆续重返舞台，戏剧创作回归现代戏、传统戏、新编历史剧"三并举"的正确道路，首都戏剧舞台日益呈现异彩纷呈、名家荟萃的新局面。

"受批判"剧目重新公演

"红军不怕远征难，万水千山只等闲。"1976年10月22日，话剧《万水

[①] 习近平：《在文艺工作座谈会上的讲话》（2014年10月15日），人民出版社单行本，第5页。

千山》在北京高井甲 32 号礼堂再次登上舞台。许多亲历过长征的红军战士，看到舞台上再现的"四渡赤水""飞夺泸定桥""爬雪山过草地"等一幕幕场景，心情激动不已，久久不能平静。"红军戏剧家"陈其通创作的这部话剧，是中国第一部全景式描写二万五千里长征的文艺作品，1954 年首次公演、1975 年再演后都受到观众的热捧。然而，这部话剧却命运多舛、屡遭批判。它的再度复演，拉开了受"四人帮"错误批判剧目复演的序幕。

首都观众迎来新的一年。人们惊喜地发现，沉寂多年的节日戏剧舞台开始变得丰富起来。京剧《大喜的日子》《八一风暴》，话剧《枫树湾》《豹子湾战斗》，歌剧《白毛女》《洪湖赤卫队》，河北梆子《云岭春燕》，评剧《向阳商店》，木偶剧《草原红花》等曾遭受禁演或批判的剧目，重新亮相舞台。

不久，一度被"打入冷宫"的历史剧陆续公开亮相。1977 年 5 月，为纪念毛泽东《在延安文艺座谈会上的讲话》发表 35 周年，中华人民共和国文化部、北京市革命委员会、中国人民解放军总政治部文化部联合主办纪念活动，60 多台剧（节）目在首都集中演出。

23 日，北京市京剧团排演的新编历史剧《逼上梁山》，在全国政协礼堂举办专场演出。饰演林冲的李崇善身姿矫健，肩扛一杆红缨枪，挑着一个酒葫芦，一登场就赢得观众阵阵喝彩。这是古装戏在北京也是全国停演 10 年后的首次复出。剧本由金紫光根据延安平剧研究院[①]演出本整理改编后，结构更加精练紧凑，主要人物更为凸显。该剧还在中山公园音乐堂等处连演数场，场场爆满。一名观众对此记忆深刻，"那天下着大雨，公园门口挤满了等退票的人。音乐堂 2000 多座，可以说座无虚席。演出中掌声雷动，那般热烈，怕只能用疯狂来形容"[②]。

为满足人民群众文化生活需要，进一步丰富文艺作品被提上议事日程。1978 年 3 月，第五届全国人民代表大会第一次会议审议通过的《政府工作报

[①] 延安平剧研究院，从事京剧研究和演出的团体，1942 年年初由延安鲁迅艺术文学院平剧研究团和八路军一二〇师战斗平剧社合并组建而成。

[②] 王新纪：《有戏就唱，是奖不争——李崇善印象》，《中国京剧》2000 年第 5 期。

告》,提出要迅速改变"四人帮"破坏造成的缺少各种文艺作品的状况,扩大文艺节目,丰富文化生活。5月,中宣部转发文化部党组文件,要求逐步恢复上演优秀传统剧目,并列出《三打祝家庄》修订本、《三岔口》等41部京剧备选剧目。

消息传来,首都戏剧工作者深受鼓舞,他们立即行动起来,开始排练长期被禁演的传统剧目。北京市京剧团决定首先复排京剧《三打祝家庄》修订本。这部取材于名著《水浒传》的剧目,是在毛泽东指导下,由延安平剧研究院李纶、魏晨旭、任桂林等人创作的。《三打祝家庄》主要讲述北宋末年农民起义军三次攻打被地主豪强盘踞的祝家庄的故事。前两次攻打祝家庄,因情况不明、方法不当,他们连遭失败。第三次,他们吸取失败教训,派人假意投靠祝家庄并获得信任,摸清敌人内部情况,拆散祝家庄与李家庄、扈家庄的联盟,运用里应外合战术,最终大获全胜。1945年2月,《三打祝家庄》在延安中央党校礼堂首演,获得毛泽东等中共中央领导人和观众好评。1959年,李纶、任桂林对剧本进行大幅压缩与修改,将3幕42场调整为3幕23场,形成《三打祝家庄》修订本。

1978年7月2日,北京市京剧团复排的《三打祝家庄》在全国政协礼堂公演。当李元春、沈宝桢饰演的石秀,李宗义、罗长德饰演的晁盖等主演悉数登场后,熟悉《水浒传》的观众发现,攻打祝家庄的统帅宋江,在剧中却变成了晁盖。在修订说明中编剧解释说,大约有6种元曲剧本描写领兵攻打祝家庄的是晁盖。

党的十一届三中全会召开后,社会各界呼吁为新编历史剧《海瑞罢官》平反。这个由明史专家吴晗创作的剧目,主要讲述明代应天巡抚海瑞刚正不阿、秉公断案的故事。海瑞上任后,通过察访民情得知,告老还乡的前太师徐阶霸占洪阿兰家的民田,并纵容其子徐瑛强抢洪阿兰之女赵小兰。海瑞判处徐瑛死罪、徐阶退田。徐阶却买通朝官,妄图通过罢免海瑞的官职来推翻定案。海瑞识破徐阶计谋,断然在交官印前处死徐瑛为民除害。1961年,北京京剧团首次公演《海瑞罢官》,京剧大师马连良、裘盛戎分别饰演海瑞、徐阶,精彩的表演得到首都观众的广泛赞誉。然而1965年11月10日,上海

《文汇报》发表姚文元《评新编历史剧〈海瑞罢官〉》一文，点名批判吴晗，毫无根据地把剧本描写海瑞开展"退田""平冤狱"等历史事件，同党的八届十中全会批判的"单干风""翻案风"联系起来，进行猛烈的政治攻击，成为引发"文化大革命"的导火线。不久，京剧《海瑞罢官》的编剧、主演及相关人员惨遭厄运。

1979年1月16日至25日，北京市委在市政府第四招待所召开工作会议，传达贯彻落实党的十一届三中全会精神。会议指出，强加给京剧《海瑞罢官》的罪名，均属污蔑不实之词，应一律推翻。当时，首演《海瑞罢官》的北京京剧团正在与北京市京剧团合并组建北京京剧院，他们决定从两家剧团中挑选骨干力量，重新排演这一剧目。赵世璞、罗长德分别饰演海瑞、徐阶，他们怀着对吴晗、马连良、裘盛戎等人的怀念之情，努力学习揣摩前辈的表演艺术，仅用20多天时间就将这个戏再次搬上舞台。2月3日，《海瑞罢官》公演，首都理论、戏剧等各界人士和广大观众观看后，无不拍手称快。

随着老舍、曹禺、田汉等艺术家和戏剧家得到平反昭雪，他们创作的剧目如话剧《茶馆》《雷雨》和京剧《谢瑶环》等经典剧目，也纷纷得以复排公演。传统京剧《三岔口》《赵氏孤儿》《贵妃醉酒》《四郎探母》《穆桂英挂帅》《霸王别姬》等陆续重返首都舞台。

话剧《丹心谱》和《于无声处》上演

首都舞台的开放，带动了文艺创作的恢复与发展。一批嘲讽"四人帮"、回应时代呼声的新剧目陆续上演。1977年1月，中国铁路文工团创作的话剧《战斗的篇章》在北京二七剧场首演，成为用话剧艺术声讨"四人帮"的开始。

5月，中国话剧团创作演出5场讽刺喜剧《枫叶红了的时候》。剧中描写某科研单位以冯云彤、陈欣华为代表的科研人员与"四人帮"的亲信张得志、陆峥嵘等人，围绕完成一项周恩来总理交办的科研任务展开戏剧冲突，对"四人帮"做了辛辣的嘲讽。

此后，类似题材的话剧《油海波涛》《惊涛万里》《特殊的战斗》《我们是喝延河水长大的》《曙光》等纷纷创作上演,受到首都观众好评。

这一时期,引起首都观众强烈共鸣的话剧莫过于《丹心谱》和《于无声处》。1978年3月25日,北京话剧团在首都剧场上演话剧《丹心谱》。剧中,新华医院老中医、共产党员方凌轩在周恩来的亲切关怀下,决定采用中西医结合的方式,研究防治冠心病的新药。但是,这一科研项目却遭到"四人帮"安置在卫生部的亲信的百般刁难和摧残打击。他们不仅把支持科研项目的新华医院党委书记李光撤职下放,还将方凌轩的助手郑松年调走,甚至逼迫方凌轩交出记有周恩来指示的笔记本并上交全部研究资料。年逾古稀的方凌轩始终不屈不挠、不轻言放弃,在李光和干部群众的支持下,最终成功研制防治冠心病的新药。而他的女婿、院党委委员庄济生却在"四人帮"亲信的高压下,在政治上投机,在科学上撒谎,甚至不惜出卖自己的灵魂,最后遭到方凌轩全家和干部群众的鄙弃。

《丹心谱》剧照

《丹心谱》演出结束后,观众们长时间热烈鼓掌,久久不肯离去。不少热心观众还给剧组写信,其中有一封信这样写道:"方老说出了我们在'四人帮'时期想说而不敢说的话，以至我们和剧中人之间好像不是观众和演员的关系，而是心心相印的同志和战友的关系。"剧组还应邀为正在出席全国科学大会的代表们进行专场表演。应首都观众强烈要求，北京话剧团（后改名为北京市人民艺术剧院）当年共演出《丹心谱》135 场。北京电影制片厂还将北京话剧团表演的《丹心谱》拍成艺术片，在中央电视台的前身北京电视台播放。全国各地话剧团纷纷学习观摩并排演这部话剧。观众们称赞《丹心谱》为当时同类题材创作中最成功的一部。

不久，上海热处理厂工人宗福先创作话剧《于无声处》。剧本以 1976 年清明节广大群众在北京天安门广场沉痛悼念周恩来总理，愤怒声讨"四人帮"的历史事件为背景，热情讴歌几百万人民"挥泪悼念总理，洒血讨伐奸雄"的革命行动。9 月 23 日，《于无声处》由上海市工人文化宫业余话剧团首次公演，得到戏剧界和广大观众的一致赞扬。上海《文汇报》随即发表长篇通讯文章《于无声处听惊雷——访话剧〈于无声处〉的编剧、导演和演员》，对这个剧目的创作与排演过程及演出时的火热场景做了深度报道，进一步扩大了《于无声处》的社会影响。

10 月 28 日，中国社会科学院院长胡乔木在上海调研时，特意观看了这部话剧并给予高度肯定。回到北京后，正值中央经济工作会议召开之际，胡乔木感到，此时调《于无声处》剧组到北京公演，将有利于推进思想解放运动，加快天安门事件的平反进程。他随即给中央组织部部长胡耀邦写信，并获得支持。很快，上海《于无声处》剧组收到赴北京演出的邀请。为了营造声势，北京电视台转播上海电视台录制的话剧《于无声处》，《光明日报》发表评论文章《戏剧舞台上的一声惊雷》，《人民戏剧》编辑部在京召开专题座谈会。关注话剧《于无声处》，要求为天安门事件平反，成为首都的一股舆论热潮。

11 月 15 日，《北京日报》刊登经中央政治局常委批准的北京市委常委会扩大会议的决定，宣布 1976 年清明节，广大群众沉痛悼念敬爱的周总理，愤怒声讨"四人帮"，完全是革命行动，对于因此而受到迫害的同志一律平反，恢复名誉。当天，新华社以"天安门事件完全是革命行动"这一更加醒目的标题，向全国做了报道。

16日，《人民日报》《光明日报》等报刊纷纷转载关于北京市委宣布要为天安门事件平反的重要消息。就在这天晚上，上海剧组应邀在北京市工人俱乐部公演话剧《于无声处》，上千名干部群众前往观看。演出中，观众和演员一道悲伤、流泪、焦急、愤怒，他们被剧中台词"人民不会永远沉默"深深打动。演出结束后，亲身经历过天安门事件的首都群众代表走上舞台，向演员们致谢。他们激动地说："感谢你们把天安门事件搬上舞台，倾诉了亿万人民的心愿。"演员们噙着热泪回答："向你们学习——为捍卫真理在天安门广场上留下光辉业绩的首都人民！"[1] 短短几个月内，几千万人争相阅读这个剧本、观看这个话剧，这种现象历史上可谓罕见。

全国优秀剧目分批展演

随着拨乱反正的深入推进，全国广大文艺工作者逐步卸下思想包袱，满怀激情投身于新的创作热潮，推出一大批优秀剧目。为庆祝中华人民共和国成立30周年，集中展示粉碎"四人帮"以后各地新创作的剧目及部分优秀传统剧目，中共中央决定，在北京举办献礼演出活动。

1979年1月5日至1980年2月9日，庆祝中华人民共和国成立30周年献礼演出活动在北京举办。全国128个艺术表演团体，通过18轮次展演，共演出137台节目、1428场，观众达183万人次，是新中国成立以来全国文艺界举行时间最长、规模最大的文艺演出评奖活动。[2]

献礼演出活动开幕第一天，中国青年艺术剧院创排的话剧《曙光》在东方红剧场上演。这部由白桦编的剧目，主要讲述1931—1935年，红二军团创建人贺龙顾全大局、忍辱负重，带领师长岳明华等人，在洪湖苏区与"左"倾错误做斗争，最终迎来遵义会议喜讯和胜利曙光的革命历史故事。

随后，中国人民解放军广州部队政治部话剧团的《秋收霹雳》、甘肃省

---

[1] 《话剧〈于无声处〉在京首场演出》，《北京日报》1978年12月17日第1版。
[2] 《献礼演出是舞台艺术的大检阅》，《人民日报》1980年4月9日第1版。

话剧团的《西安事变》、西安话剧院的《西安事变》、中央戏剧学院的《杨开慧》、中国人民解放军空军政治部话剧团的《陈毅出山》等 5 部话剧，陆续参加第一轮展演。

中国京剧院的《红灯照》参加了第二轮展演。最初提议编演这部戏的是毛泽东，1964 年他在中南海举办的一次联欢会上，与中国京剧院的一名演员谈道，在义和团运动中涌现一支年轻的、英勇的妇女队伍，她们在月光下举红灯习武，立志赶走洋人推翻慈禧太后，是个很好的戏剧题材。"文化大革命"结束后，这个剧目于 1977 年 10 月由中国京剧院四团首演，广获好评。此后，全国至少有 80 多个剧团观摩学演此戏。

10 月，随着中华人民共和国成立 30 周年庆典日到来，展演活动进入高潮，共推出 21 台剧（节）目。北京人民艺术剧院创排的历史剧《王昭君》在首都剧场连演 8 场，获得广泛关注。这部剧是曹禺搁笔 10 年后的新作，也是他创作的最后一部话剧。剧中，王昭君不再是一个"千年琵琶怨胡语"的泪美人形象，而是一个聪明美丽、有胆有识，自愿请嫁匈奴单于，为民族团

曹禺给《王昭君》剧组说戏

结做出贡献的女子。曹禺的老友吴祖光赋诗称赞:"巧妇能为无米炊,万家宝笔有惊雷,从今不许昭君怨,一路春风到北陲。"

10月11日,甘肃省歌舞团的大型民族舞剧《丝路花雨》在红塔礼堂亮相。这部舞剧取材于"丝绸之路"历史与敦煌莫高窟壁画,博采各地民间歌舞之长,以动人的情节、新颖的艺术手法、优美的音乐把古典舞与壁画中的舞姿融为一体,别开生面,使人耳目一新。观众看后纷纷称赞,"此舞只应天上有,人间难得看几回""活的敦煌壁画,美的艺术享受"。

全国各地的优秀剧目集中上演,让首都观众大饱眼福。现代秦腔《西安事变》、豫剧《唐知县审诰命》、黔剧《奢香夫人》、越剧《胭脂》、吕剧《姊妹易嫁》、莆仙戏《春草闯堂》、花鼓戏《重相遇》、采茶戏《孙成打酒》、柳琴戏《大燕和小燕》等纷纷登台亮相,展示了中国源远流长、多姿多彩的戏剧文化。

1980年4月,文化部召开献礼演出发奖大会,231个节目演出单位的代表获奖。话剧《茶馆》的作者老舍、京剧《谢瑶环》的作者田汉、京剧《海瑞罢官》的作者吴晗获创作荣誉奖。创作和演出都获一等奖的有16部,其中9部来自北京地区,包括话剧《陈毅出山》《曙光》《丹心谱》《报童》《大风歌》《王昭君》,京剧《红灯照》,歌剧《壮丽的婚礼》《窦娥冤》[①]。

这次献礼演出的作品,90%是"文化大革命"结束后创作的,在思想的广度和深度,艺术形象的塑造,题材、体裁、风格的多样化等方面,都有新的突破和发展。全国大规模的文艺会演,丰盈了曾经一度单调的首都舞台,滋润了广大观众干涸已久的心田,也激励着广大文艺工作者在社会主义现代化建设新征途中奋勇前行、再创佳作。

二、新文学作品振奋人心

首都北京人文荟萃,是当代中国的文学重镇。改革开放后,空前规模的

[①] 《二百三十一个优秀节目获奖》,《人民日报》1980年4月9日第4版。

思想解放运动,为文学创作打开新的广阔天地,遭受严重压制的北京文坛,迎来新的生机。诗歌、短篇小说、报告文学率先推出新作品,打破长期充斥文坛的政治禁锢,推动了文学界的拨乱反正。各类文学作品竞相在北京文坛亮相,成为记录时代之变、反映人民心声的急先锋。

诗歌率先亮相文坛

1976年春,首都人民在天安门广场,为悼念周恩来总理声讨"四人帮",表达压抑已久的真情实感,创作出成千上万首充满激情的诗歌。其中有代表性的作品包括《人民的总理人民爱》《扬眉剑出鞘》等。天安门诗歌运动恢复了"说真话""抒真情"的现实主义传统,也预示着北京文学即将进入新的时期。

11月,刚刚恢复工作的诗人、剧作家贺敬之,按捺不住激动的心情,写下诗句"不是国庆的国庆呵,不是过节的过节。让我们重逢,在天安门前吧,早已有心在先,此次何需相约",表达粉碎"四人帮"后的喜悦之情。这篇长篇抒情诗《中国的十月》在《诗刊》上一经发表,即引起广大读者强烈共鸣。此后,光未然《革命人民的盛大节日》、邵燕祥《一朵小花》、李瑛《一月的哀思》、柯岩《周总理,你在哪里》等类似题材的诗作纷纷发表,一时广为传诵。

党的十一届三中全会的召开,促进了思想的解放和诗坛的变革。1978年12月,北岛等几位年轻人在北京创办民间诗刊《今天》,因刊发朦胧诗而闻名。朦胧诗大量运用隐喻、暗示、通感等手法,诗境模糊朦胧、诗意充满多样性和不确定性。1979年3月,《诗刊》公开发表北岛的诗歌《回答》,诗中"卑鄙是卑鄙者的通行证,高尚是高尚者的墓志铭"寓意深邃,标志着朦胧诗开始正式走上诗坛,影响也由此扩大到全国,成为诗歌的一个流派。

随着平反冤假错案的深入开展,北京诗坛掀起新的创作潮流。1979年6月,《解放军文艺》杂志社编辑雷抒雁得知中共辽宁省委宣传部干部张志新与"四人帮"做斗争而牺牲的事迹后,心情久久不能平静。为歌颂这位不惜以生命为代价来坚持和捍卫真理的女性,他创作诗歌《小草在歌唱》。诗中写道："只有小草不会忘记。因为那殷红的血,已经渗进土壤;因为那殷红的血,已经在花朵里放出清香!只有小草在歌唱。在没有星光的夜里,唱得那样凄凉;在烈日暴晒的正午,唱得那样悲壮!像要砸碎礁石的潮水,像要冲决堤岸的大江……"

7月2日,在北京中山音乐堂举办的"向张志新烈士学习"诗歌朗诵会上,中国煤矿文工团演员瞿弦和首次公开朗诵《小草在歌唱》。由于观众反响非常热烈,瞿弦和不得不谢幕6次才得以退场。后来,《小草在歌唱》先后在《光明日报》和《诗刊》发表,引起更广泛的关注,被形容为"重磅炸弹",震撼着沉闷已久的诗坛。现代文艺理论家胡风读完《小草在歌唱》,激动得提笔给作者写信表达欣赏之情。作家铁马读后感言,"这首诗像一阵春风,给我报告了春天到来的信息"。

在青年诗人的带动下,北京诗坛佳作频出。1983年,全国优秀新诗(诗集)评选活动举办,共有7部诗集获一等奖,其中5部来自北京,包括艾青《归来的歌》、张志民《祖国,我对你说》、李瑛《我骄傲,我是一棵树》、邵燕祥《在远方》、黄永玉《曾经有过那种时候》。

《归来的歌》,是中国作家协会副主席艾青蕴蓄20多年后创作的诗集,收录他复出后不到3年时间创作的134首作品。为了追回长期搁笔所失去的时光,已届古稀之年的艾青满怀激情地奔走于大江南北、长城内外,四处捕捉灵感,纵情歌唱祖国。正如他在《迎接一个迷人的春天》一诗中所写的那样:"我们要拉响所有的汽笛,来迎接这个新时代的黎明;我们要鸣放二十一门礼炮,来迎接这个岁月的元首。所有的琴师拨动琴弦,所有的诗人谱写诗篇,所有的乐器、歌声、诗篇,组成最大的交响乐章,来迎接一个迷人的春天!"他在《静悄悄的战线》中赞美"像蜜蜂一样,为祖国酿造春天"的石油工人;在《钢都赞》中用"浓雾""云烟""飞瀑""永无休止的大合唱""时代的最强音"生动描绘现代化钢铁生产。他用充满哲理的诗句启迪读者:"比一切都更宝贵的,是我们自己的锐利的目光,是我们先哲的智慧之光。这种光洞察一切、预见一切,可以透过肉体的躯壳,看见人的灵魂,看见一切事物的底蕴。"诗歌的率先复苏,如同一股清冽的甘泉,激活了荒芜已久的北京文坛，宣示着文学的春天已经到来。

短篇小说创作兴起

1977年10月，《人民文学》编辑部在北京远东饭店召开短篇小说创作座谈会，这是"文化大革命"结束后第一次全国性的文学会议。会议呼吁彻底砸烂"四人帮"的精神枷锁，坚决贯彻"双百"方针，坚持深入工农兵生活，繁荣文学创作，引起了与会者共鸣。不久，《人民日报》刊发评论员文章《充分发挥短篇小说的战斗作用》，提出坚持"百花齐放、百家争鸣"的方针，创作更多更好的短篇小说。

11月，北京出版社编辑刘心武的短篇小说《班主任》在《人民文学》"短篇小说特辑"的头条位置发表。小说以北京光明中学班主任张俊石接收插班生宋宝琦为线索，通过塑造团支书谢惠敏和宋宝琦两个看似好坏分明、实质上都是被极"左"思想扭曲成畸形的中学生形象，揭露和批判"四人帮"对青年学生的精神摧残，发出"救救孩子"的呼声。小说发表后，引起社会各界强烈反响。这篇作品因揭露"文化大革命"给人民造成的巨大创伤，而被认为是"伤痕文学"的发轫之作。

随后，一批揭露和批判"四人帮"的小说出现在北京文坛。1978年10月，为促进文学繁荣，大力培养年轻作家，《人民文学》编辑部发起举办1978年全国优秀短篇小说评选工作，评选范围涵盖1976年10月至1978年12月发表的作品，这是新中国成立以来首次设立的全国性文学奖项。评奖工作采用群众推荐和专家评议相结合的办法，得到广大读者的积极参与。《人民文学》编辑部共收到读者来信10751封、评选意见表20838份。

评选过程中，评委们讨论热烈。陈荒煤认为："这些作品是反映了我们一个特定的时代的悲剧，是时代的烙印、时代的脚迹，确实反映了广大人民的心声。"[①] 沙汀指出："创痛巨深，不会一下忘记掉的，而且一定会反映在文学创作上。但是……处理这些题材的时候，我们就不能只看到'伤痕'，看

---

① 陈荒煤：《衷心的祝贺》，《人民文学》1979年第4期。

到灾难，还得看到无数勇于'抗灾''救灾'的人们。而只有这样全面考虑问题，作品才能反映历史的真实，使广大读者受到鼓舞，在新的长征中奋勇前进。"①

最后，评选委员会从群众推荐的 1285 篇短篇小说中评出获奖作品 25 篇。其中，北京地区获奖的有 8 篇，包括刘心武《班主任》、邓友梅《我们的军长》、王愿坚《足迹》、李陀《愿你听到这支歌》、宗璞《弦上的梦》、张洁《从森林里来的孩子》、张承志《骑手为什么歌唱母亲》、王蒙《最宝贵的》。

在党的十一届三中全会精神的鼓舞下，短篇小说创作在题材选取、人物形象塑造、艺术手法运用等方面取得可喜突破，催生一批优秀作品。

1979 年 2 月，北京市文学艺术界联合会驻会专业作家邓友梅在《北京文艺》发表短篇小说《话说陶然亭》。小说描写 1976 年清明节前后，被迫停止工作的酿酒专家老管、画家华一粟、琴师萧子良 3 位老人，带着肉体和心灵的创伤，来到陶然亭公园这个看似远离尘世的桃花源。在那里，他们与一位退伍军人相遇。在退伍军人的启发下，他们互相安慰鼓励，放下曾遭受的不幸与苦痛，重新拾起对未来的信心，最终迎来粉碎"四人帮"欢庆胜利的日子。作品没有曲折的故事情节，轻描淡抹之间，陶然亭的曲径通幽、老人们诙谐幽默的语言跃然纸上，让人读后感到自然亲切，有如身临其境。

7 月，第一机械工业部干部张洁在《工人日报》发表短篇小说《谁生活得更美好》。小说中，1176 号汽车的女售票员人美心善、服务热情，受到乘客好评。而不为人知的是，她还爱好文学、勤奋创作，是一名业余诗人。两位男青年施亚男和吴欢是好朋友，他们在同一个工厂工作，经常结伴乘坐 1176 号汽车上下班。施亚男为学习写诗，正和业余诗人田野通信。家庭条件优越的吴欢，自以为高人一等。他向女售票员展开"爱情"攻势，却碰了一鼻子灰。气急败坏的吴欢故意找碴羞辱女售票员，她却不卑不亢、临阵不慌。最后，施亚男发现女售票员竟然就是业余诗人田野，他为没能阻止朋友吴欢的行为而深感羞愧。作者塑造的女售票员形象，代表了一代青年不甘于虚度

---

① 沙汀：《祝贺与希望》，《人民文学》1979 年第 4 期。

年华，勇于追求进步的精神风貌。

1979年9月，王蒙调入北京市文学艺术界联合会，成为驻会专业作家，随后在《上海文学》发表短篇小说《悠悠寸草心》。小说通过省委招待所理发室吕师傅的眼睛，反映新中国成立后近30年间干部作风和党群关系的变化。某地委书记唐久远在"文化大革命"中遭受迫害，得到吕师傅搭救与照顾。在省委招待所赋闲时，唐久远平易近人，对吕师傅感恩戴德，并深刻反省自己过去脱离群众的错误。粉碎"四人帮"后，唐久远复出并担任某市市委书记，整天忙于文山会海，开始做表面文章，并逐渐脱离人民群众。作者借吕师傅的口，深有感触地说："血流成河，白骨成山，付出了多大代价，好不容易打倒了国民党的'官'，又打倒了'四人帮'的'官'，好不容易咱们自己的老同志又当上'官'，如果谁都不去接近他们，不去向他们说心里话，咱们这个国家、咱们亲爱的党，可怎么办呢？"作者通过小说，警醒党政干部在新的历史条件下，不能重犯脱离群众的错误。

1980年10月，中国作家协会主办的《小说选刊》创刊。茅盾在发刊词中写道："粉碎'四人帮'以来，春满文坛。作家们解放思想、辛勤创作、大胆探索，短篇小说园地欣欣向荣，新作者和优秀作品不断涌现。"这也是当时北京文坛的生动写照。

报告文学掀起热潮

1977年9月，中共中央发出将于1978年春召开全国科学大会的通知，要求"各宣传单位要运用各种形式，为迎接全国科学大会和向科学技术现代化进军大造革命舆论"。

《人民文学》编辑部的编辑们得知消息后，立即开会研究。他们认为，如能尽快组织一篇反映科学领域的报告文学，一定能吸引读者关注，同时还能进一步推动思想解放，呼吁人们尊重知识、尊重知识分子。然而，写谁好？又请谁来写呢？编辑们七嘴八舌地讨论起来，有人讲了一个社会上流传的故事。据说有个外国代表团来华访问，提出要见见中国的大数学家陈景润教授。有关方面千方百计四处寻找，终于在中国科学院数学所发现这位数学家。同时,也有传言说他不食人间烟火,闹出很多"笑话",是一个"科学怪人"。商议之后,他们一致同意采写陈景润。至于作者,大家不约而同地想到作家徐迟。徐迟虽是一位诗人,但写过不少通讯特写,特别是他比较熟悉知识分子,肯定能写好。

应《人民文学》编辑部邀请,已逾花甲之年的作家徐迟从武汉来到北京。为了写好陈景润,徐迟进行深入采访和大量调查研究,经过艰苦的梳理、思索、提炼和反复斟酌修改,顺利完成报告文学《哥德巴赫猜想》。1978年1月,《人民文学》以醒目的标题,在头条位置发表《哥德巴赫猜想》。

《哥德巴赫猜想》一经问世,立即引起热烈反响,《人民日报》、《光明日报》和地方报纸、广播电台等纷纷全文转载和连续广播。陈景润一时成为家喻户晓的英雄人物,他坎坷的人生经历,对数学的痴迷与执着,在攀登科学高峰中展示出的顽强意志和拼搏精神,无不激励和感染着人们。

受到鼓舞的青年读者纷纷致信陈景润,表达仰慕之情。一时间,拥抱科学、憧憬未来,成为亿万中国人的心声。在陈景润优秀事迹的感召下,当年计划招收27名研究生的中国科学院数学所,吸引了1500多人报考。《哥德巴赫猜想》犹如一只"报春鸟",预告着科学的春天即将来临。

随着文艺界拨乱反正的深入开展,大批作家重返创作岗位。以科学家和知识分子为题材的报告文学不断涌现。黄钢《亚洲大陆的新崛起》,理由《高山与平原》和《她有多少孩子》,分别描写地质学家李四光、数学家华罗庚、医学家林巧稚等为了祖国的繁荣昌盛,在科学的道路上勤奋攀登、奋斗不止的动人事迹。

报告文学兴起后,采写对象不断扩展,各行各业的人才包括普通工作者纷纷进入作者的视野。1979年11月,理由创作的报告文学《中年颂》在《北京文艺》发表。《中年颂》以北京清河毛纺织厂挡车女工索桂清为主人公。索桂清的事迹普通而不平凡,在6年时间里,她先是为母亲送了终,继而又死了父亲,加上婆婆和孩子生病,她自己也累出病来。面临如此多的困难,她仍然咬牙坚持,用换班的形式解决个人事务,始终做到出满勤、干满活、使满劲。她还用心钻研业务,创造了纺织万米无疵布的优异成绩。作者用细腻的笔触刻画这一普通而又高尚的灵魂，又用对比的手法使她更加光彩照人，激发起人们强烈的认同感。后来，索桂清连续两次被评为北京市劳动模范，获得全国纺织工业劳动模范的荣誉称号。

1980年11月，北京教育学院教师韩少华的《勇士：历史的新时期需要你》在《人民日报》发表。这篇报告文学描写北京丰泽园饭店青年工人陈爱武勇于和不正之风作斗争的事迹。陈爱武发现一位商业部长在饭店里大吃大喝却不足额支付费用的问题，便大胆向党中央写信告发。为此，他曾遭到流言蜚语的打击，但最终得到广大人民群众的称赞。作品以爱憎分明的语言、犀利的笔锋歌颂陈爱武这位新时期的勇士，揭露和鞭挞公职人员"吃拿卡要"的错误行径。

1981年，为进一步推动报告文学创作，中国作协举办首届全国优秀报告文学评选工作，各地作协分会共推荐100多篇作品参评。5月25日，全国优秀报告文学奖发奖大会在北京召开，30部作品获1977—1980年全国优秀报告文学奖。其中，北京地区12部，包括柯岩的《船长》《特邀代表》，刘宾雁《人妖之间》《一个人和他的影子》，理由的《中年颂》《扬眉剑出鞘》，杨匡满、郭宝臣《命运》，陈祖芬《祖国高于一切》，刘白羽《铁托同志》，陶斯亮《一封终于发出的信》，韩少华《勇士：历史的新时期需要你》，王晨、张天来《划破夜幕的陨星》。

随着诗歌、短篇小说、报告文学的创作繁荣，北京地区中、长篇小说，散文，传记文学，回忆录以及儿童文学，民间文学创作也逐渐恢复和发展。文学创作的兴起，发挥了观照现实、温润心灵的独特作用，成为推动首都社会主义现代化建设事业发展不可或缺的精神力量。

三、市民文化生活回归正常

随着文艺界拨乱反正的逐步深入，人们迫切希望改变文化生活贫乏的局面。为了满足市民日益增长的观影看戏、欣赏音乐等文化活动需求，北京电影业迅速恢复发展，曲艺表演、通俗音乐创作等重新焕发活力。

观影需求逐步得到满足

新中国成立后的 17 年里，全国摄制了上千部电影。然而，"文化大革命"期间，这些影片几乎全部被禁映，有的甚至横遭批判。1976 年 11 月，为了尽快满足人民的观影需求，改变影片放映种类过少的状况，扭转电影业连年亏损的局面，中国电影公司印发通知，"文化大革命"期间被错误封存或受冲击未能发行的影片，再次审查后将陆续恢复发行。

1977 年元旦，大型音乐舞蹈史诗《东方红》，故事片《洪湖赤卫队》《天山的红花》《秘密图纸》《小兵张嘎》《平原游击队》这 6 部影片在北京各大影院重新公映，成为第一批恢复发行的经典老片。北京市民纷纷挤进影院，观看久违的老影片，畅谈观影感受。压抑多年的观影热情，由此迅速得以释放。

当月，文化部召开全国故事片厂创作生产座谈会。会议强调要坚持文艺为工农兵服务的方向，认真贯彻"百花齐放，推陈出新，古为今用，洋为中用"等一系列方针政策，进一步繁荣电影事业。

3 月，中国人民解放军八一电影制片厂摄制的故事片《雷锋》在北京恢复上映，观影人数达 491.8 万人次，反超了 1965 年初次上映时的人数。这部由董兆琪导演、董金棠主演的影片，讲述了伟大的共产主义战士雷锋在短暂的 22 年的生命中，践行了把有限的生命投入无限的为人民服务中去的动人事迹。影片选取几个具有代表性的生活片段，借助朴素的白描手法，集中表现了雷锋大公无私、艰苦朴素、全心全意为人民服务的高尚品德，成功塑造了雷锋可亲、可敬、可爱、可学的光辉形象。雷锋的故事，再次成为首都街头巷尾热议的话题。8 月，"纪念中国人民解放军建军 50 周年电影周"在北京举办。这是时隔 13 年后恢复举办的电影周，《东进序曲》《铁道游击队》等一批故事片恢复上映。

国产影片解禁的同时，外国影片也逐渐恢复上映。8 月 20 日，南斯拉夫故事片《瓦尔特保卫萨拉热窝》在北京上映。这是时隔近 20 年后首都再次放映南斯拉夫电影。该片故事曲折，情节感人，生动刻画出游击队长瓦尔特这一有血有肉、智勇双全的传奇式反法西斯英雄形象。长期观看突出正面人物、突出英雄人物、突出重要的英雄人物"三突出"电影模式的北京观众，由衷喜爱这部影片，观影人数多达300万人次。

11月，为纪念俄国十月革命60周年，《列宁在十月》《列宁在一九一八》《乡村女教师》等10部苏联影片在首都恢复上映。当熟悉的歌声"同志们，勇敢地前进！斗争中百炼成钢！"响起，不少观众感觉似乎回到20世纪50年代。那时，一年一度的苏联电影周，是北京市民难忘的记忆。

12月29日，按照党中央指示，北京各影剧院开始实行新的售票办法。凡是新上映（演）的影片和戏剧，一律公开售票，停止以前内部分配、不零售的做法。[①] 首都观众自主购票观影的生活再次开启。

随着影片的恢复上映和观影需求的不断增长，首都影剧院数量不足的问题日益显现。1978年6月，文化部印发通知，要求利用一切可以利用的场所，增加演映场次。北京市文化局迅速落实，组织有关单位开展调查摸底。7月1日，外交部礼堂、北京电影制片厂实验影剧院、中国戏曲学校排演场等12所内部礼堂或排演场，成为首批对外开放的演出场所。随后，东方红炼油厂俱乐部、煤炭部俱乐部等24所内部场所陆续对外开放。这些场所的开放，为首都增加4.2万多个座位，有力缓解演出场所紧张的局面，进一步促进了电影业的繁荣与发展。

当年，北京先后举办"罗马尼亚电影周""朝鲜民主主义人民共和国电影周""日本电影周""纪念毛主席诞辰85周年电影周"，《橡树，十万火急》《高压线》《望乡》《追捕》《蝶恋花》《红军不怕远征难》等一批中外影片上映。据统计，1978年北京放映电影31万余场，观众2.99亿人次，发行收入首次突破千万元大关。[②] 这种观影热潮持续了五六年。

1979年春节期间，恰逢中共中央副主席、国务院副总理邓小平出访美国。《摩登时代》《未来世界》等5部美国影片在北京上映，这是新中国成立

[①] 《北京各影、剧院一律公开售票》，《人民日报》1977年12月25日第3版。
[②] 北京市文化局、北京市电影公司：《北京市电影发行放映单位史》（下），1996年内部版，第147页。

以来首都观众第一次在"家门口"观看美国故事片。《摩登时代》是美国艺术大师卓别林自编、自导、自演的一部喜剧片,生动讲述了一位名叫查理的工人在资本主义工业化进程中经历的种种辛酸故事。影片深邃的思想内容、精湛的表演艺术及巨大的讽刺效果,给人们留下了深刻印象。《未来世界》是一部科幻片,讲述机器人协助和代替人类劳动后,却被野心勃勃的坏人当作杀人武器和操纵"未来世界"工具的故事,观众无不被影片的惊人想象力所震撼。同时上映的还有法国影片《巴黎圣母院》、英国影片《女英烈传》等。西方国家影片的引进,进一步丰富了首都观众的文化食粮。

9月30日,"庆祝中华人民共和国成立30周年献礼新片展览"在北京开幕。全国共有69部影片分三批次陆续展映。这是"文化大革命"结束后,首次举办的国产新片展览。其中,有北京地区拍摄的故事片《小花》《归心似箭》《怒吼吧!黄河》《泪痕》,戏曲片《铁弓缘》,科教片《古都北京》《中国花鸟画》等24部。

在这批展映的国产影片中,北京电影制片厂摄制的《小花》脱颖而出,成为广受观众喜爱的故事片。影片取材于前涉的长篇小说《桐柏英雄》,导演张铮跳出战争影片创作的窠臼,从亲情的角度切入,讲述了解放战争时期妹妹找哥哥的曲折过程,生动反映了深厚的兄妹情、战友情。唐国强、陈冲、刘晓庆等三位年轻的演员,用出色的表演,赢得了观众的高度认可。电影上映后,观众来信如雪花般飞来。一位驻外使馆工作人员在信中写道:我们终于有了一部可以招待外宾的影片了。李谷一演唱的片中插曲《妹妹找哥泪花流》和《绒花》,也随之广为传唱。《小花》先后获得1979年文化部"优秀影片奖"、第三届大众电影"百花奖"最佳故事片奖、第一届"文汇电影奖"最佳影片奖等荣誉。

八一电影制片厂摄制的故事片《归心似箭》,也获得广泛好评。影片讲述抗日战争时期东北抗联某部连长魏得胜负伤被俘后千方百计返回部队的故事。片中,魏得胜遭遇各种挫折和磨难。面对日寇的严刑毒打甚至是假枪毙,他没有屈服。但当他与一位农村姑娘玉贞相识相爱后,归队的决心却开始动摇。经历一番激烈的思想斗争,魏得胜对革命事业的执着与忠诚占了上风。

电影《小花》剧照

最后，他说服玉贞，毅然走上归队的道路。导演李俊改变常规的叙事方式，把对革命英雄考验重点放在"爱情关"上，获得观众好评。分别饰演魏得胜、玉贞的赵尔康、斯琴高娃，都是第一次登上银幕，他们自然质朴、真挚感人的表演给观众留下难忘印象，后同时获文化部1979年青年优秀创作奖。

北京电影制片厂还陆续将话剧《蔡文姬》《报童》《陈毅出山》《山重水复》，河南越调《诸葛亮吊孝》等摄制成艺术片，满足了更多观众欣赏戏剧的需求。

曲艺演出恢复活力

北京曲艺艺术源远流长。相声、北京琴书、数来宝、山东快书等曲艺，表演简便易行，说唱通俗易懂，形式生动活泼，深受北京市民喜爱。然而，曲艺表演却一度遭到禁止。粉碎"四人帮"后，一度沉寂的曲艺园地，重新活跃起来。

1976 年 12 月，中国人民解放军海军政治部文工团曲艺队常宝华、常贵田创作演出的相声《帽子工厂》，率先在天桥剧场上演。常宝华、常贵田运用大量鲜活事例，通过惟妙惟肖、风趣幽默的表演，对"文化大革命"期间乱扣政治帽子的现象，进行了无情揭露和辛辣讽刺，引起了观众强烈共鸣。

一个月后，为纪念周恩来逝世一周年，北京市曲艺团关学曾演唱北京琴书现代曲目《周总理永远活在我们心间》。该曲由王存立作词，吴长宝、关学曾设计唱腔，生动再现周恩来总理逝世后，北京饭店理发师朱殿臣赴医院为总理遗容理发时流露的真挚情感，歌颂了周总理热爱群众、关心群众，与人民群众心连心的高尚品格。表演时，关学曾借鉴京韵大鼓等曲种说唱圆转自如的技巧，运用各种板式不同节奏的唱法，吸收电影、戏曲的表现手法模拟人物形象，让现场的观众无不潸然泪下。

中国广播艺术说唱团创作的《舞台风雷》和《如此照相》，也对"文化大革命"时期发生的各种怪象做了无情嘲讽。马季、唐杰忠表演的《舞台风雷》，讲述某剧团创作一出反映农村现实生活的地方戏，却被不懂装懂的剧目审查人胡批乱改，最后引起演员们众怒的故事。姜昆、李文华创作演出的《如此照相》，主要展现"文化大革命"期间在照相馆照相处处需呼"革命口号"、人人需用"标准姿势"的不正常现象。

1979 年，中国人民解放军海军政治部文工团曲艺队李洪基首演刘肃创作的山东快书《唐僧行贿》，获得广泛好评。该曲运用借古喻今的手法，讲述唐僧师徒四人为求取真经历经千辛万苦来到西天，却遭掌管经卷的阿难百般刁难、一再索贿的故事。唐僧不得已用紫金钵盂和锦襕袈裟行贿。不料，阿难又得寸进尺，让孙悟空帮他侄女在天宫安排工作。《唐僧行贿》构思新颖，语言诙谐，有力针砭了现实社会中的不正之风。后来，在《曲艺》杂志、中央人民广播电台文艺部举办的全国优秀短篇曲艺作品评奖中，山东快书《唐僧行贿》和相声《帽子工厂》《如此照相》均获一等奖。

同年，还有刘学智、牛群创作的数来宝现代曲目《我的弟弟》。作品讲述对越自卫反击战中，一位刚刚入伍的解放军小战士，在班长的带领和帮助下，从胆怯到无畏，从缺乏经验到有勇有谋，终于不顾个人生死炸掉敌人暗堡，为部队扫清障碍的故事，展示了中国人民解放军战士真实感人的形象。中国人民解放军北京军区战友文工团曲艺队赵建国、张文甫，在全国曲艺优秀节目（南方片）观摩演出中表演这一曲目，获一等奖。此外，姜昆、李文华创作的相声《诗歌与爱情》，马季创作的相声《多层饭店》等，也受到观众追捧。

通俗音乐逐渐流行

音乐是灵魂深处的语言，是最能拨动心弦的艺术形式。随着改革的春风吹开国门，通俗音乐以其简洁朴实的形式，直白传情的语言，贴近生活、贴近时代的特点，再次广为流传，成为一代人难忘的记忆。

1976年11月，党和国家领导人毛泽东、周恩来、朱德逝世后，歌唱家郭兰英怀着深切悼念之情，表演抗日战争时期汪庭有创作的歌曲《绣金匾》。她在唱完"一绣毛主席""二绣总司令"后，将歌词改为"三绣周总理"，情之真，意之切，令现场观众无不动容。次年这首歌被录像发行，成为感动亿万中国人的歌曲。

同年，中国人民解放军海政文工团付林作词、王锡仁作曲的《太阳最红，毛主席最亲》，柯岩作词、施光南作曲的《周总理，你在哪里》等歌曲先后被演唱，广为流传。

1977年，为了创作声乐组曲《祖国四季》之秋季乐章，瞿琮等音乐家前往新疆体验生活。在霍尔果斯的一个边防哨卡，一个名叫哈米提的战士拿出葡萄干让大家品尝，说是他女朋友从家乡寄来的。这个与哨卡战士有关的动人故事给瞿琮留下深刻印象。回到乌鲁木齐后，有人邀请他们去吐鲁番采风。出发前夕，正值瓜果飘香的八月，从未去过吐鲁番的瞿琮突然文思泉涌，一挥而就创作歌曲《吐鲁番的葡萄熟了》。然而，由于歌曲讲述一位维吾尔族姑娘阿娜尔罕与驻守边防哨卡的战士克里木的爱情故事，触及了过去没人敢碰的禁区，两位作曲家拒绝为之谱曲。直到作曲家施光南欣然谱曲，这首歌的创作才最终完成。

1978年，《吐鲁番的葡萄熟了》先后由罗天婵、关牧村演唱，轰动一时。

歌曲构思新颖，格调清新，配上维吾尔族民间音乐和歌舞中常用的手鼓伴奏，具有浓郁的民族风情。歌中描绘的浪漫动人的故事、美妙奇特的风景，和悠扬婉转的旋律水乳交融，令人听后充满对吐鲁番的向往。关牧村收到数以万计的听众来信。其中，一位边防战士写道："听了您唱的歌，我今后要安心服役，守卫阿娜尔罕。"

不久，中国人民解放军海军政治部文工团的马金星、吕远为准备一场轻音乐会，创作歌曲《泉水叮咚响》。"泉水叮咚，泉水叮咚，泉水叮咚响，跳下了山岗，走过了草地，来到我身旁。泉水呀泉水你到哪里去？唱着歌儿，弹着琴弦，流向远方……"这首描写海军战士与女孩间纯洁爱情的歌曲，歌词简洁，节奏欢快，情感真挚，冲破了禁区，经海军政治部文工团卞小贞首唱后，迅速被人们传唱。

1979年春节前夕，中央电视台举办第一届迎新春文艺晚会。中央歌舞团李光羲演唱了韩伟作词、施光南作曲的《祝酒歌》。激情澎湃的演唱，荡气回肠的旋律，让现场和电视机前的观众纷纷举起酒杯，同声唱和："美酒飘香啊歌声飞，朋友啊请你干一杯，请你干一杯，胜利的十月永难忘，杯中洒满幸福泪……"文艺晚会后短短两个月内，中央电视台收到16万封观众来信，要求点播《祝酒歌》。那一年，这首歌几乎成为各个电台、工厂、学校的必播歌曲。次年，在中央人民广播电台举办的群众最喜爱的歌曲评选中，《祝酒歌》一举夺魁。

2月，文化部、中国音乐家协会在北京召开音乐创作座谈会，提出要贯彻落实"双百"方针，按照艺术规律开展音乐创作，更好地为实现四个现代化服务。音乐工作者的创作热情被进一步激发，《大海一样的深情》《再见吧，妈妈》《幸福在哪里》《北大荒抒情》《请允许》《青春啊青春》《洁白的羽毛寄深情》《牡丹之歌》等一批抒发真情实感、歌颂改革开放时代的歌曲在北京问世。

改革开放之初，祖国大地到处充满生机，奋发向上、朝气蓬勃的年轻人成为实现四个现代化的生力军。有感于此，山西大同矿务局文工团张枚同于1979年创作歌词《光荣的八十年代新一辈》，随后发表于《词刊》1980年第

3期。这首词主题新颖、形象鲜明、语言优美、结构严谨、音乐性强,引起了中央歌舞团作曲家谷建芬的注意,并激发了她的创作欲望。谷建芬很快谱完曲,并将歌名改为《年轻的朋友来相会》。

"年轻的朋友们,今天来相会,荡起小船儿,暖风轻轻吹,花儿香鸟儿鸣,春光惹人醉,欢歌笑语绕着彩云飞……"1980年9月23日,中秋之夜,首都体育馆歌声飞扬。中央歌舞团任雁、吴国松以领唱与小合唱的形式,在北京晚报社举办的新星音乐会上,首次公开演唱《年轻的朋友来相会》。这首歌朗朗上口、节奏欢快,给人一种奋发向上的精神力量,引起首都观众热捧,并很快风靡全国,成为最受青年喜爱的歌曲之一。《年轻的朋友来相会》在全国优秀群众歌曲评奖中获奖,并入选联合国教科文组织亚太地区音乐教材。

与《年轻的朋友来相会》同台亮相的歌曲,还有中国人民解放军海军政治部歌舞团苏小明演唱的《军港之夜》。这首歌由马金星作词、刘诗召作曲,将大海的形象描绘得如同画卷一般,配上海南渔歌的旋律,质朴含蓄的演唱风格,让现场观众仿佛看到了广阔无垠的大海、夜色沉静的港湾,留下了难以忘怀的军港形象。

这一时期,北京市民喜爱的文艺节目还有舞蹈《猪八戒背媳妇》《割不断的琴弦》《追鱼》,舞剧《卖火柴的小女孩》《文成公主》,交响乐《离骚》等。文化生活的回归,不仅滋养着人们的精神世界,引领着社会的价值取向,也进一步推动了文艺的恢复与发展。

四、艺术表演团体等文艺单位的恢复

北京是一座戏剧根基深厚的城市,京剧、评剧、昆曲、梆子、话剧、曲剧、木偶戏等剧种在这里蓬勃发展、交相辉映,众多文艺院团应运而生。随着文化部所属艺术院团恢复原有名称与建制,北京市属文艺单位也陆续恢复或重建,为首都文艺繁荣发展奠定了坚实基础。

北京人民艺术剧院恢复名称

北京人民艺术剧院（以下简称北京人艺），始建于1952年6月，是在周恩来等党和国家领导人亲切关怀下创办的一所专业话剧院，由囊括歌剧、话剧、舞蹈、管弦乐、昆曲等多种艺术门类的原北京人民艺术剧院（"老人艺"）话剧队和中央戏剧学院原话剧团组建而成。剧作家曹禺为首任院长，戏剧家焦菊隐任第一副院长兼总导演。1969年8月，北京人艺被更名为北京人民文工团，后又被改称北京话剧团。

1978年4月，中共北京市委决定，恢复北京人艺的名称和建制，曹禺再次出任院长，黎光任党委书记。恢复后，北京人艺立即组建院艺术委员会，重建导演负责制，重申"一切为第一线服务"口号，积极调动演职人员的工作热情与创作激情，一批剧目迅速与首都观众见面。

5月23日，北京人艺排演的话剧《蔡文姬》，时隔19年后再次亮相首都剧场。这部由历史学家、作家郭沫若编剧的历史剧，是北京人艺的优秀保留剧目。观看演出的不少人是前来重温这出戏的老观众，当他们看到原班人马登台亮相时，感觉时间似乎凝固了。朱琳、童超、蓝天野等主要演员虽已年过半百，但他们用精湛的表演艺术，深情演绎了东汉末年滞留匈奴多年的蔡文姬，为完成父亲蔡邕纂修《续汉书》的未竟之业，毅然别夫离子回归中原的故事。现场观众无不受到强烈感染。

为纪念"人民艺术家"老舍诞辰80周年，根据北京市委指示，北京人艺决定于1978年12月开始以原班人马复排老舍创作的话剧《茶馆》。《茶馆》是老舍先生的一部杰出作品，也是北京人艺的保留剧目之一。这个话剧以北京一家茶馆的兴衰为背景，深刻反映从清朝末年、民国初年至北平和平解放前近50年间，北京社会风貌和各阶层人士的生活变迁历史。《茶馆》由焦菊隐、夏淳导演，于是之、郑榕、蓝天野、童超、英若诚、黄宗洛、张瞳、胡宗温、马群等人主演，于1958年3月被搬上舞台，获得广泛好评。

1979年2月，中国文学艺术界联合会和北京市文学艺术界联合会举办老舍先生诞辰80周年纪念会。在纪念演出中，复排的《茶馆》第一幕精彩亮相。3月12日，三幕话剧《茶馆》在首都剧场再度完整亮相。《茶馆》上演后，不仅得到国内各界人士的高度认可，还受到不少国外艺术家的由衷称赞。应曹禺之邀，英国电视导演及制片人詹姆斯·巴特勒和查理·奈恩等人观看了演出，并畅谈观剧感受："在国外，我们不知道中国有这种形式的戏剧，即我们所说的现代戏剧。我们以为中国的舞台艺术只是京剧或杂技，还有一些歌舞。现在才知道，中国不仅有话剧，而且有这样高水平的话剧。""你们的剧本、表演、导演都是一流的，完全不用作任何改动，就照现在这样拿到伦敦、巴黎、纽约去演出，必然引起轰动。"[①] 当年，《茶馆》在北京共演出100多场，场场爆满。这一现象甚至引起太平洋彼岸美国《纽约时报》的关注和报道。他们以《中国舞台变化的标志》为题，强调该剧的突出特点是"没有过去十年的电影和戏剧所特有的政治语言。对话是通俗的，幽默的，挖苦的，尖刻的"[②]。次年9月，《茶馆》剧组应邀前往西德、法国和瑞士演出，开创了中国话剧走上世界舞台的先河，被西方戏剧界誉为"东方舞台的奇迹"。

《蔡文姬》《茶馆》的复演成功，激励着北京人艺恢复更多的优秀剧目。1979年5月4日，为纪念五四运动60周年，北京人艺复排的《雷雨》在首都剧场公演。这部由曹禺创作于1933年的话剧，以2个家庭、8个人物、30年的恩怨为主线，描写了一个带有浓厚封建色彩的资产阶级家庭的悲剧。剧中，苏民饰演周萍，谢延宁饰演繁漪，胡宗温饰演四凤。两个主演的年龄加起来超过百岁，比角色设定的年龄大了很多，但他们努力领会剧本的原意，注重表现人物的真情实感，展示错综复杂的人物关系，表演艺术水平可圈可点。

1980年3月，北京人艺恢复上演话剧《骆驼祥子》。这是梅阡根据老舍的同名小说改编而成的。剧中描写旧中国北京城人力车夫祥子与命运抗争的故事。为饰演好祥子这一沉默寡言的角色，李翔反复揣摩老舍给他取外号"骆驼"的用意，通过变换舞台动作和声调语速，生动刻画出其温顺、善良、

---

① 北京人民艺术剧院大事记编辑组编：《北京人民艺术剧院大事记》，1994年11月内部版。
② 《美〈纽约时报〉文章：〈中国舞台变化的标志〉》，《参考消息》1979年10月30日第4版。

坚韧、顽强的性格。饰演祥子妻子虎妞的李婉芬，从小生活在北京西城，她用一口流利的老北京话和独特的肢体动作，将虎妞粗野、泼辣、精干、彪悍的性格展现得淋漓尽致。重排的《骆驼祥子》不仅受到首都市民的好评，还得到在京外国专家的追捧。他们争相观看这部戏，认为这部戏深刻反映了生活在旧中国的社会底层的人民的悲惨生活，使人们理解中国为什么会走上革命的道路。①

在恢复名称后的两年多时间里，北京人艺还创排《老师啊，老师》《王昭君》《三月雪》《救救她》《为了幸福，干杯》《左邻右舍》等新剧目，复排《女店员》《名优之死》《三块钱国币》《伊索》等经典剧目，首演《公正舆论》《请君入瓮》等国外剧目。北京人艺的恢复，为其后来发展成为闻名中外的国家级艺术殿堂奠定了基础，也有力促进了首都话剧艺术的繁荣兴盛。

北京京剧院组建

北京是京剧艺术的发祥地，众多流派在这里生生不息、绽放异彩。新中国成立后，北京市逐渐形成两大实力雄厚的京剧团，一个是由马连良、谭富英、张君秋、裘盛戎、赵燕侠等名角组成的北京京剧团，一个是由梅兰芳、尚小云、程砚秋、荀慧生领衔的四大京剧流派会合而成的北京市京剧团。

为进一步整合京剧表演力量，1979年3月，经中共北京市委批准，北京京剧团和北京市京剧团合并组建北京京剧院，张梦庚为首任院长兼党委书记。为迎接这一喜讯，北京京剧院连续10天举行建院公演。《望江亭》《龙凤呈祥》《穆桂英挂帅》《白蛇传》等26个剧目，陆续在北京市工人俱乐部和广和剧场上演。

《望江亭》取材于元代关汉卿杂剧《望江亭中秋切鲙旦》，由剧作家王雁根据川剧《谭记儿》改编而成，北京京剧团1956年首演。剧中，丧偶的谭记儿为躲避杨衙内纠缠，隐居清安观，与潭州太守白士中相识并成亲。杨衙内

---

① 《外国朋友争看〈骆驼祥子〉》，《人民戏剧》1980年第5期。

欲加害白士中并强占谭记儿,不料反被谭记儿以计制服。年近花甲且停演10多年的张君秋,再次饰演剧中女主角谭记儿。演出前,不少观众担心他能否顺利出演。当他们看到身姿优美的张君秋登台亮相后,心中的疑虑一扫而光。张君秋不仅保持着优雅的风韵,而且唱腔不枝不蔓、不温不火、清新入耳,表演艺术更是炉火纯青。北京京剧院复排的这批优秀剧目,让首都戏迷过足了瘾。

建院后不久,京剧院组织了隆重的集体拜师会,青年演员纷纷拜师名家。杨淑蕊、关静兰拜师张君秋;阎桂祥拜师赵燕侠;裴伟如、韩增祥拜师李万春;罗长德拜师袁世海;李世英拜师吴素秋;李冬梅、张梅林、刘秀琴拜师李慧芳;赵葆秀拜师何盛清、李金泉;赵世璞拜师于世文。京剧师承代代相袭的优秀传统得到恢复,青年演员得以迅速成长。

7月30日,北京京剧院创排的新编历史剧《三打陶三春》在东风剧场上演。这部由剧作家吴祖光创作的剧本,经导演迟金声、周凯改编后,剧情更加浅显易懂。王玉珍饰演的陶三春是五代时期一个性格豪爽、武艺高强的卖瓜女。罗长德饰演的郑恩与陶三春相识并定亲时是流落江湖的好汉。郑恩因战功被封为北平王后,领旨与陶三春完婚。为挫陶三春的锐气使其服从管束,郑恩在好友南平王赵匡胤的怂恿下,用计"三打"进京途中的陶三春。不料,陶三春却制服对手,识破计谋。最后,郑恩诚恳赔礼道歉,夫妻两人和好。《三打陶三春》动作活泼优美,言语妙趣横生,令人赏心悦目,半年内在北京演出100多场,场场满座。后来,该剧被长春电影制片厂拍成戏曲艺术片电影,风靡全国。

北京京剧院还创排新编历史剧《司马迁》等剧目。《司马迁》由郭启宏编剧、王一达导演、陆松龄作曲,赵世璞、刘建元、王树芳等主演。剧中,司马迁因李陵兵败事件触犯了汉武帝,于是获罪下狱,被处以宫刑。后来,司马迁为了未竟的事业,忍辱负重,发愤著书,终于完成伟大的历史巨著《史记》。

1980年8月,北京京剧院派出以赵燕侠、李元春为领衔主演的京剧艺术代表团赴美国商演。代表团出访3个月、演出83场戏,观众25万人次,创收25万美元。《碧波仙子》《拾玉镯》等经典文武折子戏，倾倒众多国外观众，被誉为改革开放后北京京剧艺术走向世界的"春风第一枝"。

北京京剧院的组建，整合了北京市京剧艺术资源，继承发扬了梅、程、尚、荀、马、谭、裘等京剧流派艺术，成长为首都文艺大军中的一支劲旅，为京剧艺术的复兴和繁荣做出了重要贡献。

北方昆曲剧院恢复建制

昆曲是一种拥有600多年历史的古老剧种，被誉为"百戏之母"。北京是昆曲在北方传播与发展的中心。新中国成立后，在毛泽东、周恩来等党和国家领导人的直接关怀下，北方昆曲剧院于1957年6月22日正式建院。周恩来亲笔签名任命昆曲著名表演艺术家韩世昌为首任院长。1958年，北方昆曲剧院的隶属关系由文化部划转至北京市。几年后，北方昆曲剧院创排昆曲《李慧娘》，受到首都观众和文艺界的广泛好评。这部由孟超改编自明代周朝俊的昆曲传统剧目《红梅记》的戏，主要讲述南宋末年，歌姬李慧娘因敬慕太学生裴舜卿而被奸相贾似道处死，在明镜判官的帮助下，她的冤魂回到贾府救出裴舜卿而吓到贾似道的故事。后来，这部戏却被诬为"反党反社会主义的大毒草"，受到批判。1966年3月，北方昆曲剧院被撤销建制，仅有部分演员被调至北京市京剧团，改行表演京剧。

党的十一届三中全会召开后，原北方昆曲剧院演职人员纷纷要求落实政策，恢复北方昆曲剧院建制。不久，北京市京剧团在内部设立昆曲小分队，由原北方昆曲剧院的演职人员组成。昆曲小分队想方设法邀请分散各地的原北方昆曲剧院演职人员回京，并抓紧时间复排传统折子戏，争取昆曲剧院早日恢复。

1979年4月，经文化部和北京市委批准，北方昆曲剧院正式恢复建制，郝成任院长。北方昆曲剧院将《李慧娘》作为复排的第一部大戏。5月2日，昆曲《李慧娘》在东风剧场再次公演。剧中，李淑君饰演李慧娘，丛兆桓饰演裴舜卿，周万江饰演贾似道。这部令剧院遭受灭顶之灾，牵连上百人的优秀剧目终于重见天日，长期蒙受冤屈的昆曲艺术家们也得以平反昭雪。

《李慧娘》剧照

几天后，北方昆曲剧院又在东风剧场复演《林冲夜奔》《下山》《金山寺》《三岔口》《断桥》《千里送京娘》等昆曲传统折子戏。北方昆曲的集中演出，在首都引起轰动效应，让社会上流传的"北昆已经无传人"的说法不攻自破。

11月，北方昆曲剧院上演复院后创排的第一个新编大型古装戏《春江琴魂》。这部戏取材于古典小说《聊斋》中宦娘的悲剧故事，由石湾、谭志湘根据电影文学剧本《宦娘曲》改编而成，导演是周仲春，洪雪飞饰演宦娘，马玉森饰演温如春。全剧共分8场，以琴贯穿始终。剧中，大家闺秀宦娘酷爱音乐，自幼习琴。她不顾父亲葛员外的阻挠，执意拜书生温如春为琴师，并与其结为知音。然而，葛员外却摔琴逐人，强令宦娘嫁与他人。不从父命的宦娘被囚在闺房，因思念过度，她怀抱碎琴，呕血而亡。一年后，宦娘魂灵化作春江上的习琴仙子，随温如春遨游名山大川，终于得到天下最美的乐曲。全剧音乐优美动听，场面富有诗情画意，保持和发挥了昆曲典雅、优美的艺术特色，在1980年度北京市剧目调演中荣获二等奖。

1980年，北方昆曲剧院创排《血溅美人图》。该戏取材于京剧《甲申英烈》，被北方昆曲剧院改写成8场昆剧《红娘子后传》，排练后更名为《血溅美人图》。马祥麟和丛兆桓导演，李淑君饰演红娘子，白士林饰演李岩，蔡瑶铣饰演陈圆圆，侯少奎饰演李自成。剧中，明代崇祯十七年（公元1644年），闯王李自成攻进北京城。此时，清兵压境，将军李岩提出"抚吴抗清"之策，亲笔在吴三桂宠妾陈圆圆的自画像《美人图》上题诗，并派爱妻红娘子护送陈圆圆前往山海关。丞相牛金星嫉贤妒能，刻意破坏。他派人暗杀信使，劫走《美人图》，追击红娘子，挑唆李自成怀疑李岩和红娘子，下谕截回陈圆圆，致使在山海关拥兵自重的吴三桂引清兵入关，直逼京城。李自成在败逃路上再次轻信牛金星等人的谗言，冤杀李岩。极度悲痛中的红娘子，最后为保护闯王旗号，与清兵战斗到底，不幸中箭身亡，一腔热血溅在《美人图》上。

1981年，为纪念辛亥革命70周年，北方昆曲剧院创排新编历史剧《共和之剑》。编剧丛兆桓、陈婉容、张虹君，作曲陆放。剧中，丛兆桓饰演蔡锷，洪雪飞饰演小凤仙，贺永祥饰演袁世凯，讲述民国初年以蔡锷将军为代表的爱国志士，为拯救祖国人民，在侠妓小凤仙的掩护下，领导震惊中外的护国起义，与复辟独裁的袁世凯进行坚决斗争，最终推翻洪宪帝制，在共和旗帜下献出年轻生命的故事。

北方昆曲剧院还改编重排《西厢记》《牡丹亭》《长生殿》等经典剧目，创排《孙悟空大闹芭蕉洞》等，培养了一批青年昆曲传承人。北方昆曲剧院的恢复，让一度濒临失传的北方昆曲获得了新的生机。

从1978年至1980年，中国杂技团、中国评剧院、中国木偶艺术剧团、北京杂技团等陆续恢复名称；北京市曲艺团改称北京市曲艺曲剧团、北京青年河北梆子剧团改称北京市河北梆子剧团；北京实验京剧团、北京市文工团、北京市戏曲研究所、北京市文化艺术干部学校等恢复建制。北京市大批文艺单位的恢复和重建，为首都汇聚文艺人才、开展文艺创作、成为文艺百花园，创造了前提和基础。

第七章

文艺百花初放

十一届三中全会前后,在文艺事业恢复和初步发展的基础上,1979年10月,邓小平代表党中央在中国文学艺术工作者第四次代表大会上发表祝词,提出"围绕着实现四个现代化的共同目标,文艺的路子要越走越宽,在正确的创作思想的指导下,文艺题材和表现手法要日益丰富多彩,敢于创新"[①]。次年6月,北京市第四次文代会召开,强调既要按艺术规律办事,又要按经济规律办事,贯彻执行"双百"方针,为文艺事业发展创造宽松的氛围。首都文艺界积极探索文化艺术管理体制改革,作家、艺术家们活力迸发,在创作方法、题材、样式、风格等方面日益呈现出多元化趋势,推出了一大批优秀作品,首都文艺事业迎来了百花齐放的春天。

一、北京市第四次文代会召开

随着党的文艺政策的逐步调整,文艺事业的初步发展,北京市加快了文艺团体的恢复与筹备工作,为北京市第四次文学艺术工作者代表大会(简称文代会)的胜利召开创造了条件。

[①] 邓小平:《在中国文学艺术工作者第四次代表大会上的祝词》(1979年10月30日),《邓小平文选》第二卷,人民出版社1994年版,第211页。

市文联的恢复与会议筹备

北京市文学艺术界联合会,简称市文联,前身为 1950 年 5 月召开的北京市第一次文代会选举产生的北京市文学艺术工作者联合会。北京市文联是团结凝聚广大文艺工作者的人民团体,是北京市委、市政府联系文艺界的桥梁和纽带,在新中国成立后 17 年为繁荣发展首都文艺事业发挥了重要作用。然而"文化大革命"时期,北京文艺界遭受严重摧残,市文联也被迫停止工作。

1978 年 3 月,为加快落实党的干部政策和知识分子政策,中共北京市委对文化出版部和北京市文化局的领导班子先后进行调整和充实。一些熟悉文化工作、懂得党的政策的干部,重新回到文化系统的领导岗位。5 月,经中共北京市委批准,北京市文化局成立以中国作家协会北京分会筹备委员会副主席雷加为组长的北京市恢复文联筹备小组,开始文艺团体的恢复筹备工作。

5 月 27 日至 6 月 5 日,中国文联第三届全国委员会第三次扩大会议在北京西苑饭店召开。会议宣布:"中国文学艺术界联合会、中国作家协会、中国戏剧家协会、中国音乐家协会、中国电影工作者协会和中国舞蹈工作者协会正式恢复工作。"会议决定,在次年适当的时候,"召开中国文学艺术工作者第四次全国代表大会,总结建国以来文艺战线正反两个方面的丰富经验,讨论新时期文艺工作的任务和计划,修改文联和各协会章程,选举文联和各协会新的领导机构"。这次会议的召开,标志着被解散的文联和各文艺团体开始名正言顺地获得新生。

为贯彻落实中国文联第三届全国委员会第三次扩大会议精神,9 月 15 日至 21 日,北京市文联第三届理事会第二次扩大会议在北京工人体育场召开。这是粉碎"四人帮"后,北京市文艺界召开的第一次大会。会议宣布北京市文联正式恢复工作,并责成其筹备北京市第四次文代会。中国作协、剧协、美协北京分会筹委会的工作也同时恢复,并成立音乐和舞蹈、曲艺和杂技、摄影三个协会分会筹备工作小组。会议决定,在中国文学艺术工作者第四次代表大会召开后举办北京市第四次文代会。

1979 年 10 月 30 日至 11 月 16 日,中国文学艺术工作者第四次代表大会在北京召开。会议总结了新中国成立30年来文艺工作的基本经验，探讨了新时期繁荣社会主义文艺事业、为社会主义现代化建设服务的问题。邓小平代表中共中央、国务院在会上致祝词。他高度评价30年来我国文艺战线所取得的成就，指出要继续坚持毛泽东同志提出的文艺为最广大的人民群众，首先为工农兵服务的方向，坚持"百花齐放、推陈出新、洋为中用、古为今用"的方针，在艺术创作上提倡不同形式和风格的自由发展，在艺术理论上提倡不同观点和学派的自由讨论。他强调，党对文艺工作的领导，不是发号施令，不是要求文学艺术从属于临时的、具体的、直接的政治任务，而是根据文学艺术的特征和发展规律，帮助文艺工作者获得条件来不断繁荣文学艺术事业，创作出无愧于我国伟大人民、伟大时代的优秀文学艺术作品和表演艺术成果。①

为进一步推动文艺事业的繁荣发展，1980年1月，邓小平在中共中央召集的干部会议上，阐述了文艺与政治、坚持"双百"方针与坚持四项基本原则、维护安定团结的关系问题，强调坚持安定团结，坚持四项基本原则，同坚持"双百"方针是完全一致的。在邓小平讲话精神指导下，"为人民服务、为社会主义服务"的"二为"方向，"百花齐放、百家争鸣"的"双百"方针，逐渐成为社会主义新时期党领导文艺工作的基本遵循。随后，北京市第四次文代会的筹备工作加速推进。

北京市第四次文代会召开

1980年6月24日至30日，北京市文学艺术工作者第四次代表大会在北京市政府第四招待所召开。出席会议的代表共计652人，是历次北京市文代会中人数最多的一次。会议聚集文学、戏剧、美术、音乐、舞蹈、曲艺、杂技、摄影等各门类艺术家代表，既有饱经风霜、业绩显著的文坛老将，又有初露锋芒、朝气蓬勃的后起之秀，还有肩负重担、辛勤操劳的艺术教育工作者、文艺编辑和文艺组织工作者。

---

① 邓小平：《在中国文学艺术工作者第四次代表大会上的祝词》（1979年10月30日），《邓小平文选》第二卷，人民出版社1994年版，第213页。

中共北京市委高度重视这次会议，市委第一书记、市长林乎加代表市委、市人民政府向大会致祝词，贾庭三、毛联珏、刘导生、范瑾等市领导出席开幕式。中央宣传部副部长、中国文联主席周扬到会并发表重要讲话，贺敬之、周巍峙、吴作人、陶钝、陈荒煤等中宣部、文化部、中国文联及各协会的领导人应邀参加。北京市文联副主席曹禺主持开幕式并致开幕词，北京市文联副主席杨沫致闭幕词。

林乎加指出："我们已经进入一个新的历史时期。同心同德实现四个现代化，是今后一个相当长时期内的中心任务。我们的文艺应当反映人民向社会主义现代化进军的伟大斗争，反映我国广阔的现实和丰富的历史，帮助人民认识和克服前进道路上的困难和障碍，鼓舞他们的斗志和信心。"[1] 他强调，要发扬艺术民主，认真抓好文艺队伍建设，为文艺工作者创作提供必要的条件，重视和加强对文艺工作的领导，要通过这次会议，团结一切可以团结的文艺工作者，发挥他们的才能和智慧，推进各类文学艺术创作和评论的发展和繁荣，同心同德为实现四个现代化的总目标，实现中央书记处关于北京市工作方针的四项指示而奋斗。

曹禺致开幕词，他肯定了新中国成立以来北京市文艺战线取得的成绩。他认为："三十年来，北京市文艺战线和其他各条战线一样，取得了显著成绩。我们以辛勤的劳动，向人民提供了优异的精神食粮，在鼓舞人民同心同德地进行社会主义革命和建设中，作出了自己的贡献。特别是粉碎'四人帮'以来，我们砸烂了精神枷锁，批判了极左路线，长期被压抑的革命激情和创作才智，像火山一样爆发出来，仅仅三年多的时间，我们北京市文艺园地就出现了万紫千红的繁荣景象。"[2]

会议学习传达中共中央有关文艺工作的指示精神和全国第四次文代会精神，讨论通过北京市委宣传部副部长、市文联副主席赵鼎新做的题为《团结

---

[1] 林乎加：《在北京市文学艺术工作者第四次代表大会开幕式上的讲话》，《北京市文学艺术界联合会50年》2000年内部版，第118页。

[2] 曹禺：《北京市文学艺术工作者第四次代表大会开幕词》，《北京市文学艺术界联合会50年》2000年内部版，第117页。

起来，建设繁荣的社会主义文艺》的报告，进一步明确了新的历史时期党的文艺路线方针政策。

分组讨论时，代表们解放思想，畅所欲言，对北京市文艺工作提出许多宝贵的建设性意见。戏剧界的代表们热烈讨论戏曲推陈出新问题。北京京剧院四团团长杨毓珉提出，京剧是一个古老的剧种，是一个丰富的艺术宝库，但有的传统戏情节简单、人物不鲜明、节奏缓慢、唱词不通俗。这些戏如果原封不动地上演，就不能适应观众的要求。改革是唯一的出路。京剧改革不能停留于一般号召，必须下气力抓，要有具体措施，从编剧、导演、音乐设计等逐一加以解决。京剧演员马长礼认为，我们不仅要批判继承，更要创新发展，我们既不能当"败家子"，也不能做"守财奴"。只要勇于改革、认真实践，不断探索，北京的京剧改革是可以走在全国前列的。[①]

文学界的代表们认为，文艺表现新的时代，新的生活，需要勇于创新的精神，要探索新的表现手法。林斤澜、苏叔阳等人谈道，目前有的文学作品在这方面做了尝试，是值得欢迎的。这些尝试有的成功，有的则可能会失败，我们要从中总结经验和教训，但对于尝试本身不应该否定，而应该鼓励。王蒙现身说法，介绍了自己新创作的几篇短篇小说在写作方法方面的探索与尝试。如《悠悠寸草心》是用传统的写法，《说客盈门》是用幽默、讽刺、夸张，甚至带几分怪诞的写法，《风筝飘带》采用了多线条、跳动的写法，《春之声》则更多地写人物一瞬间的内心活动。他认为，生活在前进，"四化"在发展，表现这种生活的文艺样式越多、表现手法越丰富越好。[②]

会议期间，中国作家协会北京分会召开第一次代表大会，选举阮章竞为主席。中国戏剧家协会北京分会召开第一次会员代表大会，选举曹禺为主席。中国美术家协会北京分会、北京市音乐舞蹈家协会、北京市曲艺杂技家协会、北京市摄影家协会等下属社团也分别召开第一次代表大会，通过各协会章程，选举产生各协会第一届理事会理事及领导。

[①][②] 《做文艺领域里的开拓者——北京市第四次文代会侧记》，《北京日报》1980年7月2日第3版。

6月30日，会议一致通过《北京市文学艺术工作者第四次代表大会决议》《北京市文学艺术界联合会章程》，选举产生北京市文学艺术界联合会第四届理事会主席、副主席、常务理事、理事。曹禺当选北京市文联第四届理事会主席。

致闭幕词时，杨沫强调文艺创作应积极为四个现代化服务。她认为："一个人民作家、艺术家的职责，不仅是干预生活，而且应当推动生活；不应冷漠地做一个生活的旁观者，而应当热情地投入建设祖国的伟大洪流中去，同一切阻碍四化的思想和行为作不调和的斗争，帮助党和人民扫清四化中的种种障碍，推动生活不断前进。"

会议号召全市文艺工作者，认真贯彻"文艺为人民服务、为社会主义服务"方向，和"百花齐放、百家争鸣"方针，用实际行动积极贯彻落实中央书记处关于北京市工作方针的四项指标，努力创作出一批具有全国第一流水平的文艺作品，努力培养出一批有着全国第一流水平的作家、艺术家，努力把北京市的一批文艺单位建设成为具有全国第一流水平的文艺团体，为建设高度文明的现代化的首都做出自己的贡献。

北京市第四次文代会的召开，为首都文艺工作继续走在全国前列发出了动员令。首都文艺工作者不断从"左"的思想束缚中解放出来，大胆突破创作"禁区"，在创作方法、题材体裁、样式风格等方面日益呈现多元化的趋势，推出一大批优秀作品，首都文艺迎来春色满园。

二、文化艺术领域的改革探索

改革开放前后，随着各领域改革的展开，文化体制改革提上日程。改革的大方向是把"按艺术规律办事和按经济规律办事二者统一起来"，努力适应人民群众对文化生活日益增长的多方面的需要。作为全国文化中心，北京市文化艺术机构较多，文艺人才聚集，较早在出版发行体制、艺术表演院团管理体制及作家管理体制等领域开始了改革探索。

教育科技文艺恢复与发展

出版发行领域的改革探索

1978年2月23日，对于春寒料峭的北京城而言，是再普通不过的一天。但在北京图书发展史上，却是一个特别的日子。这一天，北京城内的各个新华书店，同时发行人民文学出版社出版的《家》《一千零一夜》《希腊神话与传说》《哈姆雷特》。听到这个消息的市民，早早就跑到书店门口排起长龙。前门大街新华书店门前也挤满读者，开门的瞬间读者蜂拥而入，原来排好的队伍大乱。面对热情高涨、挤成一团的读者，书店只好请警察和工人、民兵帮忙维持秩序。而位于王府井的新华书店还没开门，门口就排了1000多人，9点多钟，开门不到一小时，1400多本《一千零一夜》瞬间售罄。不到一天，这四种图书销售一空，没买到书的读者徘徊在门口，央求书店增加供应。

不久，又有35种中外名著投放市场，再次掀起京城购书狂潮，曾经门庭冷落的书店一下子成为人头攒动的繁荣市场。全市数十家新华书店、中国书店被挤得水泄不通，购书的读者摩肩接踵，书店工作人员忙得应接不暇……刚从"文化大革命"中走出来的京城民众似乎忽然间意识到了知识的重要性，为了摆脱窘迫的现状和解开思想上的困惑去读书，成为很多人的阅读动力，这种文化需求带来的阅读热潮带火了京城书市。

但现实情况却是，人们遭遇到了"买书难"的问题。"文化大革命"期间，在"四人帮"炮制的"文艺黑线专政"论的指导下，新中国成立以来出版的大量书籍被诬为"毒草"，几乎统统被封存，甚至被销毁。大量中外名著难逃厄运，甚至连社会科学、科技方面的书籍也被扫得所剩无几，造成严重的"书荒"。[1] 这年3月，国家出版局召集北京、上海、天津等12个省市出版局（社）和人民文学出版社等单位开会，商议如何解决"书荒"问题。

这次会议要求相关部门大力组织出版发行新书。但事实上，北京的图书

---

[1] 北京重型机器制造厂文学创作组：《"书荒"制造者的行径》，《北京日报》1978年1月22日第3版。

创作、编辑、出版、发行体系积弊已久，应付起来捉襟见肘、力不从心。受"文化大革命"影响，很多专家、学者、作家靠边站，出版社数量有限，编辑队伍严重不足，图书的创作、编辑和出版能力极为有限。更重要的是，由于受旧体制束缚，当时的图书发行体制存在很多弊端，既无法调动出版社的积极性，又制约了书店的活力。

新中国成立后，国家对出版业实行专业化分工管理，即出版、印刷、发行三个环节分别由出版社、印刷厂、发行企业各自独立承担。出版单位不得发行印刷，发行单位不得从事编辑出版，发行单位与出版社之间实行征订包销，这一体制延续了将近30年。1978年底，北京只有新华书店、外文书店和中国书店3家国有发行企业，发行网点不到200家，其中外文书店和中国书店是专业书店，一般出版单位的发行主要通过新华书店的征订包销来实现。这种体制对于集中力量搞好编辑出版、加强发行工作的计划性，曾发挥过应有的作用。但由于发行工作统得过死，流通渠道太少，购销形式单一，经常出现书籍脱销或积压问题，给群众买书带来很大不便。①

"书荒"问题产生的另一个重要原因是缺纸。当时，我国的纸张储备有限，新闻出版用纸需要提前计划、生产，再审批、调配。这一时期，图书需求缺口越来越大，纸张供给量只能按实际需要的20%—30%供应。1979年，全国出版机构申报的用纸计划为60万吨，但当年国家计划会议确定的纸张生产计划量只有47.4万吨，而且能否如期生产出来还是未知数。② 为此，国家有关部门专门调拨1亿美元外汇用于进口纸浆和纸张。1977年进口纸张5万吨，1978年为9万吨，在1979年这一数字变为22万吨。③

为了解决这些问题，国家出版局曾几次召开全国图书出版发行工作座谈会，并将1978年定为全国新华书店整顿年。1978年2月，北京市委决定将北

---

① 《文化部召开座谈会，提出初步改革措施：改革图书发行体制，解决群众"买书难"》，《北京日报》1982年6月19日第4版。
② 当代北京编辑部编，马建农著：《当代北京阅读史话》，当代中国出版社2010年版，第124—125页。
③ 当代北京编辑部编，马建农著：《当代北京阅读史话》，当代中国出版社2010年版，第128页。

京市出版办公室改为北京市出版事业管理局,统筹规划、管理和服务全市的出版事业。在北京市出版事业管理局的领导下,科学普及出版社、北京出版社、石油工业出版社、中国电影出版社、世界知识出版社、法律出版社等一批出版机构得到恢复或者重建,一大批离队多年的老编辑、老出版人陆续回到本职岗位。新建的一批出版社也如雨后春笋般涌现,仅1977年到1979年,北京地区就有数十家出版社应运而生。今天依然活跃在出版界的中国书店出版社、北京科学技术出版社、北京燕山出版社等北京市属出版社都是在这一时期成立的。

京城各图书销售网点也主动出击,想方设法增加图书供应,满足读者需求。大兴县供销社加强农村图书发行工作,1981年4月到8月,全县农村供销社增加书架、书柜27个,扩大了图书销售种类;各个供销社的售书点改变了过去单靠新华书店送书的办法,采取书店送书与供销社取书相结合的新办法,及时选购与补充农村需要的图书,二季度图书销售额达2.5万元,比上年同期增加0.93万元,增长60%。[①]

针对发行环节的问题,1982年6月文化部组织召开了全国图书发行体制改革座谈会,就图书发行体制实行初步改革,提出具体措施和办法。会议要求组成一个以国营新华书店为主体,具有多种经济成分、多条流通渠道、多种购销形式以及较少流转环节的图书发行网,最大限度满足读者需要。[②] 多种经济成分就是允许集体经济和私营经济成分参与图书零售发行;多条流通渠道主要是支持出版社自办发行,打破了新华书店对图书发行权特别是批发权的垄断;适当改变征订包销的购销形式,改包销为寄销,初版书分配试销,重印书征订包销,一定程度上把图书的印数权、总发行权从新华书店收回到出版社。

根据全国图书发行体制改革会议精神,1982年11月24日,北京市新华

[①]《为社员提供更多精神食粮 大兴供销社做好农村图书发行工作》,《北京日报》1981年8月10日第2版。

[②]《文化部召开座谈会,提出初步改革措施:改革图书发行体制,解决群众"买书难"》,《北京日报》1982年6月19日第4版。

书店制定了《关于图书体制改革的实施方案》，对改革购销形式、支持出版社自办发行、积极发展集体书店、适当发展个体书店、大力开展批发书店、充分发挥新华书店主渠道作用做出具体规定。中国建筑工业出版社较早开始了发行体制改革探索，自办部分图书发行，并积极开展邮购服务，与7个城市的书店建立了特约经销关系，被读者赞为"雪中送炭"的创举。

1983年以后，北京市掀起了出版社自办发行和集体、个体创办书店的热潮，短时间内成立了近百家读者服务部和大量集体、个体书店（摊）、报刊摊，搞活了发行市场。到1983年，北京的图书发行网点增加到594处，包括国有网点240处、集体网点146处、集体书店11个、代销点79个、个体书店118个，销售总额超1亿元。[1] 同时，政府采取优惠政策，鼓励兴建大型图书发行网点，京城大小书店的备书品种日益增多，出现一片繁荣兴旺景象，"书荒"问题基本解决，为进一步深化出版发行体制改革打下了良好的基础。

艺术表演院团的"承包经营制"改革

"我们吃着国家的巨额补差，结果连个阵地也没有，到处拜四方，很多人才窝着，有用之人想调离，无用之人死赖着。国家给的50万元全花在人头上。业务上没钱开支，连买道具箱的钱都没有。彩衣、天幕又脏又旧。团内机关庞大，干部堆积，队里又缺懂业务的干部。现在是靠消极应付混日子，这样下去中国杂技团非散了不可。"[2]

这是改革开放初期中国杂技团[3]的基本状况，也是当时众多艺术表演院团的缩影。随着改革开放的推进，在"文化大革命"结束初期表演艺术的短

---

[1] 当代北京编辑部编，金贝伦著：《当代北京出版史话》，当代中国出版社2013年版，第83—84页。

[2] 北京市文化局1980年《学习全国第四次文代会精神的情况简报（三）——开展文艺和政治关系的讨论》，北京市档案馆馆藏，档案号164-003-00180-00103，00105。

[3] 中国杂技团组建于1953年3月9日，由中华杂技团、中国人民杂技团及中国戏曲研究院杂技队三个单位联合组成。该团最初隶属文化部，1958年将管理权下放给北京市文化局。

暂复苏与繁荣后,又出现了新的问题。一方面,伴随着拨乱反正政策的落实,人员回归造成艺术表演院团人员剧增,国家财政体系难以完全支撑供养;另一方面,文艺行政管理体系的弊病越发明显,出现机构臃肿、权责不清、平均主义、激励缺位等问题,日渐难以为继。

尤其重要的是,演艺人员的劳动成果与薪酬收入不匹配,造成优秀人才转行与流失。正如有的演职人员所言:"剧本缺少发表园地,上演税制未明确恢复,因此有些剧作者改行去写小说。青年演员的工资太低,能演主角、挑'大轴'的青年业务尖子,每月工资只有四五十元,而剧团的临时木工,每月可收入70多元,有的青年演员感叹:'还不如去拉大锯。'"①

为了解决这些问题,1979年7月,文化部决定在直属艺术表演单位实行考核制度,这是新中国成立以来的第一次。通过考核制度的建立,改革管理体制,旨在贯彻执行各尽所能、按劳分配原则,促进文艺单位和管理部门按艺术规律和经济规律办事,从思想和制度上克服官僚主义、平均主义。

根据文化部的要求,北京市进一步规范全市文化系统各单位的管理。严控人员调入,调整冗员,建立岗位责任制,以"各尽所能,按劳分配"原则进行奖励,提高工作效率,逐步解决机构臃肿、人浮于事的问题。同时,要求北京市文化局所属各院团,把"按艺术规律办事"和"按经济规律办事"统一起来。在经营管理中,减少国家负担,增加国家收入,兼顾并提高国家、集体、个人三方面的经济利益。在经费差额补助的事业单位,实施"六定""两奖"制度。"六定"即定演出场次,定演出收入,定支出总额,定补贴金额,定新创作剧目和定农村工矿演出指标;"两奖"即超额奖和节约奖。在企业单位试行利润超额留成奖励办法,在没有收入的事业单位试行经费包干、节约奖励办法。②

1980年2月,全国文化厅局长会议召开,会议提出要"坚决地有步骤地

---

① 《北京市文化局办公室关于北京市文艺界当前主要思想动态的调查报告》,北京市档案馆馆藏,档案号164-003-00182-00001,00003。
② 《北京市文化局关于下发"北京市文化局1980年工作要点"(修订稿)的通知》,北京市档案馆馆藏,档案号164-003-00177-00001,00002。

改革文化事业体制，改革经营管理制度"，以促进创作繁荣，提高文艺工作质量。[①] 在此背景下，以著名京剧表演艺术家赵燕侠承包北京京剧院一团一队为开端，北京市开始了剧团内部的经营承包制改革。

北京京剧院一团一队试行经济"大包干"，图为赵燕侠团长指导青年演员化装。

北京京剧院成立于1979年2月，该院阵容强大，流派纷呈，共有演职员700多人，主要依靠国家补贴维持运营。1980年4月，经北京市文化局批准，剧院决定在一团一队进行经营管理体制改革试点，将其承包给荀派弟子、著名京剧旦角表演艺术家赵燕侠经营管理。改革过程中，试点队的全民所有制性质不变，队员的政治待遇、福利待遇（如医疗、退休等）与国家职工相同。经营管理上，按照对国家、集体、个人三方有利的原则，实行"补贴大包干"和"基薪分红"的办法。剧院从国家的差额补贴中拨给该队全体成员基本工资的70%作为基薪，其他一切费用从演出收入中划拨。该队从纯收入

[①] 蔡武主编：《筑牢文化自信之基——中国文化体制改革40年》，广东经济出版社2017年版，第35页。

中提取 30% 作为公积金，并在补齐 30% 的基本工资后，分等分红。个人分红多少，原则上不以现有工资级别为基准，而是取决于每个人所做贡献的大小。

演出队改革的第一件事就是整顿纪律，改变演职人员的慵懒作风。过去有演太监的演员后脑勺上常年长着小辫子，嘴上留着小胡子，很少饰演其他角色。承包后队里定期理发，武行演员都剃成光头，便于饰演各种角色。第二件事是精减人员、各司其职，增加年轻演员的艺术实践机会，减少窝工。队里有演员 47 人、乐队 14 人、舞台队 12 人，改革后，大部分人都参与到艺术创作中来，只留下 1 名副团长负责政工事务。叶金援、赵元侠等年轻人的技艺有了较大提高，金惠武的打鼓技艺由生到熟，有个老生多年唱不上戏，改革后演出机会显著增多，逐渐成为主力演员。最重要的是，责任落实到个人，收入与工作成果相挂钩。在外地演出时，为了节省住宿开支，团长赵燕侠和大家一起住在剧场后台。经常白天排戏，晚上演出，非常辛苦，但大家毫无怨言。过去戏装丢失较多，改革后每人配了一个戏装包，丢失的戏装自行赔付。回京后，过去要用三辆大轿车接送，改革后演员直接坐公交回家。队里也不随便送票，亲戚朋友看戏由自己买票。

经过两期 16 个月的试行，改革的优越性逐渐显露。1980 年 4 月到 1981 年 11 月，全队演出 340 多场，比改革前增加一倍。减少国家补贴 8 万元，扩大了公共积累，提取公积金 2 万元，队员每人每月平均分红 50 元，比承包前增加了不少，做到了国家、集体、个人三方有利。[①] 收入增加了，家底也厚了，演出队添置了不少服装和设备，软硬件实力得到明显提升。正如团长赵燕侠所言，演出队改变了人浮于事、吃"大锅饭"的状况，逐步树立了良好的作风，出现了新的气象：增加了演出场次，培养了青年，排出了新戏，促进了艺术交流，繁荣了京剧艺术，争取了青年观众。

1982 年 12 月 20 日，《北京日报》头版报道了北京京剧院一团一队"补贴大包干"和"基薪分红"的改革经验，并配以短评，指出"他们走的路子

[①]《改革经营管理体制　国家集体个人三有利：北京京剧院一团一队　试行补贴大包干和基薪分红》，《北京日报》1982 年 12 月 20 日第 1 版。

是对头的，他们的经验值得推广"。① 1983年1月，北京市文化局举行市属剧院、团负责人和部分演员座谈会，提出加快市属艺术表演团体经营管理体制改革步伐，分批推广"补贴大包干"的试点经验。

赵燕侠团队的试点经验，产生了强烈反响。北京曲艺曲剧团和中国杂技团表示要结合自身情况开展试点工作。中国评剧院院长胡沙说，我们要求试点队不但要在经济上承包指标，而且要做到出新人、演新戏，为发展评剧艺术多做贡献。北京人民艺术剧院的老演员黄宗洛提出，他所在的《茶馆》剧组要先走一步，进行改革试点。他们将努力做到中年的演员可以大用，年轻的演员可以大干，老年的演员各得其所，做到质量第一，好字当头。② 承包制扩展到其他表演院团后，北京市文化局在"六定""两奖"基础上，不断修订完善，取消了"节约奖"，制定并实行了"六定一奖"③办法。

随后，中国青年艺术剧院也加入改革行列，在新成立的青艺喜剧队实行补贴包干和业务奖励办法。喜剧队仍是全民所有制单位，人员编制及其政治待遇、劳保福利均与青艺职工相同。但喜剧队有相应的自主权，可以自行征选剧本，招聘导演和舞美设计。业务管理上，经济收支独立核算，优质优酬，奖优惩劣，多劳多得，少劳少得。队里的经济收入，除队员由国家供给的80%薪金外，其余靠演出收入解决。首先从纯收入中补齐队员原有工资额，然后上缴剧院10%，队留公积金30%，发放根据劳动态度和劳动贡献订立的多种专项奖金60%。对于玩忽职守、作风不检者，分别给予警告、扣发奖金乃至开除出队的处分。④

北京艺术表演院团的改革探索，为全国文化体制改革探索了路径，积累了可贵的经验。1983年，国务院开始有计划、有步骤地部署文化体制改革，

---

① 《方向对头的试点》，《北京日报》1982年12月20日第1版。
② 《市文化局举行座谈会　提出加快市属剧团改革步伐》，《北京日报》1983年1月22日第1版。
③ 即定人员经费、定行政经费、定业务经费、定演出场次、定下乡演出场次等，超额完成任务奖励。
④ 《青艺喜剧队　在改革中诞生》，《北京日报》1983年2月5日第1版。

即在艺术表演团体行政隶属关系不变、所有制性质不变、福利待遇基本不变的前提下，扩大单位创作经营自主权，拉开分配档次，并使其承担部分经营责任风险。1984年7月，北京市文化局又改进了"六定一奖"办法，制定并实行了《北京市属艺术剧院、团实行定额补助经费包干责任制试行办法》。随后，出台了相关文件，明确提出了"精简机构、编制"的具体实施方案。各地纷纷效仿北京的做法，到1984年底，全国许多省市在地县级剧团实行承包经营责任制，少数省级和中央的团体也进行了试点。

1985年，中央办公厅和国务院办公厅批转了文化部《关于艺术表演团体的改革意见》，要求改革全国专业艺术表演团体数量过多、布局不合理的状况，精简大中城市的专业艺术表演团体，合并或撤销重复设置的院团，对市县专业文艺团体设置也提出了调整的要求。中央文件下发后，北京市对照要求，合并、撤销了一批区县级文艺表演团体，保留了市级的12个表演团体，精简了每个院团的编制，使全市的艺术部门和艺术团体布局更加合理。[①]

率先打破作家"终身制"

1983年1月4日，《北京日报》第3版的一篇文章引起了文坛内外的广泛关注。文章出自著名作家王蒙之手，题为《关于改革专业作家体制的一些探讨》，他在文中提出要多设立"有限期"专业作家，少设立"无限期"专业作家；专业作家的物质待遇办法应有适当调整等意见建议[②]。这些意见建议反映了当时文坛内外要求改革专业作家"终身制"的呼声。为什么在文学事业繁荣发展的20世纪80年代会有这种呼声呢？这还得从北京市作协的成立及其人事制度改革说起。

新中国成立后，我国的文艺组织架构借鉴了苏联模式。20世纪50年代，北京市文联没有专门的作家编制。1963年召开的第三次文代会决定设置中国

[①] 张泉主编：《北京改革开放30年研究·文化卷》，北京出版社2008年版，第90—92页。

[②] 王蒙：《关于改革专业作家体制的一些探讨》，《北京日报》1983年1月4日第3版。

作家协会北京分会筹备委员会后，着手建立驻会作家制度，陆续调进一些专职创作人员，加上原来在文联工作的作家，到"文化大革命"前夕，已有雷加、骆宾基、古立高、杨沫、管桦、浩然等13位驻会作家。"文化大革命"期间，北京市文联被迫停止工作，大部分专业作家被下放劳动。1978年9月，北京市文联恢复工作，并开始重组驻会专业作家。1980年6月，北京市第四次文代会召开后，中国作家协会北京分会成立，原属北京市文联的驻会作家划归作协管理。①

北京市作协成立后，逐渐增加在册作家数量，扩大了驻会作家队伍。到1982年，北京市的在册作家达31人，在原有作家基础上，增加了李克、阮章竞、张志民、王蒙、刘绍棠、邓友梅、萧军、刘心武、从维熙、谌容等人。作协在充分保障作家生活待遇的同时，要求作家们按时参加政治学习和组织活动，每年必须拿出一定时间深入基层、深入生活，年初制订出创作和深入生活计划，年终上交完成情况汇报，出访、外事也有统一规定。

宽松的文艺政策，充分的生活和创作保障，使多数作家很快拿出新的创作成果。尤其是一批中青年作家，很快进入创作高峰期，他们创作的作品，多次获得全国性和国际性大奖，在社会上产生很大反响，对推动和繁荣首都文学事业发展起了很大作用。

然而，随着驻会作家的年龄增长、职务变动、调离、出国、自然死亡等，专业作家体制的弊端也逐步凸显出来。在"铁饭碗"创造的舒适环境中，一些驻会作家有意无意地远离了现实生活，疏离了群众，创作源泉渐趋枯竭，出现了长时间不写作或不发表作品的情况。由于当时的作家按国家干部身份进行管理，不能根据实际情况解除"驻会"关系，变成单纯"养"着作家。同时，更多处于创作旺盛期的年轻作家，希望进入专业驻会作家行列，获得创作支持，却无法实现。改革已是势在必行。

1982—1983年，北京市作协多次召开座谈会，探讨关于专业作家体制改革问题。与会作家认为，目前专业作家的编制统得过死，进出不易或有进无

---

① 张泉：《改革开放以来北京作协的体制改革》，《北京社会科学》2008年第5期。

出,影响了文学人才的开掘,需要在改革中逐步解决。①

当时,不少业余作家有相当丰富的生活积累,也有可靠的创作计划,但缺乏写作时间。为了帮助他们解决本职工作与创作计划之间的矛盾,从1982年起,北京市作协开始为个别会员向其所属工作单位代请创作假,以便集中时间完成创作计划。1984年下半年,北京市委开始拨发创作基金,帮助更多会员获得专门创作支持。这一年,有14位会员获得创作假,其中10位会员在创作假期间的基本工资由创作基金支付。

此外,北京市作协还试点设置了合同制作家,将正处在创作旺盛期的中青年作家调入。申请签订合同者,要求是有一定创作成就和社会影响的北京市作协会员,必须有成熟的创作计划和比较丰富的素材积累,合同期间每年必须在省市级以上报刊社发表、出版不低于12万字的文学作品。在聘任期间,作家的人事关系不调入作协,基本工资由作协发放,医疗、奖金、住房、职称等仍由原单位负责;合同期限为2年,合同期满,可以申请续聘,如未获批准,需回原单位工作,或者自寻出路。

这一探索得到了北京市委、市政府的认可与支持。1985年,北京市委宣传部专门向各区、县、局、总公司党委转发北京市作协的《创作假制度试行办法》和《合同制作家试行办法》。次年,北京市作协开始正式实行合同作家制度,首届聘用的作家有史铁生、刘索拉、郑渊洁、夏有志、韩少华、母国政等6人。之后,又进一步规范了合同作家制度,建立了由作家、评论家、编辑和有关负责人组成的合同制作家评审委员会。

在作协的支持下,作家们纷纷深入农村、工矿、部队、商店、学校等各条战线,了解感受生活中的新鲜事物,采集一手创作资料。阮章竞在古稀之年跋涉于南疆地区;杨沫走访了云南、西安;张志民、李克到了云南边防前线;萧军、陈建功再次戴上矿工帽,分别下到徐州煤矿和京西、大同煤矿井下;张洁则奔忙在引滦工程工地上……②作家们在热气腾腾的生活中描摹出

---

① 《市作协探讨专业作家体制改革》,《北京日报》1983年3月16日第1版。
② 《北京作家深入生活勤于创作》,《北京日报》1984年4月3日第1版。

一部部反映时代精神的优秀作品：苏叔阳用北京话写北京人的生活，描写刻画了北京市民进入新时期以来的心灵和历程；陶正的《田园交响诗》反映了陕北农村生活的深刻变化；张洁则将改革创新的才能和勇气凝聚在《沉重的翅膀》中……①

这些改革措施打破了作家职业"终身制"，不仅使一批批有影响的中青年作家可以自由流动，而且使北京文坛维持着相对稳定同时又保持竞争活力的创作人员，推动北京文学创作取得了令人瞩目的成绩。据不完全统计，仅1983年北京市作协的专业作家就发表长篇小说3部，中篇小说19篇，短篇小说50篇，报告文学21篇，童话、散文130余篇，诗歌80多首，评论和杂文90多篇，出书13部，不少作品得到广大读者的好评。② 其中，邓友梅的《烟壶》和张洁的《祖母绿》获得第三届（1983—1984年）全国优秀中篇小说奖，理由的《南方大厦》获得第三届（1983—1984年）全国优秀报告文学奖。③

三、新"北京作家群"的出现

北京市对作家们的扶持与帮助，激励更多文学爱好者投身文学事业；改革开放后火热的社会实践也给作家、艺术家们提供了丰厚的创作土壤，一批颇有影响力的作家涌现出来。在思想解放浪潮中，这批新"北京作家群"活力迸发，他们感应时代脉搏、传达大众心声，创作出一部部反映社会真实面貌的作品，成为中国当代文学史上一道亮丽的风景。

创造适宜文艺发展的氛围

1978年，复出不久的邓小平提出要坚持"百花齐放，百家争鸣"的文艺

---

① 《肯定·争鸣·鼓劲：市作协召开张洁、苏叔阳、陶正作品讨论会》，《北京日报》1984年12月13日第2版。
② 《北京作家深入生活勤于创作》，《北京日报》1984年4月3日第1版。
③ 《五名北京作家的作品在全国获奖》，《北京日报》1985年3月18日第2版。

方针。次年10月，他在给第四次全国文代会的祝词中强调，"文艺这种复杂的精神劳动，非常需要文艺家发挥个人的创造精神。写什么和怎样写，只能由文艺家在艺术实践中去探索和逐步求得解决。在这方面，不要横加干涉"①。1980年3月12日，《人民日报》发表了《创造最适宜于文艺蓬勃发展的气氛》的社论。社论强调：创造最适宜于文学艺术发展的气氛，要求在坚持四项基本原则的前提下，采取"放"的方针。容许不同形式和风格的作品自由发展，开展竞赛，开展不同观点的认真的争论，在政治上、艺术上形成既坚持原则又生动活泼的气氛。同年6月，北京市文联副主席赵鼎新在北京市第四次文代会上做了题为《团结起来，建设繁荣的社会主义文艺》的报告，强调要按文艺规律和经济规律办事，贯彻执行"双百"方针，在首都营造适宜于文艺发展繁荣的良好氛围。②

为促进北京文学创作的繁荣和发展，北京市作协实行"驻会作家制"和"会员创作假制度"，设置"合同制作家"岗位，帮助作家们解除经济与时间上的后顾之忧。③ 这些专业作家集中了20世纪30年代到80年代各个时期的优秀代表。他们当中，有20世纪30年代东北作家群的主要人物萧军、端木蕻良、骆宾基、雷加；有延安和解放区时期已获文学成就的阮章竞、张志民、管桦、草明；有"文化大革命"前17年的代表性作家杨沫、浩然；有20世纪50年代崭露头角、经历了人生沉浮而后成名的王蒙、邓友梅、刘绍棠、从维熙、林斤澜、刘厚明、葛翠琳；还有"新时期"涌现的优秀中青年作家刘心武、张洁、谌容、陈建功、陈祖芬、理由、赵大年、李陀等。这些作家构成了北京文学创作队伍的核心与旗帜，他们用自己的文学主张与理念、创作实践与追求，带动了北京地区文学事业的发展繁荣，形成了新的"北京作家群"。

---

① 邓小平：《在中国文学艺术工作者第四次代表大会上的祝词》（1979年10月30日），《邓小平文选》第二卷，人民出版社1994年版，第213页。
② 陈世崇主编：《北京市文学艺术界联合会50年》，北京市文学艺术界联合会2000年版，第130—134页。
③ 张泉：《改革开放以来北京作协的体制改革》，《北京社会科学》2008年第5期。

为了给作家们深入生活创造条件，北京市作协定期组织作家到各地考察访问，足迹所到之处包括改革开放的前沿阵地、革命圣地、现代化企业、军营和灾区等。作家们热情拥抱生活，将视线转到现实变革中来，表现了鲜明的时代精神。李国文的长篇小说《花园街五号》，通过尖锐剧烈的新旧冲突，提出了人们面对改革正在思考和亟待解决的问题，使读者从作品中感受到了强烈的时代脉搏。浩然描绘了十一届三中全会以来农村的新人物、新面貌以及新与旧的斗争，他的《苍生》等近200万字的小说、散文等作品是农村改革政策的颂歌。

为了普及文学知识，发现并培养文学新人，作协经常举办各类文学讲座，开办文学讲习班和研修班，积极扶持文学新人，不断壮大文学队伍，其中不少人成为文学创作骨干。1980年12月，北京市委宣传部批准成立了北京市文艺学会。该学会以在京高校和研究机构为依托，举办各类专题讨论会、作家作品研讨会和报告会，推动首都文学研究深入发展；组织中学课本中的鲁迅作品系列讲座，编写中外名作艺术鉴赏丛书，普及文学知识；还组织成立了北京市写作学会和北京市杂文学会等二级社团组织，活跃了文坛气氛。1984年，经北京市人事局批准，北京市文艺学会与中国人民大学中文系、中国青年报社、北京市社会科学院文学研究所共同创办"北京人文函授大学"，通过开展文艺活动，提高创作和研究水平，培养读者和受众群体。[①]

北京市还大力扶持专业文学刊物和文学出版事业发展，为作家们提供更多有影响力的作品发表平台。这一时期，北京市的专业文学刊物有《说说唱唱》《北京文艺》《十月》。驻京重要文学刊物有《人民文学》《诗刊》《当代》《中国作家》《青年文学》《啄木鸟》《文艺报》等。这些刊物贯彻主流文艺方针政策，潜移默化地引领着文学潮流，在思想文化生活中占据着举足轻重的位置。

1978年，《北京文艺》以"集束手榴弹"方式集中发表一两位作者的作

[①] 张泉主编：《当代北京文学（1949—2000）》（上册），北京出版社2008年版，第95页。

品，将有潜力的作家推向文坛。比如1978年第7期发表了张洁的处女作《从森林里来的孩子》，此后又连续刊发了她的4篇作品，很快为社会所认可。这一时期重点推出的新人还有陈建功、陈祖芬、理由、李功达等人。同时发表了一批引起注意的中短篇小说，如方之的《内奸》、汪曾祺的《受戒》、王蒙的《风筝飘带》、邓友梅的《话说陶然亭》《那五》等。随着作家作品的影响力逐步增大，《北京文艺》在短时间内一跃成为文学界公认的一流期刊，并于1980年10月更名为《北京文学》。此后，在1980—1985年连续举办了六届《北京文学》年度优秀作品评奖，推动了北京文坛新人辈出、名篇频现的盛况。[①]

1978年8月，北京出版社创办了大型文学刊物《十月》，这是我国改革开放以来第一家大型综合性文学刊物。创刊伊始，《十月》适时刊出一批与时代潮流相呼应的小说，如刘心武的《爱情的位置》、王蒙的《蝴蝶》、礼平的《晚霞消失的时候》、张贤亮的《绿化树》等，形成了一个个大众关注焦点。梁晓声的《雪城》、李存葆的《高山下的花环》、宗璞的《三生石》等作品也产生了广泛的社会影响。这些反映时代的厚重作品赢得了读者的喜爱，刊物发行量最多时达70万份。[②]

1980年10月，北京出版社开始编辑专收个人选集的"北京文学创作丛书"，陆续出版了从维熙、刘绍棠、张洁、刘心武、谌容、王蒙等当时的重要作家作品。1983年，又成立了十月出版社，主要出版现当代文学艺术作品，该社出版的长篇小说《沉重的翅膀》（张洁）、《黄河东流去》（李準）等作品获得茅盾文学奖。

"北京作家群"闪耀文坛

舆论氛围的营造和扶持措施的出台，推动老作家们重返文坛，年轻作家们逐步成长起来并成为文坛主力。大家放开手脚，各显神通，努力创作出反

[①②] 张泉主编：《当代北京文学（1949—2000）》（上册），北京出版社2008年版，第105—106、108页。

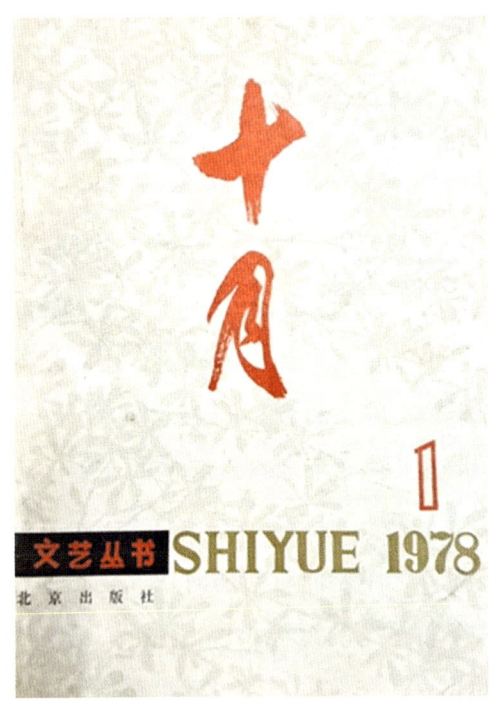

《十月》杂志创刊号封面

映人民心声、呼应时代精神的作品,创造了北京文学的"黄金时代"。

这些北京作家年龄上涵盖了老、中、青三代人,地域上既有像刘绍棠一样土生土长的老北京人,也有像史铁生一样在北京出生长大、有过上山下乡经历后再回到北京的年轻人,还有更多像汪曾祺一样早年在外地工作生活、后来因读书、工作等到北京定居的老作家。他们或在北京出生成长,或在北京工作生活,笔下的文字与北京这座城市有着千丝万缕的联系,成为这一时期北京文坛的中坚力量。

作家从维熙20世纪50年代开始专业创作,1957年被错划为"右派"后下放劳改。1979年返回北京的第一年,他便连续创作了《大墙下的红玉兰》《献给医生的玫瑰花》《第十个弹孔》《杜鹃声声》4个中篇小说,着力描写知识分子在"文化大革命"中坎坷的生活道路。《大墙下的红玉兰》讲述了原省公安局劳改处处长葛翎蒙冤入狱,与林彪、"四人帮"的倒行逆施抗争,最后血洒大墙的悲剧故事。这部小说率先突破题材"禁区",将知识分子的改造生活纳入写作范围,成为"大墙文学"的开山之作。此外,宗璞的《我是谁?》、陈国凯的《我应该怎么办?》、郑义的《枫》等作品以沉重、凄婉的笔调,倾诉了"文化大革命"给个人与家庭造成的伤痛,被称为"伤痕小说"。

1979年,伤痕小说方兴未艾之际,一些作家将单纯的情感宣泄转变为冷静的理性思考,从社会历史心理等层面寻找"文化大革命"产生的原因,反思小说应时而生。反思小说在回顾历史的同时,还对领导干部和人民群众的关系进行了反思,如李国文的《月食》《冬天里的春天》,王蒙的《悠悠寸草心》《蝴蝶》等作品讲述了领导干部跌宕起伏的人生经历,提醒他们"勿忘人民""人民是母亲"。

在改革开放的浪潮下,作家们对新的时代课题迅速作出反应。1979年7月《人民文学》发表了蒋子龙的短篇小说《乔厂长上任记》,以磅礴的气势奏鸣"改革小说"的先声。王蒙的《春之声》、张洁的《沉重的翅膀》等作品顺应了人们对政治改革的期待。《春之声》描绘了工程物理学家岳之峰回家探亲途中挤在闷罐子车厢里的种种见闻、感受以及由此引发的各种联想。作家利用意识流手法展现出广阔的生活图景,讴歌了改革开放给中国社会带来的令人振奋的变化。《沉重的翅膀》讲述了重工业部及其所属曙光汽车制造厂的改革进程,对改革的紧迫性与艰巨性以及所面临的尖锐复杂的社会矛盾进行了深入描绘,全方位透视了改革大潮下的人情世态,笔墨饱满、独具风格。

这一时期,大批知识青年先后回到北京工作、生活或上大学,其中不少人开始写作,他们用文字回味知青生活的酸甜苦辣,或者倾诉回城后工作生活的迷惘。史铁生、陈建功、张承志、甘铁生、阿城、郑义、老鬼、李锐、张辛欣等年青一代作家,都曾有过下乡插队落户的经历,他们用文学重述知青岁月,引起了一代人的共鸣。

史铁生1951年出生于北京,1967年毕业于清华大学附属中学,1969年去陕西延安一带插队,1972年因病致残回到北京,1978年开始创作。他的《我的遥远的清平湾》通过一个知青对插队生活的回忆,以舒缓的笔调描绘了陕北人的朴实、坚韧和善良。小说中的老汉曾经为革命出过力，在艰难的日子里与小孙女相依为命、苦中作乐，散发着浓郁的怀旧气息和陕北农村生活气息。

梁晓声出生于哈尔滨市，1968年高中毕业后参加上山下乡运动，成为黑龙江生产建设兵团的一名"兵团战士"，在北大荒度过了7年知青岁月。1974年到复旦大学中文系求学，毕业后分配到北京电影制片厂，开始正式从事文学创作。知青生活成为梁晓声的灵感源泉，他笔下的知青生活被涂抹上一层浓重的英雄主义色调。他在1982年发表的小说《这是一片神奇的土地》，描写了北大荒极其艰苦的生存条件，展示了一代知青英勇奋斗的壮举。在他笔下，来自大城市的青年彻底抛弃过去的一切，决心与土地打成一片。知识青年李晓燕能歌善舞，自愿来垦荒队，立誓三年不回家，并向全连女青年倡议：不照镜子，不抹香脂，不穿花衣服，竭力把自己改造得更符合"劳动者的美"，她们将青春与汗水挥洒在北大荒的热土上；1983年发表的《今夜有暴风雪》，以更加充沛的英雄主义豪情书写了北大荒一代知青的气质与命运。这些作品洋溢着青春无悔的豪情，在知青中引起极大反响。

张承志出生于北京，高中毕业后到内蒙古乌珠穆沁草原插队，草原人民美好古朴的品质感染着他。回城后，他将草原带来的感动与震撼融入小说创作中。《黑骏马》讲述了一个被蒙古族收留的汉人与牧民建立深厚情谊的故事。主人公白音宝力格长大成人离开草原去上大学，多年后他回到草原找寻往日的记忆，但慈爱的老奶奶已经去世，初恋情人索米娅也已远嫁他乡。他骑着黑骏马四处追寻，终于找到往昔的情人，但索米娅已经不是梦中的小姑娘，而是被沉重艰难的生活折磨着的三个孩子的母亲，他真正体会到了草原人民的坚韧和对生命的尊重。小说闪耀着理想主义的光芒，后来被改编为电影，成为深受观众喜爱的经典之作。[①]

铁凝出生于北京，在河北保定度过了童年和少年时代，高中毕业后到保

[①] 张泉主编：《当代北京文学（1949—2000）》（下册），北京出版社2008年版，第426页。

定地区博野县张岳大队插队，1975年开始发表文学作品。她敏锐地捕捉到了改革开放和现代化发展给农民带来的惊喜与波澜。1982年发表的小说《哦，香雪》，描写了一个平时说话不多、胆子又小的山村少女香雪的一段小小的历险经历：她甘愿被父母责怪，一个人摸黑走了30里山路，只为在火车停车的一分钟间隙里，用积攒的40个鸡蛋换来一个向往已久的带磁铁的泡沫塑料铅笔盒。小说通过对香雪等一群乡村少女的心理活动的生动描摹，表现了农村姑娘对都市文明的向往，以及在现代文明冲击下山里姑娘的自爱自尊，写出了改革开放后中国人走向开放、文明与进步的痛苦和喜悦。

谌容1935年出生于湖北省武汉市汉口镇，童年和少年时代曾在北平生活过，1954年考入北京俄语学院（今北京外国语大学），毕业后在北京工作。她的作品因贴近现实人生，关注社会问题，特别是表现了知识女性的困苦与命运，而受到极大关注。1980年因中篇小说《人到中年》而蜚声中外。小说通过"无职无权，无名无位"而刻苦钻研、忘我工作的眼科女大夫陆文婷因长期"超负荷运转"而一病不起的悲剧故事，反映了作为社会中坚力量的中年知识分子遭受冷漠对待、待遇偏低的社会问题，引起强烈反响。小说对当代知识女性形象陆文婷的传神写照及其艰窘生存境况的入微描写使读者动容，具有批判现实的艺术冲击力。

在大运河畔出生成长的作家刘绍棠，擅长描绘独特的北京乡土文化风貌。《蒲柳人家》着力书写大运河畔的家乡生活。小说以聪明可爱的6岁乡村儿童何满子的行动和视角为引线，巧妙自由地裁剪故事情节，描摹出一批批栩栩如生的京郊农民形象，展现出抗日战争初期运河儿女们如诗如画的生活画卷。作品飘溢着浓郁的乡土气息，成为北京乡土文学的代表作。邓友梅的《那五》和《话说陶然亭》等作品，用北京口语书写北京市民的生活，写尽旧时北京市井文化的神韵。反映北京农村现实生活的"乡土文学"和描摹北京独特历史文化风貌、独特生活韵味的"京味小说"流行起来，成为文坛一道独特的风景。

尽管作家们的年龄、经历、思想以及艺术风格各不相同，但都表现出巨大的创新勇气。有的大胆突破题材"禁区"，为北京文坛开拓出一片全新的书写空间；有的借鉴西方现代派表现手法，以反映现实生活，描写人物内心世界，使小说呈现光怪陆离的效果；有的从民族的古典文学遗产包括民间文学中吸取营养，塑造了为数众多的人物形象，使首都文学人物画廊呈现千姿百态的盛况……这些作品在全国获奖者甚多，中短篇小说《那五》（邓友梅）、《黑骏马》（张承志）、《蒲柳人家》（刘绍棠）、《话说陶然亭》（邓友梅）、《飘逝的花头巾》（陈建功）等作品获得诸多奖项，在社会上引起很大反响。张洁的《沉重的翅膀》、李国文的《冬天里的春天》和刘心武的《钟鼓楼》分别荣获第一届、第二届"茅盾文学奖"。

北京作家群的影响冠于全国、达于海外，成为中国当代文学史上的重要文学群体。他们创作的一大批精湛之作，曾给予全国各地的文学作者以很大激励和启发。各个地区、各个方面的一批又一批文学新人，以各种方式、各种途径以及各种姿态涌现出来，逐渐形成了不同特点的"作家群"遍地开花的局面，共同造就了20世纪80年代的文学辉煌。

四、艺术创作蓬勃发展

"北京作家群"闪耀文坛的同时，其他各领域的艺术家也挥斥方遒、大显身手，用电影、戏剧、音乐、美术等载体，述说着对人生际遇的思索，呼唤着对改革创新的期待，表达着对新生活的热爱，艺术创作呈现蓬勃发展的势头。

电影制作活力迸发

1977年1月，文化部召开故事片厂创作生产座谈会，调整有关政策，鼓励重点抓好同"四人帮"斗争题材与革命历史题材影片的创作。同时，开展对"四人帮"及其"文艺黑线专政论"的批判，恢复上映"文化大革命"前的大批影片，为遭到迫害的电影工作者平反。这些极大地鼓舞了电影工作者的创作积极性，故事片生产出现了新局面。到1978年，全国出品40部故事片，年产量达到"文化大革命"前的一半。其中，北京电影制片厂、八一电影制片厂摄制了《万里征途》、《战地黄花》、《萨里玛珂》、《万水千山》（上、下集）、《大河奔流》（上、下集）、《我们是八路军》等10余部影片。[①]

为进一步调动电影创作生产人员的积极性，北京电影局先后制定、颁发了《电影剧本、影片审查试行办法》《优质影片生产奖励试行办法》《优秀电影创作奖暂行办法》等文件，将剧本投产权下放给制片厂，为电影创作提供了更大的舞台和空间。在此背景下，一批中青年电影工作者走上舞台，他们大胆借鉴外国电影的艺术表现手法，在创作实践中求新求变。从美学观念的变革、电影结构的调整、摄影技巧的创新、影像功能的开掘及多样化艺术风格的形成等方面发力，[②]为电影业带来勃勃生机。

1979年是北京电影发生重要转折的一年。这一年，《小花》《归心似箭》等具有广泛影响力的影片问世，再次点燃了观众对电影的热情。北京电影制片厂摄制的彩色故事片《小花》抒发了兄妹情、战友情、军民情，洋溢着浓浓的人情味，同时率先采用时空交错、声画分立等技巧，从内容上和形式上都给人耳目一新之感。《归心似箭》深入人物内心世界，对主人公的爱情刻画得细腻、感人，塑造出一个血肉丰满的革命战士的形象，深受观众喜爱。在这些作品中，艺术家们摆脱了概念化的创作模式，打破了传统结构形式，改进了电影艺术手段，将深刻的历史感和强烈的现实感融为一体，打动了观众的心。

八一电影制片厂摄制的革命历史题材影片也颇为引人注目。影片《今夜星光灿烂》，尝试将残酷的战争与诗情画意相结合，是一部抒情风格的散文诗电影。《四渡赤水》气势宏大、内容丰富，将这场标志着工农红军生死存亡转折点的伟大战役完整地再现出来，不失为革命史的好教材。影片《知音》围绕蔡锷与袁世凯的冲突和蔡锷与小凤仙的感情纠葛两条线索，表现了蔡锷"反对帝制、维护共和"的时代精神和"知音遍天下"的主题。特别是影片

[①] 张泉主编：《当代北京文学（1949—2000）》（下册），北京出版社2008年版，第600页。

[②] 北京市地方志编纂委员会编：《北京志·文化艺术卷·戏剧志·曲艺志·电影志》，北京出版社2000年版，第520页。

插曲"山青青，水碧碧……"经李谷一倾情演唱，为观众所喜爱，经久不衰。在这一时期，八一电影制片厂还有《天山行》《风雨下钟山》《最后一个军礼》《战地之星》《心灵的搏斗》《道是无情胜有情》《再生之地》《骆驼草》等军事题材影片问世。

儿童题材电影也别具一格，引发了广大儿童及其家长的观影热潮。北京电影制片厂出品的故事片《苗苗》，讲述了本想成为运动员的女青年韩苗苗被分配到小学当教师后，克服重重困难，成为一名受孩子们欢迎的老师的故事。影片成功塑造了一群生动活泼、天真可爱的孩子和一位真挚善良、喜爱孩子的青年教师形象。北京儿童电影制片厂摄制的《小刺猬奏鸣曲》《四个小伙伴》《红象》《马加和凌飞》《敞开的窗户》等影片，也为少年儿童提供了银幕上的精神食粮。

1980年，八一电影制片厂和北京电影制片厂发生了罕见的"撞片"事件，成为影坛奇观。四川作家周克芹的小说《许茂和他的女儿们》，讲述了四川偏僻山村葫芦坝农民许茂一家在"文化大革命"中的遭遇，故事感人肺腑，在社会上引起极大反响。随后，八一电影制片厂和北京电影制片厂先后将其改编为电影。北影版《许茂和他的女儿们》基本保留原小说的风貌，以四姑娘秀云为中心，以人物性格发展逻辑为线索串联故事。八一版则另起炉灶，以许茂为中心，增强了历史厚重感，把故事讲得有头有尾。两部影片各有千秋，先后上映，引起观众的好奇，成为当时的热门话题。

青年电影制片厂作为北京电影学院教师开展艺术教学和学生实习实验的基地，着重在理论研究、创作方法、电影语言表现等方面进行探索与创新。1979年，青年电影制片厂独立摄制了本厂的第一部彩色故事片——《樱》，影片展现了中日两国人民之间的友谊。这一时期，青年电影制片厂还拍摄了《百合花》《沙鸥》《端盘子的姑娘》《邻居》等影片。《沙鸥》超越了体育范畴，赋予影片以人生哲理，影片中沙鸥的一句"谁不想当元帅，谁就不是好士兵"，曾引起很大争论，当时有批评者以士兵与元帅的比例问题反问编导，我们绝大多数的士兵是不是好士兵。

这一时期的电影还尝试"走出去"与"请进来"。北京电影制片厂的青年导演凌子将曹禺的话剧《原野》改编为电影，1980 年获威尼斯电影节世界优秀影片推荐荣誉奖。1982 年，经过精心筹备和策划，香港导演李翰祥①的电影《火烧圆明园》在北京开机拍摄。这是改革开放后第一部真正意义上的港台与内地合拍片，得到了内地各电影主管部门的高度重视和大力支持。时任北京电影局局长亲自审读剧本，参与剧本修改。在有关部门协调下，影片在故宫等名胜重地拍摄，百官上朝、军机议政、木兰秋狝、圆明残垣等都是实地实景拍摄。由于拍摄素材丰富，后来改为《火烧圆明园》和《垂帘听政》两部影片上映。这两部影片韵味独到，影像沉稳，戏剧火候把握准确到位，获文化部 1983 年优秀影片特别奖。

这些电影将艺术表现的中心转移到人，关注人物的感情与命运，题材和创作手法多样化，给观众带来全新的艺术体验，使电影成为更加受大众欢迎的艺术门类。

《大众电影》杂志创刊于 1950 年 6 月，是我国历史最久、影响最大的普及性电影文化刊物。电影业的繁荣使《大众电影》备受欢迎，1981 年《大众电影》杂志发行量高达 965 万册，② 是当时北京报刊亭里最醒目、最抢手的刊物之一，陈冲、刘晓庆等电影明星成为炙手可热的杂志封面人物。1980 年开始恢复的电影百花奖评选，是《大众电影》与读者沟通的重要方式之一。每年三四月，编辑部在每本《大众电影》里夹一张选票，由购买杂志的读者填写后寄回报社，统计出来的票数决定当年百花奖的归属。当时，编辑部收到一麻袋一麻袋的选票，最多一期收到 280 万张，巴金、曹禺等文化名人都曾亲笔填写选票，寄给编辑部。这一时期，北京地区获奖的影片有《小花》

---

① 李翰祥（1926—1996 年），出生于辽宁省葫芦岛市，毕业于国立北平艺术专科学校绘画专业，中国香港男导演、编剧、制片人、演员、美术。1947 年辗转于大中华、长城、大观、永华等电影公司从事演员、配音、美术设计等工作。1955 年独立编导影片《雪里红》，同年进入邵氏影业，活跃于中国香港、中国台湾和内地的影坛，曾多次获得金马奖等多项荣誉。

② 新京报社编著：《日志中国——回望改革开放 30 年（1978—2008）》第二卷，中国民主法制出版社 2008 年版，第 298 页。

《泪痕》《甜蜜的事业》《瞧这一家子》《骆驼祥子》《血，总是热的》等。①

戏剧创演推陈出新

20世纪80年代初，在拨乱反正的历史环境中，一批反映社会问题的戏剧成为大众争论的热点。1980年1月，中国戏剧家协会、中国作协、中国影协联合召开剧本创作座谈会，会议围绕创作题材、创作的真实性与倾向性的关系、社会效果等问题进行讨论，提出要"解放思想、繁荣创作"，为实现四个现代化，开创我国文艺新的大繁荣时代而努力。同年6月，中国戏剧家协会北京分会成立，主席由全国戏剧家协会主席曹禺兼任。此后，北京剧协每年举办一次新剧本讨论会。在北京剧协的支持下，中青年剧作家们满怀干预生活的激情，及时反映社会矛盾、道德困惑和伦理问题，感应时代脉搏的问题剧②迎来创作和演出高潮。

1980年，中央实验话剧院上演了中杰英的社会问题剧《灰色王国的黎明》。该剧反映了某工程处主任顾某等人利用制度缺陷，安插党羽、贪污盗窃，甚至为了私利草菅人命的问题。作品切中时弊、酣畅淋漓，赢得评论界和观众的普遍赞许。有评论家认为作者"几乎是将自己对生活的思索和在生活中的感受，平直地诉诸舞台、诉诸观众，喊出了人民的呼声和历史的必然要求，表露了剧作特有的思想深度"③。两年后，他的另一个剧本《哥儿们折腾记》，通过以工人牛宝山为首的一帮调皮捣蛋的年轻工人的思想波动，和对吃"大锅饭"不满的"违规"行为，把工厂体制改革的紧迫性问题展现在观

---

① 北京市地方志编纂委员会编：《北京志·文化艺术卷·戏剧志·曲艺志·电影志》，北京出版社2000年版，第687页。

② 问题剧，又称社会问题剧，是挪威戏剧家易卜生提出的一个戏剧概念。改革开放初期，曹禺的解释是：我们的社会还存在着很多问题，因此就根据问题写了很多戏。有的剧本写青年犯罪问题，有的写血统论影响问题，有的写特权与法律问题。这些社会问题，是集中了群众的感受，也包括了作家自己的感受，多方面构思而成。这样的剧本，一方面揭露了阴暗面；另一方面告诉群众，我们有决心、有办法消除这些阴暗面。这些戏的结尾，也往往都把矛盾解决了。

③ 林克欢：《〈灰色王国的黎明〉观后》，《剧本》1980年第12期。

众面前。这一时期，反映经济领域走私犯罪问题的话剧《被控告的人》，也引起了人们的广泛关注。

中国青年艺术剧院编剧白峰溪把关注的焦点放在女性问题上。她写的《十五桩离婚案的调查剖析》通过对形形色色离婚案的调查剖析，从婚姻爱情角度提出了一个值得深思的道德、法律和思想情操问题，吸引了大批观众。关注城市待业青年问题的《金子》，反映农村青年思想和生活问题的《金钥匙》，探讨培养后备人才的《重任》《不尽长江》，反映老干部退居二线的《秋天的旋律》等问题剧也受到人们的关注。

在这股问题剧热潮中，北京人民艺术剧院也佳作连连，先后创作演出了《救救她》《为了幸福，干杯》《祸起萧墙》《谁是强者》《吉庆有余》《不尽长江》等剧，精彩的剧本和艺术家们精湛深邃的表演让观众拍案叫绝。《祸起萧墙》根据水运宪同名小说改编，通过一个性格刚烈、极富责任心的电力局长的遭遇，揭露了电力行业的本位主义、封建割据意识等问题。梁秉堃的四幕话剧《谁是强者》触及人们深恶痛绝的不正之风，获北京市文化局新剧目评奖创作、演出一等奖。三幕风俗喜剧《吉庆有余》反映了农村生活新面貌和农村富裕后的新问题，触及农村移风易俗的问题。《不尽长江》围绕选拔培养中青年干部问题，提出如何看待年轻干部，如何为他们走上一线创造条件的问题。

这一时期，国际戏剧协会接受中国戏剧家协会为正式会员。国门打开后，西方文化思潮和戏剧学说汹涌而来，对青年戏剧家的影响进一步加深。再加上电视、电影等新的娱乐方式风起云涌，剧团演出面临观众流失的危机，戏剧改革势在必行。首都各大剧团推陈出新，大力推动戏剧改革。

为了鼓励创作，进一步探讨新时期话剧的创作现状和方向问题，1982年4月，《人民戏剧》和《戏剧论丛》编辑部在京召开了京沪部分导演座谈会。这是新中国成立以来第一次召开的导演艺术专门会议，北京人艺的林兆华作为年纪最轻的导演受邀参加。会上，提出戏剧革命的三个口号——"东张西望""得意忘形""无法无天"①,使他深受鼓舞。多年来,如何将话剧民族化的问题一直萦绕在林兆华心里,他想排一出不一样的新戏。当时,北京人艺的剧本创作力量匮乏,院领导将刘锦云、李龙云等一批小说作家招进来,共同参与创作。编剧们想出了以待业青年为主角的故事雏形,后将其衍化为"老车长拯救失足青年"的主题,进行创作排演。这年11月,精心排演的《绝对信号》和观众见面。剧情围绕主人公黑子被车匪胁迫登车作案,在车上遇见昔日的同学小号、恋人蜜蜂和忠于职守的老车长逐步展开。将中国戏曲手法与西方"意识流"相结合,不再按因果关系组接戏剧事件,而用心理逻辑和多音部交响的原则,将人物内心思想外化为独白等,表现为无场次的创新话剧形式。

演出结束后,主创人员与观众进行了开创先河的"演后谈",受到观众热烈欢迎,引发了一股新的戏剧热潮。此后,《绝对信号》的演出场场爆满,上海导演胡伟民慕名观看后激动地说:"林兆华导演的这个戏有创造!"回到上海不久,他也立即开始小剧场艺术的实践,导演了在上海小剧场演出的第一个戏——《母亲的歌》,因此导演界有了"南胡北林"的说法。②《绝对信号》作为中国小剧场运动的开山之作,推动了20世纪80年代的话剧革新浪潮。

为激励表演艺术家们进一步焕发创作激情,繁荣和发展戏剧事业,1983年,中国戏剧家协会以《戏剧报》③的名义,设立了中国第一个戏剧大奖——梅花奖。该奖取自"梅花香自苦寒来"的寓意,旨在评选出新一代有高超艺术表演水平、为广大观众认可的中青年优秀戏剧演员,鼓励艺术家们创作出更多、更好的戏剧作品。梅花奖分为戏曲、话剧、歌剧、舞剧等类别,

---

① "东张西望"是指要打开眼界,向东看,看东方戏剧、东方美学、民族经典;向西看,对世界各国戏剧学习借鉴。"得意忘形"在生活中是贬义,在艺术上是褒义,是指创作上追求"求意舍形",要展开艺术的想象,探索舞台的多种可能性。"无法无天"是指不要墨守成规,要有追求艺术个性的创作精神。

② 新京报社编著:《日志中国——回望改革开放30年(1978—2008)》第五卷,中国民主法制出版社2008年版,第267页。

③ 后改名为《中国戏剧》。

每年春天在北京开会,投票评选出上一年的获奖者。1984年春季首届"梅花奖"开评,北京戏剧界的获奖者有京剧艺术家叶少兰、刘长瑜、李维康,评剧艺术家谷文月,话剧艺术家李雪健、尚丽娟、冯宪珍等。[1] 颁奖大会在全国政协礼堂举行,中共中央政治局委员、中央书记处书记习仲勋发表讲话,并将一块景德镇细瓷纪念奖盘送到获奖者手里。"梅花奖"作为戏剧表演界的最高奖项,一直持续至今。

音乐作品如雨后春笋般涌现

改革开放的春风吹到音乐界,使我国的音乐事业重新焕发了活力,一批受大众喜爱的音乐创作人才和作品先后涌现出来。首先是"文化大革命"中已经停止活动的中国音乐家协会重新恢复工作,各级音乐院校和音乐表演艺术团体也纷纷恢复建制,大力培养各类音乐人才。

1977年是全国恢复高考的第一年,位于西城区鲍家街的中央音乐学院人山人海,报考人数超过1.7万名,可是计划只招收100多人。邓小平得知后特批把招收名额扩大了一倍,使很多音乐人才被扩招进来。招生过程中,有个来自青岛的8岁小男孩表现出卓越的音乐才华,因年龄太小不符合录取规定。小孩的父亲给院长赵沨写信希望能再考虑一下,赵沨找到音乐界的元老李凌。李凌、赵沨等老一辈音乐家都非常爱惜人才,虽然素昧平生,但依然设法将这一情况反映给邓小平。邓小平得知后,在接见外宾时提到这个小孩,他说:"我们有个8岁的娃娃,已经能拉外国的、大的小提琴曲。我看学校可以提前录取。"随后,中央音乐学院根据邓小平同志的指示,破格录取了小男孩。小男孩进入中央音乐学院后,邓小平还让秘书打电话去了解情况,帮助他解决生活问题。这个8岁的孩子就是当代中国最出色的小提琴家之一——吕思清,他后来到英国、美国的著名音乐学府继续深造,17岁就成为第一位获得意大利帕格尼尼小提琴大赛金奖的东方人,这是国际小提琴艺术的最高

---

[1] 当代北京编辑部编,胡金兆著:《当代北京戏剧史话》,当代中国出版社2008年版,第181—182页。

奖项之一。[1]

艺术家们的创作活力被激发出来，老一辈音乐家和新涌现的年轻音乐家们，都以前所未有的创作热情推出了大批优秀的新作品。他们一方面吸收民族民间音乐素材；另一方面借鉴国外歌曲创作的新经验、新技法，探索新的表达方式。体现时代气息的新歌不断涌现，使音乐创作进入一个全新时期。

歌曲的体裁形式更加多样，作曲家们努力探索新思维方法与新表达方式，出现了用多种方式抒发多种情感的歌曲。《今天是你的生日》（韩静霆词、谷建芬曲）、《当代中国之歌》（李幼容词、瞿希贤曲）、《八一军旗高高飘扬》（石祥词、李遇秋曲）等抒发对人民、对党、对祖国和对子弟兵热爱之情的歌曲，适应了迅速变化的群众审美需求，在艺术质量上达到了新高度。

久违的艺术歌曲体裁，在音乐家们的求新求变中华丽转身，再次引起大众的注意。作曲家们将古代诗韵和现代音乐写作技巧相融合，写出了一批广受欢迎的艺术歌曲。如：《唐诗三首（春晓、枫桥夜泊、登鹳雀楼）》（唐·孟浩然、张继、王之涣诗，黎英海曲）、《涉江采芙蓉》（《古诗十九首》之一，罗忠镕曲）等展现出了独特的音乐之美。

民族器乐独奏曲创作也焕发了新的活力，柳琴、巴乌、丹布尔、箜篌等古乐器及打击乐器都有了独奏曲。王铁锤的笛子独奏曲《荷花赞》《美丽的天山》，陈耀星、杨春林的二胡独奏曲《陕北抒怀》，刘德海的琵琶独奏曲《天鹅》，徐昌俊的柳琴独奏曲《剑器》，李吾的板胡独奏曲《乡情》，李焕之的箜篌独奏曲《高山流水》，乌斯满江的丹布尔独奏曲《给母亲的歌》，周龙作曲的组合打击乐独奏曲《钟鼓乐三折——戚·雩·旄》等，受到民族乐器爱好者的热烈欢迎。[2]

年轻作曲家也参与到民族器乐曲的创作中来，使这一领域得到了开拓，出现了一批丰富多彩的民族器乐重奏曲，给民族乐曲增添了光彩。周龙作

---

[1] 当代北京编辑部编，金汕著：《当代北京音乐史话》，当代中国出版社2011年版，第129—130页。

[2] 北京市地方志编纂委员会编著：《北京志·文化艺术卷·音乐志·舞蹈志·杂技志》，北京出版社2002年版，第53页。

曲的笛子、管子、筝与打击乐四重奏《空谷流水》，谭盾作曲的筝与箫二重奏《南乡子》，杨宝智作曲的三弦与小提琴重奏《引子与赋格》，李滨扬作曲的埙与古琴二重奏《南风》等作品，其音乐素材多来自古曲或民族民间音乐，采用多种技法写成，显示出高超的艺术水平。[①]

最受瞩目的是，歌曲的题材更加广泛深入，以往被禁锢的爱情主题歌曲以新的面貌再次出现，深深打动了听众的心。《我们的生活充满阳光》（秦志钰等词，吕远、唐诃曲）、《大海一样的深情》（刘麟词，刘文金曲）、《我的小路》（张士燮词，谷建芬曲）、《太阳岛上》（秀田等词，王立平曲）以及《美丽的心灵》（陈雪帆词，金凤浩曲）、《那就是我》（陈晓光词，谷建芬曲）、《十五的月亮》（石祥词，铁源、徐锡宜曲）等歌曲，让人们知道在《红色娘子军》之外，还有另一种美丽的声音，体会到了"革命友谊"之外的别样情感，感受到了"革命事业"之外的新期待，这些流露出真情实感的歌曲，在首都群众中广为传唱。

在流行音乐界，1979年中国台湾歌手邓丽君的歌传入大陆后，迅速红遍大江南北。她细语轻柔的歌声，述说着亲情、爱情、乡思或者感叹人生际遇，成为一代人的精神慰藉。一时间，港台歌曲充斥着舞台和音像制品市场，给首都歌坛带来很大影响。京城的词曲作家们，充分借鉴流行音乐的经验，大胆探索创作歌曲的新途径，创新歌曲音调的表达方式，产生了一批内容健康向上、广受群众欢迎的通俗歌曲。李谷一、朱逢博、苏小明、程琳等都曾模仿、学习过邓丽君的唱法，演唱了《军港之夜》《牡丹之歌》《牧羊曲》《大海啊，故乡》等歌曲，获得群众认可，成为家喻户晓的明星。

李谷一是这一时期民族声乐艺术的代表人物，她演唱的《边疆的泉水清又纯》《洁白的羽毛寄深情》《妹妹找哥泪花流》《绒花》等歌曲，均是中国声乐史上的经典名篇。1980年元旦，中央人民广播电台播出了她唱的《乡恋》后很快走红。这首歌作为风光纪录片《三峡传说》的插曲播放，它借助

---

① 北京市地方志编纂委员会编著：《北京志·文化艺术卷·音乐志·舞蹈志·杂技志》，北京出版社2002年版，第53页。

长江奔流至秭归，表现王昭君离乡远去长安后，对乡土的依依恋情。歌词简单、温暖，李谷一的深情演唱将其表现得"缠绵悱恻""乡思不绝"，打动了听众。

演唱这首歌时，她学习了邓丽君的唱法，尝试将西洋歌剧和我国古典戏曲中曾使用过的轻声和气声唱法，巧妙地运用到现代歌曲上来，使之听起来深情款款，情意绵绵，直击人心，与当时主流的革命歌曲风格迥然不同，受到大众的热情欢迎。但批评的声音接踵而至，有人指责李谷一为大陆的"李丽君"，批评"《乡恋》抒发的不是健康的热爱祖国山河的怀恋之情，而是低沉缠绵的靡靡之音"。在巨大的批评压力面前，李谷一不为所动。同年5月，她在上海演出时，全场观众高呼"乡恋"，面对观众的热情与欢迎，她更加坚信自己的艺术创新是对的、值得的。1980年10月8日，《光明日报》经过采访专业人士，发表文章肯定了李谷一在音乐领域的探索，认为她的创新与时代的改革方向是吻合的，她的唱法表明了"一个时代有一个时代的美"。经过两年多的争论，在批判与反批判的博弈中，在1983年的中央电视台首届春节联欢晚会上，一度成为"禁歌"的《乡恋》，因为观众的热情点播，终于得以"复出"。

歌唱事业受到群众的热烈欢迎，激励更多歌唱家投入创作中来，一批以演唱新时代创作歌曲为主的优秀歌唱演员脱颖而出，他们以清新、质朴的声音唱出了改革开放春天来的时代气息。男高音歌唱演员蒋大为的《骏马奔驰保边疆》《牡丹之歌》等歌曲响遍全国。女高音歌唱家殷秀梅演唱的《青春啊，青春》（与关贵敏合唱）、《党啊，亲爱的妈妈》等均在听众中产生广泛影响。这些作品展现了改革开放初期我国音乐艺术开始复苏的特征。从艺术上讲，作品的内容逐渐摆脱单纯描写革命情怀的局限，反映了整个社会走出"文化大革命"后的喜悦情绪，在听众中获得广泛共鸣。

美术创作求新求变

在宽松的文艺氛围中，美术界也迎来百花齐放的春天，艺术生产力获得空前解放。老画家精神振奋，新生力量不断涌现，艺术家们从东西方艺术传统中汲取营养，创作技艺求新求变，作品质量持续提高，展览评论趋于活跃。

中国画领域，老一辈画家焕发了青春，李苦禅、吴作人、何海霞、白雪石、崔子范等进入创作盛期，蒋兆和、李可染、黄胄、张仃、吴冠中、黄永玉等进入创作新阶段。李苦禅的巨幅写意花鸟画《盛夏图》，通幅荷塘，笔墨酣畅淋漓，画作中花如盆、叶如盖、梗如臂，盛开的荷花、山石与水鸟融合在一起，成为中国大写意花鸟画史上首件最大篇幅巨作。作品倾注了李苦禅一生的爱荷之心与写荷之功，堪称老画家幸逢盛世的代表作。吴冠中的现代水墨、张仃的焦墨山水更受到全国的关注。中青年画家思想解放，勇于开拓，脱颖而出。人物画家周思聪的《人民和总理》，王迎春、杨力舟合作的《太行铁壁》，胡伟的《李大钊　瞿秋白　萧红》等均在全国性美展中获得金奖。山水、花鸟画家也有大幅度突破，佳作连番出现。一批中青年画家或高举"新文人画"的旗帜，或倾向于现代水墨画的实验，彰显了民族艺术不朽的生命活力，潘絜兹等倡导的工笔重彩画经过改良与创新，将工整细密和敷设重色的中国画特色发扬光大，在全国产生了广泛影响。

油画界思想活跃，艺术家们思想解放，创作兼容并蓄、中西融合，表现出前所未有的活力。老画家们重出"江湖"，青年画家走上前台，成为新时期油画创作的骨干，并呈现以写实主义为主流、各现代流派共生的新格局。西方油画原作进京展览，油画家出国考察、留学，促进了中国油画技艺的提高，也从另一面刺激了北京油画家对油画民族风韵的重视。陈丹青的《西藏组画》、詹建俊的《高原的歌》、韦启美的《新线》、靳尚谊的《塔吉克新娘》、朱乃正的《国魂——屈原颂》、闻立鹏的《红烛颂》、王怀庆的《大明风度》等为新时期北京油画的代表作。

水彩画画家注重生活感受，更注重表现情怀，水彩画家群体不断壮大，国内外学术交流也日益频繁。技艺创新、题材拓展、风格多样、具有东方情韵的抽象水彩画受到人们的关注。古元的《大漠飞沙》、梁栋的《林中》、关维兴的《母与子》、张克让的《森林的主人》、郭德菴的《啊！黄河》等作品，大胆探索革新画法技艺，形式风格多姿多彩，成为这一时期北京水彩画的代表作。

版画创作回归本体，思想解放，新人新作不断涌现，艺术家们进行了多样化探索，一改以木刻为主的格局，木版、石版、铜版、丝网版、综合版等多版种并存共进，版画的民族化研究成为新时期版画的重要标志。老一辈版画家李桦、古元、彦涵、王琦、刘岘等仍有新作，并获得"鲁迅奖章"。中青年版画家中被称为第三代、第四代的画家成为版画界的主力，张骏的《1976年4月5日》、王华祥的《贵州人》等均在全国性展出中获得大奖。

随着流行文化的兴起，通俗性美术发生了重大变化。年画逐步被挂历取代，已少有创作与出版；连环画朝精致化演变，数量随之减少；政治宣传画锐减，各类招贴画应运而生；漫画受卡通冲击，但仍十分活跃。中央美术学院新建年画连环画系，出版界专门成立了连环画出版社，并有相关报刊创立，收到一定成效，但已不似新中国成立之初红火。尽管如此，仍有不少精品问世，尤其是连环画《枫》（陈宜明、刘宇廉、李斌编绘）在北京发表，成为新时期美术史上具有突破性的代表作，它与《人到中年》（尤劲东绘）、《地球的红飘带》（沈尧伊绘）等作品一起获得了全国大奖。[1]

最能代表这一时期中国美术创作成绩的，当数首都机场壁画群。这一创作工程由中国民用航空总局提议，报请国务院有关领导同意后，交由中央工艺美术学院院长张仃组建团队实施。创作过程中，共调遣17个省市56位艺术家及多名工艺美术工作者与实习生，经过270多个日夜奋战而完成。

1979年9月26日是中国当代美术史上一个重要的日子。这一天，首都国际机场候机楼壁画群的创作、制作和安装工作圆满完成，举行了竣工仪式、参观和研讨活动。这些壁画和美术作品共58幅，充分体现了改革开放初期我国艺术创作形式与风格的多样性。张仃的《哪吒闹海》、李正敏的《白蛇传》、范曾的《屈子行吟》等作品，取材于中国历史文化神话；袁运生的《泼水节——生命的赞歌》、张国藩的《民间舞蹈》源自我国各民族丰富多彩的民间习俗；袁运甫的《巴山蜀水》、吴冠中的《北国风光》、乔十光的《万

---

[1] 北京市地方志编纂委员会编著：《北京志·文化艺术卷·美术志·摄影志·书法篆刻志》，北京出版社2009年版，第18—19页。

泉河》、李鸿印的《黄河》、朱曜奎的《长城》等作品，取材于祖国大地壮丽的自然风光与历史悠久的山水花鸟；何镇强的《祖国各地》、肖惠祥的《科学的春天》及乔十光的《南海落霞》《江南水乡》等作品，则从火热的现实生活中汲取灵感。

其中，袁运生的巨幅丙烯壁画《泼水节——生命的赞歌》，因画面中表现了傣族姑娘泼水节后沐浴的情节，而引起大众的关注和讨论，在很长一段时间内被赋予了政策风向标的特殊含义。海外媒体称：中国在公共场所的墙壁上出现了女人体，预示了真正意义上的改革开放。当时正在内地投资的霍英东说："我每次到北京，都要先看看这幅画还在不在。如果在，我的心就比较踏实。"[1]

此外，还有一批著名书画艺术家的艺术作品也加入首都机场的展示与装饰行列。国画有钱松岩的《山水》、唐云的《芭蕉麻雀》、潘天寿的《荷花》、亚明的《大江歌罢》、黎雄才山水画谱等，以及沙孟海、于立群、李铎、费新我、刘炳森、范曾等人的书法作品。这些作品琳琅满目，从一个侧面展示了新时期美术创作的繁荣景象。

在这次大型壁画组群的创作中，艺术家们从现实主义和浪漫主义、表现与象征、变形与夸张、装饰风格与形式构成等方式入手，运用工笔重彩、丙烯、磨漆画、陶板刻绘、瓷砖彩绘、贝雕画、玻璃蚀刻画、水墨画、油画、版画等艺术载体进行创作，题材内容之广泛、创作方法之多样、表现手段和材料之丰富，震撼了中国艺坛，开启了中国当代多元化艺术风格的序幕。[2]

---

[1] 新京报社编著：《日志中国——回望改革开放30年（1978—2008）》第四卷，中国民主法制出版社2008年版，第320页。

[2] 陈池瑜：《首都机场壁画的艺术成就与历史意义》，《美术大观》2022年第11期。

后　　记

为纪念邓小平同志诞辰 120 周年，深入研究党的十一届三中全会实现伟大转折的光辉历史，全面反映三中全会前后北京市委团结带领全市人民推进改革开放的历史进程和奋斗精神，市委党史研究室、市地方志办策划编写了"党的十一届三中全会前后的北京历史丛书"。

为优质高效推进编写工作，市委党史研究室、市地方志办专门成立编委会和编委会办公室，进行具体分工。经过近两年艰苦努力，顺利完成丛书编写任务。本书主编杨胜群、桂生对该书从确定大纲到谋篇布局，从甄别史实到统改审定，全程指导，严格把关，付出了大量心血和智慧。陈志楣负责丛书组织编写，并审改全部书稿。

《教育科技文艺恢复与发展》作为这套丛书中的一部，由北京市委党史研究室、北京市地方志办同志负责撰写。具体分工为：第一章，陈丽红；第二章第一、二、四、五节，第三章第三节，乔克；第二章第三节、第三章第一、二、四节，常颖；第四章，苏峰；第五章，曹楠；第六章，黄迎风；第七章，贾变变。刘国新、申建军审阅书稿并提出宝贵意见。联络员乔克具体负责组织协调等工作。

北京出版集团所属北京人民出版社积极参与本书审校出版各项工作。本书参阅了许多公开出版或发表的文献资料和研究成果。北京市档案馆、市委图书馆等有关单位为查阅档案文献给予大力支持和帮助。新华社提供了部分照片。在此，谨向所有为本书编写工作做出贡献的单位和同志表示诚挚感谢！

  由于时间仓促，加之编写水平所限，本书难免存在不足之处，敬请读者批评指正。

丛书编委会

2024 年 7 月